单端变换器基本原理与设计制作

陈之勃　陈永真　编著

机械工业出版社

将一种直流电能转换成所需要的直流电能或交流电能的电路通常被称为功率变换器，该电路拓扑结构多种多样。单端变换器以其控制方式和电路最简单、可靠性最高，得到广泛应用。

　　本书对如何理解和更好地设计单端变换器做了详尽的论述，包括基本 DC-DC 变换器的基本知识、基本变换器演化出的各种电路、主要元器件的基本原理与特性、基本电路单元的设计与选择和缓冲电路等问题。为了方便初学者学习，书中还给出了各种单端隔离型变换器的设计实例。

　　本书适合电气、电子工程师，大中专院校电类及相关专业的学生和教师阅读。

图书在版编目（CIP）数据

单端变换器基本原理与设计制作 / 陈之勃，陈永真编著 . —北京：机械工业出版社，2021.1
ISBN 978-7-111-67377-4

Ⅰ . ①单…　Ⅱ . ①陈…②陈…　Ⅲ . ①变换器　Ⅳ . ① TN624

中国版本图书馆 CIP 数据核字（2021）第 017650 号

机械工业出版社（北京市百万庄大街 22 号　邮政编码 100037）
策划编辑：林春泉　责任编辑：林春泉　赵玲丽
责任校对：樊钟英　封面设计：张　静
责任印制：常天培
北京盛通商印快线网络科技有限公司印刷
2021 年 5 月第 1 版第 1 次印刷
184mm×260mm · 17.75 印张·427 千字
0 001—1 500 册
标准书号：ISBN 978-7-111-67377-4
定价：98.00 元

电话服务　　　　　　网络服务
客服电话：010-88361066　机 工 官 网：www.cmpbook.com
　　　　　010-88379833　机 工 官 博：weibo.com/cmp1952
　　　　　010-68326294　金 书 网：www.golden-book.com
封底无防伪标均为盗版　机工教育服务网：www.cmpedu.com

前言

将一种直流电能转换成所需要的直流电能或交流电能的电路通常被称为功率变换器，该电路拓扑结构多种多样。能否将丰富多彩的功率变换器纳入简单的变换器理论——基本变换器，即本书要讲述的内容之一。其中，基本 DC-DC 变换器是最原始、最基础的基本功率变换器。

尽管基本 DC-DC 变换器已有诸多文献论述，本书还是基于基本电工理论，以实现基本 DC-DC 变换器预期目标为依据，按照解决主要目标要求加入元器件，实现需要的主要目标。在此基础上找出实现最终目标过程中出现的新问题，通过再接入新元器件方式解决所产生的问题，周而复始，最终获得基本 DC-DC 变换器电路。

在基本 DC-DC 变换器电路基础上，分析基本 DC-DC 变换器的工作模式与电磁转换过程，推导出基本 DC-DC 变换器主电路中各元器件的电压、电流应力，以便在后面内容中应用这些应力的定量关系并合理地选择各元器件的参数。

再由基本 DC-DC 变换器演化出：电能可以反向传输的双向变换器；在基本 DC-DC 变换器的合适位置上加入具有电气隔离且可以传输电能的变压器，将基本 DC-DC 变换器演化为隔离型变换器，在这个过程中需要将施加到变压器的脉冲直流电变化成无直流电压分量的交流电。由于输出电压是直流电，需要将变压器输出无直流分量的交流电压恢复原有的直流分量。根据这个要求，附加开关方式实现所需要的功能，RCD 钳位、绕组钳位、双管钳位、有源钳位以及附加开关演化出桥式隔离变换器系列。

这就使得各类功率变换器原理变得简单、归一。

尽管有的文献说基本 DC-DC 变换器有 6 种（buck、boost、flyback、cuk、SEPIC、zeta）。但实际上基本变换器只有 3 种，即降压型变换器（Buck Converter）、升压型变换器（Boost Converter）和反极性变换器（也称为反激式变换器，Flyback Converter），其他的电路均可以通过基本变换器的演化与组合得到。通过分析与推演，前面提到的 cuk 变换器实际上是升压型变换器与降压型变换器的组合，SEPIC 是升压型变换器与反激式变换器的组合，而 zeta 变换器则是反激式变换器与降压型变换器的组合，这使电路分析变得简化。

如果有了正确的理论，只是将它空谈一阵，束之高阁，并不应用，那么这种理论再好也是没有用的。有了基本变换器的理论，接下来就是应用理论指导实践，设计出单端变换器。

如何设计一个性能优异的单端变换器，首先需要清楚各种单端变换器的原理和特性，根据预期电路的性能指标正确选择变换器的电路拓扑，可以避免因电路性能所限而使样机达不到预期的指标。

除了正确选择变换器的电路拓扑，还应正确选择相关的元器件。元器件是影响整机性能的另一个关键，不仅要正确选择有源元器件，更要正确选择无源元器件，特别是电容和电感。

不同的控制方式将会得到不同的性能和经济指标，因此应对需求选择恰当的控制方式。

作为入门，可以选择 UC3842 作为控制芯片的单端变换器设计，原因很简单，因其功能清晰、原理清楚、调试方便，便于初学者入门。本书给出了初学者的电路评估电路板，并介绍了调试入门的各个步骤和要点。为了更接近实际，给出几个商品电源的设计实例、电路图、PCB 图和元器件明细。

变压器是开关电源的关键部件，也是特制部件，无法像 MOSFET、二极管、电容、控制 IC、电阻那样具有标准件，因此需要工程师具有变压器的设计能力。应知道变压器结构对变压器性能的影响、变压器的绕制及工艺、电流断续和电流连续状态下的反激式变换器的变压器的设计、正激式变换器变压器的设计，以及如何正确、快捷地选择变压器磁心。

作者希望本书能够对读者设计各类单端变换器有实质性的帮助，对初学者在基本 DC-DC 变换器理论及单端变换器原理与设计的入门起到很好的引导作用。

本书在编写过程中得到了电源行业前辈们的关怀和支持，作者在此表示深深的感谢！

作者　于辽宁工业大学

2021 年 1 月

目录 ◄◄◄

前言

第1章 开关电源的发展历程 ………………………………………………………… 1

1.1 开关电源已有百年以上的历史 ……………………………………………………… 1

1.2 最早的"开关电源"是汽车发动机火花塞的高压电路 ……………………………… 1

1.3 汽车收音机需要机械式逆变器获得高压直流电 …………………………………… 1

1.4 显像管式电视机通过行逆程变换器获得第二阳极的高压直流电 ………………… 2

1.5 超小型计算机需要无工频变压器的开关电源 …………………………………… 2

1.6 为什么要提高效率 …………………………………………………………………… 3

1.7 非稳压应用时的 DC-DC 变换器不需要稳压功能 ………………………………… 3

1.8 电磁干扰问题 ………………………………………………………………………… 4

1.9 减小待机损耗 ………………………………………………………………………… 4

1.10 如何进一步降低开关电源的损耗 ………………………………………………… 5

1.11 开关电源的延伸 …………………………………………………………………… 5

第2章 基本 DC-DC 变换器概述 ……………………………………………………… 7

2.1 DC-DC 变换器是现代电力电子技术的基石 ……………………………………… 7

2.2 在直流功率变换中，DC-DC 变换器可以起到交流电变换的变压器作用 ……… 7

2.3 基本 DC-DC 变换器的电路运行原理与电磁能量转换原理 ……………………… 8

第3章 降压型变换器 ………………………………………………………………… 10

3.1 降压型变换器概述 ………………………………………………………………… 10

3.2 电路的推导 ………………………………………………………………………… 10

　　3.2.1 直流电压的切割 …………………………………………………………… 10

　　3.2.2 直流脉冲串的平滑——低通滤波器 …………………………………… 11

　　　3.2.3　线性低通滤波器在非线性电路中的问题 ································ 11

　　　3.2.4　非线性电路中实际的低通滤波器 ······································· 12

　　3.3　电路运行原理与电磁能量转换原理 ·· 13

　　　3.3.1　开关管导通期间 ·· 13

　　　3.3.2　开关管关断、二极管续流期间 ··· 13

　　3.4　由波形导出的定量关系 ·· 14

　　　3.4.1　开关管、续流二极管承受的电流、电压 ································ 14

　　　3.4.2　由能量守恒原理推导电流连续状态下的输入输出关系 ················ 14

　　3.5　电流断续下的输入输出电压关系的推导 ·· 15

　　3.6　降压型变换器输入旁路电容状态的分析 ·· 16

　　　3.6.1　输出旁路电容电流的分析 ·· 16

　　　3.6.2　输入旁路电容电流的分析 ·· 17

　　3.7　本章小结 ··· 18

第 4 章　升压型变换器 ··· 19

　　4.1　电路的推导 ·· 19

　　　4.1.1　反向电流的阻止 ·· 19

　　　4.1.2　输入向输出提供电能的实现 ·· 19

　　　4.1.3　电感储能的补充与控制 ·· 20

　　4.2　电路运行原理与电磁能量转换原理 ·· 20

　　　4.2.1　开关管导通期间 ·· 20

　　　4.2.2　开关管关断期间 ·· 21

　　　4.2.3　开关管、二极管均为关断期间 ·· 21

　　4.3　主要波形及定量分析 ·· 22

　　　4.3.1　电感电流连续状态的波形分析 ·· 22

　　　4.3.2　主要参数的定量分析 ·· 22

　　4.4　电感电流连续状态下的输入输出电压关系分析 ·································· 23

　　4.5　输入 / 输出电容状态的分析 ·· 24

　　　4.5.1　输入电源旁路电容状态的分析 ·· 24

　　　4.5.2　输出支撑电容状态的分析 ·· 25

　　4.6　电感电流断续状态下的输入输出电压关系 ······································ 25

　　　4.6.1　电感电流断续状态的波形分析 ·· 25

　　　4.6.2　电流断续状态下输入电容、输出电容状态 ······························ 26

第 5 章　反激式变换器 ··· 28

　　5.1　电路的获得 ·· 28

　　　5.1.1　输出反向电流的阻塞 ·· 28

　　　5.1.2　输入电流与输出电流共同通路的建立 ···································· 28

　　　5.1.3　储能元件的确定及完整电路 ·· 29

5.2 电路运行原理与电磁能量转换原理 ………………………………… 29
    5.2.1 开关管导通期间 …………………………………………… 30
    5.2.2 开关管关断期间 …………………………………………… 30
    5.2.3 电感储能完全释放期间的电路状态 ……………………… 30
    5.2.4 电路特点 …………………………………………………… 31
5.3 电流连续状态下主要波形与定量的关系 ……………………………… 31
    5.3.1 主要元器件参数的定量关系 ……………………………… 31
    5.3.2 输入、输出电压关系的推导 ……………………………… 32
5.4 电感电流断续状态下主要波形与定量的关系 ………………………… 33
    5.4.1 电感电流断续状态下的主要波形 ………………………… 33
    5.4.2 输入输出定量关系的分析 ………………………………… 33
    5.4.3 电流断续状态下的开关管、阻塞二极管电压、电流定量关系 …… 34
5.5 输入电容、输出电容电流与输入输出电流的定量关系 ……………… 35
    5.5.1 电流连续状态下的输入电容电流 ………………………… 35
    5.5.2 电流连续状态下的输出电容电流 ………………………… 35
    5.5.3 电流断续状态下的输入电容电流 ………………………… 35
    5.5.4 电流断续状态下的输出电容电流 ………………………… 36
5.6 本章小结 ………………………………………………………………… 36

第6章 双向变换器 ……………………………………………………………… 37
6.1 双向变换器的提出 ……………………………………………………… 37
6.2 降压型变换器与升压型变换器组合形成双向变换器 ………………… 37
6.3 单向变换器如何变成双向变换器 ……………………………………… 38
    6.3.1 单向变换器 ………………………………………………… 38
    6.3.2 双向变换器 ………………………………………………… 39
    6.3.3 升压型变换器的电能双向传输 …………………………… 40
6.4 反激式双向变换器 ……………………………………………………… 40
6.5 双向变换器的延伸——同步整流器 …………………………………… 42
    6.5.1 低压整流电路需要低正向电压整流器件 ………………… 42
    6.5.2 利用开关器件实现低正向电压整流器件 ………………… 42
    6.5.3 同步整流器概念 …………………………………………… 44

第7章 演化为隔离型DC-DC变换器 ……………………………………… 45
7.1 基本变换器的等效变换 ………………………………………………… 45
7.2 实现电气隔离的几种方法和可实现性 ………………………………… 46
7.3 降压型变换器输入、输出电气隔离的实现 …………………………… 47
    7.3.1 隔离边界 …………………………………………………… 47
    7.3.2 变压器绕组带有直流分量电压产生的问题及
          变压器插入位置的分析 …………………………………… 48

7.4 变压器的反向电压 ……………………………………………… 49
   7.4.1 变压器的等效电路 …………………………………… 49
   7.4.2 变压器励磁电流的释放与反向电压的产生 …………… 50
7.5 RCD 钳位复位电路 ………………………………………… 50
7.6 瞬变电压抑制二极管复位电路的复位 …………………………… 51
7.7 复位绕组的复位 …………………………………………… 52
7.8 双管钳位式复位方式 …………………………………………… 52
7.9 谐振式复位方式 …………………………………………… 53
7.10 有源钳位的复位方式 ……………………………………… 53
7.11 磁通复位问题 ……………………………………………… 55
7.12 输出侧直流分量的恢复 …………………………………… 56
7.13 降压型变换器电气隔离的延伸：隔离型桥式变换器 ……… 57
7.14 升压型变换器输入、输出电气隔离的实现 ……………… 58
7.15 反激式变换器输入、输出电气隔离的实现 ……………… 59
   7.15.1 flyback 变换器的隔离型演化 ……………………… 59
   7.15.2 隔离型反激式变换器的延伸 ……………………… 59

第 8 章 由基本 DC-DC 变换器演化出级联变换器 ……………… 60
8.1 基本 DC-DC 变换器级联的基本思路 ……………………… 60
8.2 应用升压型、降压型变换器级联为 cuk 变换器 …………… 61
8.3 应用升压型、反激式变换器级联为 SEPIC 变换器 ………… 63
8.4 应用反激式与降压型变换器级联为 zeta 变换器 ………… 66
8.5 反激式变换器与降压型变换器的级联 ……………………… 68
   8.5.1 级联变换器的必要 …………………………………… 68
   8.5.2 反激式变换器与降压型变换器的级联演化过程 ……… 68
   8.5.3 反激式变换器与降压型变换器级联相对反激式变换器的优点 … 70
8.6 反激式变换器级联 …………………………………………… 70
   8.6.1 反激式变换器的级联过程分析 ……………………… 70
   8.6.2 反激式变换器级联相对降压型变换器的优点 ………… 72
8.7 升压型变换器级联 …………………………………………… 72
   8.7.1 用一只开关管实现的升压型变换器级联 …………… 72
   8.7.2 用两只开关管和同一个控制信号实现的升压型变换器级联 … 74
   8.7.3 升压型变换器级联小结 ……………………………… 74
8.8 变换器单开关多输出的演化 ……………………………… 74
   8.8.1 cuk 变换器与 SEPIC 变换器组合构成对称输出变换器 … 74
   8.8.2 flyback 变换器与 zeta 变换器组合演化为对称输出变换器 … 76
   8.8.3 SEPIC 变换器与 boost 变换器组合演化为同极性多输出变换器 … 76
8.9 基本变换器的变形演化 …………………………………… 77
   8.9.1 变换器的变形演化的目的 …………………………… 77

8.9.2　cuk 变换器变形演化 ··· 77

8.9.3　flyback 变换器变形演化 ·· 79

8.9.4　buck、flyback 与 boots 变换器变形演化为 LED 驱动器 ········· 80

8.10　演化出高效率的升降压 4 开关变换器 ····························· 81

8.10.1　基本思路 ·· 81

8.10.2　同极性反激式工作模式 ··· 82

8.10.3　降压模式 ·· 83

8.10.4　升压模式 ·· 84

8.10.5　输入输出电压接近降压、升压控制模式 ···················· 85

8.10.6　高边驱动采用自举电路时的工作模式 ······················ 86

第 9 章　交流电源直接市电整流电路状态分析及整流器、滤波电容的选择 ··· 88

9.1　桥式整流电路与滤波电路 ··· 88

9.2　整流电路的滤波方式与作用 ··· 89

9.3　带有电容滤波的单相桥式整流电路的工作状态分析 ··············· 89

9.3.1　低漏感、低绕组电阻变压器对应的整流滤波电路工作状态 ····· 90

9.3.2　高漏感、高绕组电阻变压器对应的整流滤波电路工作状态 ····· 91

第 10 章　电流型控制芯片的原理分析 ····································· 93

10.1　UC3842 及原理分析 ··· 93

10.2　UC3842 系列的主要参数 ··· 94

10.2.1　极限参数 ·· 94

10.2.2　电源参数 ·· 95

10.2.3　时钟参数 ·· 96

10.2.4　输出参数 ·· 97

10.2.5　误差放大器参数 ··· 98

10.2.6　电流检测环节参数 ··· 98

10.2.7　UC3842 系列中其他型号的特殊参数 ························· 99

10.3　UC3842 系列的一般特性 ·· 100

10.3.1　峰值电流型控制方式 ··· 100

10.3.2　UC3842 的其他特点 ·· 101

10.4　UC3842 的工作状态分析 ·· 101

10.5　UC3842 的工作状态分析 ·· 102

10.6　逐周电流控制原理 ·· 103

10.7　定时电容的电容量对输出脉冲占空比的影响 ···················· 104

10.8　UC3842 的其他性能 ·· 104

10.8.1　同步的实现 ··· 104

10.8.2　误差放大器 ··· 105

10.9　电流型控制 IC 的升级 ·· 105

10.9.1　可以直接替代 UC3842 系列的低工作电流的 UCC38C×× 系列 ··· 105

10.9.2　带有内置软启动的低启动工作电流的 UCC3800 系列 ············· 106

10.10　反激式开关电源存在的问题与准谐振开关电源 ················· 108

10.10.1　输入、输出整流滤波电容损耗的降低 ················· 109

10.10.2　开关管开关损耗与缓冲电路损耗的降低 ················ 109

10.10.3　准谐振控制模式反激式变换器的工作原理 ·············· 110

10.11　缓冲电容电压极小值的检测与实际控制模式 ·············· 112

10.11.1　准谐振工作模式的谷点电压检测方式 ············· 112

10.11.2　轻载问题的处理 ··············· 113

第 11 章　开关电源主要元器件参数的选择 ·············· 116

11.1　影响元器件选择参数的几个指标 ············· 116

11.2　输入整流器的选择 ············· 116

11.3　输入整流滤波电容的选择 ············· 118

11.3.1　整流滤波电容额定电压的选择 ············· 118

11.3.2　整流滤波电容需要的最低电容量 ············· 118

11.3.3　整流滤波电容的选择 ············· 119

11.4　开关管的选择 ············· 120

11.4.1　电压部分 ············· 121

11.4.2　复位电压部分 ············· 121

11.4.3　尖峰电压的选择 ············· 122

11.4.4　电压裕量 ············· 122

11.4.5　MOSFET 的耐压对性能参数的影响 ············· 124

11.4.6　MOSFET 的耐压对栅极电荷的影响 ············· 124

11.5　开关管额定电流的选择 ············· 124

11.5.1　壳温对额定电流的影响 ············· 124

11.5.2　高结温对 MOSFET 导通电阻的影响 ············· 125

11.5.3　开关管额定电流的选择 ············· 125

11.6　开关管封装的选择 ············· 126

11.7　钳位电路的选择 ············· 127

11.8　RCD 钳位电路 ············· 128

11.8.1　钳位电容的选择 ············· 128

11.8.2　钳位电路放电电阻的选择 ············· 128

11.8.3　钳位电路阻断二极管的选择 ············· 129

11.8.4　RCD 钳位电路付出的代价 ············· 129

11.9　钳位二极管的钳位电路 ············· 129

11.10　绕组钳位方式 ············· 130

11.11　输出整流器的选择 ············· 130

第 12 章 反激式开关电源变压器的设计 ………………………………… 132

12.1 磁性材料的选择 ……………………………………………………… 132
12.2 磁心外形的选择 ……………………………………………………… 133
12.3 磁心规格的选择 ……………………………………………………… 134
12.4 骨架的选择 …………………………………………………………… 140
12.5 绕组引出端的设计 …………………………………………………… 141
  12.5.1 立式骨架的同名端 …………………………………………… 141
  12.5.2 卧式骨架的同名端 …………………………………………… 141
  12.5.3 绕组的绕制方向 ……………………………………………… 141
12.6 绕组结构的设计 ……………………………………………………… 142
  12.6.1 绝缘边距与漆包线种类对变压器性能的影响 ……………… 142
  12.6.2 变压器绕线方式对变压器性能的影响 ……………………… 143
12.7 变压器的制作工艺 …………………………………………………… 144
  12.7.1 绕线方式 ……………………………………………………… 144
  12.7.2 引线要领 ……………………………………………………… 147
  12.7.3 包铜箔 ………………………………………………………… 147
  12.7.4 包胶带 ………………………………………………………… 149
  12.7.5 如何在引脚处焊接绕组引出端 ……………………………… 150
12.8 电流断续型变换器的变压器设计 …………………………………… 151
  12.8.1 一次电流峰值 I_p …………………………………………… 151
  12.8.2 一次匝数 ……………………………………………………… 152
  12.8.3 二次匝数 ……………………………………………………… 152
  12.8.4 磁路气隙 ……………………………………………………… 152
  12.8.5 一次侧电流有效值 …………………………………………… 153
  12.8.6 二次侧电流有效值 …………………………………………… 153
12.9 电流连续型变换器的变压器设计 …………………………………… 153

第 13 章 反激式开关电源入门设计实例 ………………………………… 155

13.1 UC3842 系列构成的反激式开关电源评估电路 …………………… 155
  13.1.1 电路设计 ……………………………………………………… 155
  13.1.2 主要元器件参数的选择与设计 ……………………………… 156
  13.1.3 变压器参数 …………………………………………………… 159
  13.1.4 PCB 设计 ……………………………………………………… 159
  13.1.5 评估电路板实物 ……………………………………………… 161
13.2 测试入门 ……………………………………………………………… 162
  13.2.1 测试电源与测试设备 ………………………………………… 162
  13.2.2 测试芯片的启动电压和欠电压关闭电压 …………………… 162
  13.2.3 测试 UC3842 的振荡器是否起振 …………………………… 162

13.2.4　驱动输出 ………………………………………………… 164
13.2.5　变压器各绕组同名端是否正确 ………………………… 165
13.2.6　峰值电流控制是否有效 ………………………………… 165
13.2.7　输出电压反馈是否有效 ………………………………… 166
13.3　测试 ………………………………………………………………… 166
13.3.1　输出电压的稳定性 ……………………………………… 166
13.3.2　效率测试 ………………………………………………… 167
13.3.3　关键波形测试 …………………………………………… 168

第 14 章　商用开关电源设计实例解析 ………………………………… 170
14.1　输入 28V，输出 5V/10A、12V/6A、−12V/1A 设计实例 …… 170
14.1.1　设计方案分析 …………………………………………… 170
14.1.2　电路图和 PCB 图 ………………………………………… 171
14.1.3　原材料清单 ……………………………………………… 174
14.1.4　变压器设计参数 ………………………………………… 178
14.2　AC220V 输入、12V/8.5A 输出正激式开关电源 …………… 179
14.2.1　设计方案分析 …………………………………………… 179
14.2.2　电路图及 PCB 图 ………………………………………… 179
14.2.3　元器件清单 ……………………………………………… 184
14.3　AC220V 输入、15V/5A 输出反激式开关电源 ……………… 187
14.3.1　设计方案分析 …………………………………………… 187
14.3.2　电路图及 PCB 图 ………………………………………… 187
14.3.3　元器件清单 ……………………………………………… 193
14.4　12V、5A 开关电源的技术条件 ……………………………… 197
14.4.1　输入特性 ………………………………………………… 197
14.4.2　输出特性 ………………………………………………… 197
14.4.3　环境条件 ………………………………………………… 197
14.4.4　元器件清单 ……………………………………………… 197
14.4.5　变压器的设计 …………………………………………… 197
14.5　本章小结 ……………………………………………………… 204

附录 …………………………………………………………………………… 206
附录 A　绝缘栅功率场效应晶体管特性分析 ………………………… 206
附录 A.1　功率场效应晶体管（MOSFET） ……………………… 206
附录 A.2　MOSFET 原理分析 …………………………………… 207
附录 A.2.1　MOSFET 工作状态由哪两个电极之间的电压决定 …… 207
附录 A.2.2　横向导电的 MOSFET 如何变为纵向导电的 …… 209
附录 A.3　极限参数 ……………………………………………… 210
附录 A.3.1　额定漏 - 源极最大电压（U_{DS}） …………… 210

附录 A.3.2　额定栅 - 源极最大电压（U_{GS}）·················· 210

附录 A.3.3　最大漏极电流 ································· 211

附录 A.3.4　最大额定耗散功率 ·························· 211

附录 A.3.5　其他 ··· 213

附录 A.4　MOSFET 的主要性能 ······························· 214

附录 A.4.1　导通电阻（$R_{ds(on)}$）·················· 214

附录 A.4.2　导通阈值电压（U_{th}）与转移特性 ······ 215

附录 A.4.3　栅极电荷特性 ······························· 217

附录 A.4.4　开关特性 ···································· 220

附录 A.4.5　安全工作区（SOA）························ 221

附录 A.4.6　热阻响应特性 ······························· 221

附录 A.5　寄生二极管特性 ···································· 222

附录 A.5.1　一般电特性 ································· 222

附录 A.5.2　开关特性 ···································· 223

附录 A.6　MOSFET 特点 ······································ 225

附录 A.6.1　低压 MOSFET ····························· 225

附录 A.6.2　高压 MOSFET ····························· 226

附录 A.6.3　低导通电阻的 Coolmos 理论 ················ 226

附录 A.7　耗尽型 MOSFET ···································· 226

附录 A.8　功率 MOSFET 的应用注意事项 ······················· 229

附录 A.8.1　功率 MOSFET 的导通电阻随额定电压的降低而
大幅度降低 ·································· 229

附录 A.8.2　功率 MOSFET 反向是导电的 ················ 229

附录 A.8.3　需要合适的驱动电压 ······················· 230

附录 A.8.4　需要合适的驱动速度 ······················· 230

附录 B　快速反向恢复二极管与电压瞬变抑制二极管 ················· 231

附录 B.1　快速反向恢复二极管（FRD）的发展历程 ··············· 231

附录 B.1.1　二极管反向恢复问题的提出 ················· 231

附录 B.1.2　快速反向恢复二极管的发展历程 ············· 231

附录 B.2　快速反向恢复二极管特性分析 ························· 233

附录 B.2.1　二极管的反向恢复特性"定义" ·············· 233

附录 B.2.2　按反向恢复特性分类 ······················· 233

附录 B.2.3　反向恢复时间 t_{rr} 特性分析 ·················· 234

附录 B.2.4　反向恢复峰值电流 I_{RRM} 特性分析 ·········· 235

附录 B.2.5　反向恢复电荷 Q_{rr} 特性分析 ················ 235

附录 B.3　肖特基势垒二极管（SBD）··························· 236

附录 B.3.1　肖特基二极管的正向特性 ··················· 236

附录 B.3.2　肖特基二极管的反向特性 ··················· 238

附录 B.4　电压瞬变抑制二极管 ······························· 239

附录 B.4.1 电压瞬变抑制二极管概述 …………………………………… 239
附录 B.4.2 电压瞬变抑制二极管特性分析 ……………………………… 239
附录 C 碳化硅器件 ……………………………………………………………… 242
附录 C.1 碳化硅二极管的优势 …………………………………………… 242
附录 C.2 二极管反向恢复对电路的影响 ………………………………… 244
附录 C.3 碳化硅二极管主要特性分析 …………………………………… 245
附录 C.4 SiC MOSFET 的优势 …………………………………………… 247
附录 C.5 SiC MOSFET 全部参数解读 …………………………………… 248
附录 C.6 SiC MOSFET 主要性能分析 …………………………………… 249
附录 D 电解电容 ………………………………………………………………… 256
附录 D.1 电解电容是单相整流滤波的"唯一"选择 …………………… 256
附录 D.2 铝电解电容概述 ………………………………………………… 257
附录 D.2.1 高介电系数介质的获得 ……………………………… 257
附录 D.2.2 正极板粗糙电极的获得与负极的获得 ……………… 257
附录 D.2.3 铝电解电容结构 ……………………………………… 258
附录 D.2.4 铝电解电容外观 ……………………………………… 258
附录 D.3 铝电解电容电压、电容量和漏电流 …………………………… 259
附录 D.3.1 电压 …………………………………………………… 259
附录 D.3.2 电容量、漏电流与损耗因数 ………………………… 260
附录 D.3.3 工作温度范围与寿命 ………………………………… 261
附录 D.4 ESR 和纹波电流承受能力 ……………………………………… 262
附录 D.4.1 等效串联电阻 ………………………………………… 262
附录 D.4.2 额定纹波电流 ………………………………………… 262
附录 D.5 低 ESR 与超低 ESR 电解电容 ………………………………… 263
附录 D.5.1 低 ESR 问题的提出与实现思路 …………………… 263
附录 D.5.2 低 ESR 电解电容性能分析 ………………………… 263
附录 D.6 固态电解电容 …………………………………………………… 264
附录 D.6.1 固态电解电容的性能优势 …………………………… 264
附录 D.6.2 固态电解电容问题的提出与实现的思路 …………… 266
附录 D.6.3 输出整流滤波电容的选择 …………………………… 267
附录 D.6.4 输出整流滤波电容的等效电路 ……………………… 267
附录 D.6.5 电容在高频整流滤波的作用 ………………………… 268
附录 D.6.6 需要多大的电容量 …………………………………… 268

第1章

开关电源的发展历程

1.1 开关电源已有百年以上的历史

在研究单端变换器之前，还是应该先看一看开关电源的发展历程，也许会对开关电源的发展有一个比较客观的认识。

电子电路无论是模拟电路、数字电路、信息电子电路还是电力电子电路，无一例外地需要直流电供电。那么电子电路对电源有哪些要求，应该设计出什么样的电源才能满足市场的需求呢？简而言之要"与时俱进"。电子电路从真空管的问世至今约有 100 年的历史，伴随而来的就是近 100 年历史的电源技术。

电子电路由真空管电路发展到晶体管电路再到小规模集成电路、直至今天的大规模、超大规模集成电路，供电方式也有了很多的改变。

1.2 最早的"开关电源"是汽车发动机火花塞的高压电路

最早的"开关电源"并不是用电子器件构成，而是为了满足当时的社会需要用机械方式实现的。

内燃机的问世，产生了汽车的大量应用。汽车中的汽油发动机需要高压电点火来点燃油气混合气，使发动机工作。

这个高压一般需要6kV左右。由汽车蓄电池通过对点火线圈（实际上是一个耦合电感）储能，再通过当时的"白金开关"分别为各个火花塞提供高压电，即事实上的 DC-DC 变换器，也就是开关电源的早期应用。

随着汽车电子控制技术的进步，汽车汽油机的高压点火从"白金开关"，变成了真正的电子电路，但是基本功能没有变，其成为真正意义上应用半导体器件构成的"开关电源"。

1.3 汽车收音机需要机械式逆变器获得高压直流电

1912 年，美国科学家德福雷斯特将若干个真空晶体管连接起来，与电话机传声器、耳机相互连接构成了放大电路。从此，世界开始进入了真空管主宰的电子时代。

在真空管时代，如果将收音机搬到汽车上就变成汽车收音机，由 6V 蓄电池供电，需要将 6V 电压升高为 250V 直流电。在当时还不可能用电子电路实现，只能用机械逆变器"振动子"将直流电逆变成交流电，再经变压器将电压提升到 200～300V，通过整流变为需要的直流电，这就是最初的逆变技术。这是因为没有其他办法（真空管的最低导通电压少说也有数十伏，远高于蓄电池的电压），只能用这种效率低下、性能较差的功率变换技术或"开关电源"技术。

1.4　显像管式电视机通过行逆程变换器获得第二阳极的高压直流电

20 世纪 30 年代，示波管、显像管的问世产生了电视机，示波管、显像管的第二阳极需要 10kV 高压用以电子束来加速轰击荧光屏，使荧光屏发出光点，最终形成图像。其中，最经济、最实用的办法就是应用 DC-DC 变换器实现这个高压，这也算是早期开关电源的应用实例。

在需要正负对称电源和需要的电源电压不同时，线性稳压电源就显得无能为力了。为了解决多电源的需求与单电源供电的矛盾，就需要 DC-DC 变换器，也许这就是 DC-DC 变换器问世的起因，著名的"劳耶尔"变换器应运而生。

1.5　超小型计算机需要无工频变压器的开关电源

数字电子计算机从真空晶体管、晶体管、小规模集成电路、中规模集成电路，计算机的体积不断地减小。20 世纪 80 年代初，由于对计算机的体积要求越来越小，笨重的工频变压器已经无法适应，变压器的"20kHz 革命"应运而生。这使直流电源进入了开关电源时代，也使得电力电子技术开始迈进"现代电力电子技术"门槛。

时至今日仍有少数计算机电源、微型计算机电源、便携式计算机的电源适配器都是开关电源的电路结构。

彩色电视机由于所消耗的功率远大于黑白电视机，采用线性稳压电源已经无法满足要求，小功率开关电源的另一个重要应用领域就是电视机和显示器。

由于没有专用的控制开关电源集成电路，最初（如国外的 20 世纪 60、70 年代、国内的 70 年代和 80 年代前半叶）的开关电源几乎无例外地采用了劳耶尔自激变换器电路，确实解决了当时的需求。但是这种电路的最大缺点是效率和可靠性低，成为日后被坚决淘汰的最主要原因。

自激式变换器的另外一种形式是受到电子电路中"间歇式振荡器"的启发而产生的振铃式自激变换器，通过电源工程师的不断改进，使之具有了稳压、过电流保护功能，这使得振铃式（RCC）自激变换器可以一劳永逸地作为开关电源的一种标准设计模式。但是，在实际中这些保护功能还不是十分可靠，会出现因为过电流而损坏开关电源，经常出现由于电路中的元器件性能的退化而出现不能稳定输出电压的现象。振铃式自激变换器最大的弱点是调试非常麻烦和效率低下，这使得振铃式自激变换器在 10W 以上的应用领域已经基本被淘汰，其原因是在 10W 以上应用时，振铃式自激变换器的成本已经不比以 UC3842 为代表的 PWM 控制芯片构成的他激式变换器以及以 TOP Switch 为代表的单片开关电源芯片构成的他激式开关电源便宜，而且其可靠性和效率不如后者。由于这种电路在低功率时的成本相对便宜，时至今日在廉价、劣质的小功率变换器中还在应用，以满足"应用"需求。时至今日，手机充电器不再是输出 100 ~ 300mA 电流，第四代手机充电器至少要输出 1A 以上甚至 4A 的充电电流，RCC 模式变换器自然不能满足要求，因此被四代手机电池充电器淘汰。

1.6　为什么要提高效率

在大量应用微型计算机的今天，微型计算机电源的效率对节能的影响是非常大的。以一台微型计算机需要提供 250W 的功率计算，效率为 70% 的电源自身损耗约为 107W，而效率为 80% 的电源自身损耗则降低到 62.5W，两者的功耗相差 41.5W。如果全国有一亿台微型计算机在同时工作，前者比后者将多消耗掉 4150MW，通俗地说就是 415 万 kW。可见提高计算机电源的效率是何等重要！因此，美国提出了 80Plus 计划（电源效率高于 80%），每出售一台电源效率满足 80Plus 计划的微型计算机，政府补贴微型计算机制造商 5 美元，以补偿因电源效率的提高而造成的成本增加。如果将效率分别提高到 85%、90%、95% 又会怎样？可以使电源自身损耗分别降低到 44.1W、27.7W、13.2W，与效率 70% 相比，效率在 95% 时，自身损耗几乎将低一个数量级。

与微型计算机相似，电视机同样存在这个问题，如果能将电视机的电源效率提高 5% ~ 10%，则每台电视机将减少约 10 ~ 20W 的功耗，数亿台电视机所得到的节能效果与微型计算机电源效率的提高相似。

不仅在微型计算机和电视机工作时电源效率的提高意义重大，在待机状态下功耗的降低意义同样重大，过去的电视机的待机功耗大约在 15W 左右，现在我国电视机待机功耗标准为低于 3W，两者的差值为 12W，以两亿台电视机计算，仅待机损耗一项就可以降低电力损耗 240 万 kW。

与此相似，微型计算机、显示器等家用电器和办公自动化设备的待机损耗的降低都是极其重要的。

提高电源效率的第二个因素是随着电子设备体积不断地减小，要求电源的体积也随之不断地减小，电源体积减小所带来的问题是散热能力的降低，这就要求电源的损耗要降低，在同样输出功率条件下，提高电源效率是唯一的解决方案。如便携式计算机电源适配器，要有严格的电气安全要求，这样就不得不采用散热性能很差的工程塑料，同时还要有体积的限制。在这种工作条件下，电源适配器自身的损耗要降低 5 ~ 10W，对于输出功率达 60W 甚至是 90W 的电源适配器，就必须要有 90% 以上的电源效率。

1.7　非稳压应用时的 DC-DC 变换器不需要稳压功能

通信与网络在最初的时候，所采用的电源是一个机柜设置一个电源，这种供电方式最大的问题是，一旦电源出现故障，整个机柜将完全瘫痪。因此，后来发展成为机柜的一层设置一个电源，这使得电源故障虽不能造成一个机柜的瘫痪，但是可以造成机柜一层的瘫痪。不仅在可靠性方面，电源为机柜的一层供电对于电路板的电子电路会由于电源引线电阻和寄生电感的作用，使供电质量变差。于是将供电方式改为每一块电路板上设置一个电源，可靠性得到了进一步的提高，同时也解决了因供电线路过长导致供电质量变差的现象。随着电路板上元器件密度的增加和电路功率与频率的提高，即使采用每块电路板用一个电源供电时供电质量也不能满足要求，负载点电源应运而生。考虑效率与元器件耐压的因素，负载点电源的输入电压通常选择 12V 左右，如果用 48V 电压等级的直流电为其供电，还需要一个 DC-DC 电源将 48V 电压等级转换为 12V 电压等级，这就是 DC-DC 模块电源的应用之一。由于负载点电源具有稳压功能，作为电压转换功能的 DC-DC 电源模块的稳压功能实际上已经失去意义。在实际应用中，具有稳压功能的 DC-DC 变换器的效率低于非稳压的 DC-DC 变换器，因此直流母线变换器得以问世。直流母线变换器的效率通常高于 95%，最高可达 98%。效率的提高进一步减小了电源模块的体积，改善了散热条件。

1.8 电磁干扰问题

电视机是应用最广泛的电子装置，电视机对电源的要求非常高，最主要的是要求非常低的电磁干扰，否则会不同程度地影响图像质量。经常可以看到当电视信号比较弱时，低频道的电视图像经常会出现规律性的一条一条的斜条白点，这是电视机电源被电磁干扰所致。在电视机电源性能低时，电视机电源不得不与行频同步，将电磁干扰最强的区段出现在没有图像的行逆程中从而被消隐掉，所付出的代价就是电源频率仅仅达到 15.625kHz，远低于一般开关电源的工作频率，电感、变压器的体积均很大。随着电视机电源性能的提高，电视机电源的频率不再与行频同步，但是只能采用电磁干扰低的反激式开关电源。初期时，考虑到 PWM 控制 IC 成本比较高，日本人只能采用电磁干扰最低的自激型反激式开关电源。与他激式反激式开关电源相比，自激型反激式开关电源的可靠性低、效率低，所以 20 世纪 80 ~ 90 年代，以日本技术为代表的电视机最常见的故障就是电源故障。后来出现的他激型反激式开关电源可靠性得到提高，效率也有所提高。但是，打开电视机的外壳，看到电源板上若干个为减小电磁干扰而设置的大功率水泥电阻就会感到这个电源的效率是不高的，可能 80% 都不到。20 世纪 90 年代末，电视机电源开始采用准谐振反激式开关电源，电源效率可以达到 85% 以上。随着电视的尺寸越来越大，所需要的电源功率也越来越高，而电视机的厚度却很薄（如平板电视机）。反激式开关电源已经不能很好地满足高功率的需求，针对电视机的特殊性，低电磁干扰的半桥谐振式开关电源问世，使得电视机开关电源的效率超过 90%，体积大大减小，节能效果非常明显。

1.9 减小待机损耗

电源的待机损耗问题随着电力电子器件、控制集成电路和控制方式的进步，使待机功耗从 15 ~ 20W 降低到 3W 甚至 1W 以下。如果现在买到的电视机的待机损耗还是 5 ~

15W, 那一定是数年前的产品了, 而且是应该属于淘汰的商品了。

现在国外的商品电源, 有的 DC-DC 变换器的最高效率可达 97%, 具有 PFC 功能的开关电源在最不利的状态下仍能达到 91% 的高效率, 微机用 ATX 电源的效率超过了 80%。由于电源本身的损耗已经非常低, 在有些开关电源中, 已经看不到散热器。从现有技术看, 如果不计成本, 采用各种降低损耗的方法, 计算机的 ATX 电源的效率将超过 90%。

1.10 如何进一步降低开关电源的损耗

那么, 如何降低开关电源的功耗, 提高效率呢? 要想提高开关电源的效率, 首先要清楚开关电源中都有哪些损耗, 哪些损耗是可以降低的, 具体内容详见本书的第 1 章相关内容。

开关电源的损耗大致为输入整流器损耗, 开关损耗和缓冲电路的损耗, 导通损耗, 控制、检测驱动、保护电路损耗, 变压器和电感的损耗, 滤波电容的损耗, 多级电源变换的损耗, 不合理控制方式的损耗, 线路损耗。输入整流器的损耗基本上不能降低, 不在提高效率的各种措施中, 其他的损耗均有可能设法降低。

提高开关电源效率的发展过程大致为利用软开关方法降低开关管的开关损耗, 采用同步整流器降低低压输出的整流器导通损耗, 采用低功耗控制集成电路芯片降低控制电路损耗, 采用无附加电路的零电压/零电流开关消除软开关的附加电路损耗, 采用零电压/零电流开关同步整流器降低同步整流器的开关损耗和栅极驱动损耗, 采用跳周期控制方式降低轻载和待机损耗。

所采用的方法大致有: 无源无损缓冲电路、同步整流器、低功耗控制芯片、全桥移相零电压开关、有源钳位、各种谐振型变换器、跳周期、零电压与零电流开关、直流母线变换器、采用合理的控制方式等, 具体内容详见本书的第 2 章的相关内容。

众所周知, 像 TL494、UC3842 等开关电源控制芯片已经有近 35~40 年的应用历史了, 其特点就是容易理解, 是初学者入门时首先应学的内容, 并且是最经典的 PWM 控制方式, 已经被电源设计工程师普遍接受, 设计应用起来快捷方便、成本低廉。如果没有效率提高的需求, 这些芯片、控制方式与设计方法还可以持续下去。这就使各种规格的常规开关电源, 尽管需要的参数不同, 但是所用的控制芯片与控制原理相同, 因此改动是微小的、不涉及本质, 这样的开关电源效率很难有质的飞跃。最主要的原因是主电路的电路拓扑形式与控制方式的制约, 因此要想设计出高效率的开关电源就应该更新设计观念, 如电路拓扑观念的更新, 控制方式的更新, 原有电路拓扑所隐含特性的挖掘, 新器件的应用。除此之外, 经典控制芯片的巧妙应用也是具有很高的应用价值。当然, 如果采用新型控制芯片并且合理应用, 将会使开关电源的效率大大提高。

1.11 开关电源的延伸

如果单端变换器仅仅是开关电源的基础, 那么用如此篇幅研究、分析单端变换器就没有意义了。

可以说, 单端变换器是开关电源的基础, 而开关电源开启了现代电力电子技术的大门。从开关电源开始到逆变焊机，这仅仅是开关电源的大功率化和特殊工作状态的应用。而大功率化鼓舞了电力电子工程师、学者们开拓了变频器，使交流异步电动机可以平滑、大范围地调速，从而基本淘汰了直流调速系统。

变频器的回馈制动开启了有源整流的大门，应用最多的有源整流就是高铁动车组的有源整流器，不仅可以实现交流电到直流电的整流，而且实现了回馈制动，使时速 300km 以上动车制动的巨大动能回馈到电网，同时使得动车组平稳制动。与此同时，有源整流器技术还使得交流供电端的功率因数为 1，消除了高次谐波无功功率及相移无功功率对电网电能质量的不利影响。

电力电子技术也使得电网智能化变为可能。静止无功发生器（SVG）和有源电网滤波器（APF）可以有效地吸收来自负载的各种高次谐波电流，确保电力网电压为纯正弦波。

应用能量双向的有源整流技术，采用 IGBT 构成的超高压直流输电可以实现受电侧无需交流发电机支撑，也避免了由于逆变侧晶闸管短时的缺相、电压跌落等因素造成的换相失败而引起的超高压直流输电的停止供电。消除了因晶闸管整流、逆变引起的高次谐波无功功率和相移无功功率的困扰以及晶闸管开通过程的电磁干扰；双向潮流传输的直流电可以在直流输电线电压不变的条件下实现潮流反转。电路在转换过程中的电磁惯性相对晶闸管直流输电小得多。

变频器及相关技术还可以引入到清洁能源中，风电逆变、光伏逆变、电动汽车，都是基于变频器原理和电路拓扑。

第2章

基本 DC-DC 变换器概述

◀◀◀

∴∴

2.1 DC-DC 变换器是现代电力电子技术的基石

基本 DC-DC 变换器是最基础的功率变换器，是实现功率变换器的最基本单元或最小单元，基本 DC-DC 变换器只有 3 种：降压型（buck）、升压型（boost）、反激式（flyback）。功率变换器除了基本 DC-DC 变换器外，其余的功率变换器都可以用基本 DC-DC 变换器等效变换、级联、隔离等演化得到，都可以应用基本 DC-DC 变换器理论解释。

因此，只有将基本 DC-DC 变换器研究清楚，才能将功率变换器理论拓展到整个电力电子技术领域和其他形式的功率变换器。

现在的 DC-DC 变换器大多是指利用可以用控制极关断的电力电子器件构成的将一种直流电能转换成所需要的直流电能电路。

DC-DC 变换器的大量应用是计算机电源开关化和后来的通信电源大量应用。由于利用了大功率晶体管实现了数百瓦的隔离功率变换。这种功率变换为后来的各类功率变换提供了理论和实践基础。特别是半桥功率变换成为后来（如变频器等逆变器）的主电路基础。而变频器、大功率开关电源、逆变焊机、感应加热等成为 20 世纪末的电力电子技术的主力军。进入新世纪，新型能源中的电动汽车、风电逆变、光伏逆变，智能电网中的 SVG、APF，铁路上的动车/高铁、新型电力机车等，其主电路无一不是由半桥变换器作为基本电路单元，实现所需要的功能。

因此可以说，现代电力电子技术是从开关电源开始，而大量应用的开关电源则是计算机电源开关化和通信电源的开关化。

2.2 在直流功率变换中，DC-DC 变换器可以起到交流电变换的变压器作用

相对于直流供电理论与技术，特斯拉提出的交流供电理论与技术的优势在于交流电可以应用变压器实现电压的随意改变，极性的改变和电能的可双向传输。由此产生了长距离的超高压甚至特高压输电，以减小输电线路的损耗与成本，产生了可以方便用户的电压等级。

但是，交流供电技术有不可回避的问题：如电能不能存储，只能发多少电用多少电，或用多少电发多少电，特别是对于变化剧烈的大负载，将危及电网安全运行；功率因数问题，同样是交流电网不可回避的问题，也是可危及电网安全的问题。

相反，直流电是可以存储的，如电容器、电池等方式存储，解决了剧烈变化的大负载对直流供电系统的影响；对于直流电，即使有"功率因数"问题，也可以简单地用旁路电容器简单地解决。从这两方面可以看到，除了电压无法用变压器改变，极性不方便改变和电能电气隔离传输外，相对交流电、直流电具有绝对的优势。接下来就是如何实现直流电的任意电压变换，极性变换，能量双向传输，然后是电气隔离条件下的直流电能传输。为了实现这个目标，最早的实现方式是电动机 - 发电机机组。尽管可以达到目的，还是存在效率低、体积大、噪声大、需要日常维护等问题，除特殊需要外，一般不会采用。到了 20世纪 70 年代，电动机 - 发电机机组被晶闸管变流器取代。但是，晶闸管变流器只适合于电网换相和负载谐振换相的应用。由于工作频率低、晶闸管本身不能靠门极关断等问题制约了晶闸管变流器的广泛应用。

以 MOSFET、IGBT 等为代表的控制极可以关断的大功率半导体器件的问世和广泛应用，使现代电力电子技术渗透到社会生活的每一部分。应用现代电力电子电路实现对直流电的任意变换，就像变压器对交流电任意变换一样，这使得直流电应用起来极其方便，应运而生的就是"电子变压器"。

要求 DC-DC 变换器具有降压、升压、反极性、能量双向传输和电气隔离功能。本书第 3 章 ~ 第 8 章内容是解析如何应用现代电力电子电路实现这些功能，并对现代电力电子电路原理给予定性、定量的分析。在此基础上衍生出各种 DC-DC 变换器，甚至是"电子变压器"。

DC-DC 变换器实际上只有三种基本形式，即 buck、boost、Invertor（或称 flyback），其余的变换器形式均在基本 DC-DC 变换器的基础上演化而得。例如：级联变换器是在基本 DC-DC 变换器的基础上演化而得到的（如 cuk、SEPIC、zeta 是基本 DC-DC 变换器的级联），另外还有隔离变换器（如隔离型反激式变换器和正激变换器的单管 RCD 钳位、单管钳位、绕组钳位、双管钳位，桥式变换器的半桥变换器、全桥变换器和推挽变换器等）和能量双向传输变换器等。因此，只要弄清楚基本变换器的工作原理，就可以在基本 DC-DC 变换器的基础上，通过"演化"的思路得到其他拓扑形式变换器的工作原理。也可以在基本变换器工作原理的基础上通过不同形式的组合，变异演化出满足各种不同性能要求的新型 DC-DC 变换器。

为此需要弄清楚如下问题：基本变换器的基本工作原理及特征，基本变换器的等效变换和基本变换器的演化思路等。

2.3　基本 DC-DC 变换器的电路运行原理与电磁能量转换原理

AC 电压变换是通过变压器实现的，转换原理是交变电场产生交变磁场，和其相反过程，即 $e = \mathrm{d}\Phi/\mathrm{d}t$，无论是电生磁还是磁生电，均遵守这一原理。DC 变换器中如果还延用上述原理就会发现，虽然在变压器的一次侧能够产生磁通 Φ，但 $e = \mathrm{const}$（恒定不变）所

产生的磁通 Φ 是恒定的，即 $\mathrm{d}\Phi/\mathrm{d}t = 0$，所以在二次侧的感应电动势 $e = 0$，因此从工作原理上说明了普通变压器不能用于 DC 变换器。

　　不仅如此，在一种形式的交流电（频率、波形）向另一种交流电（频率、波形）转换时也不能简单地利用变压器实现。因此，有必要研究能按要求将一种电能形式转换为另一种电能形式的变换器——基本变换器。

　　直流电的变换，根据能量守恒定律，由于变换前后电压的不同，对应的电流也会不同，这些的不同，之间必然需要电磁转换才能获得。

第3章

降压型变换器

• •
• •
• •

3.1 降压型变换器概述

直流电的获得：可以是电池、干电池、碱性电池、充电电池、燃料电池和直流发电机，还可以是通过交流电整流获得，甚至可以用太阳电池板获得。

直流电：其特征为恒定不变的电压。在电子电路应用和需要直流电的应用中均要求供电电压的恒定不变特性。

当直流电中含带了交流成分，这时的直流电被称为脉动直流电，不再是纯净的直流电。

由高等数学和电路知识得知：非同频电压、电流相乘，所得一个周期的功率为零，在直流电中，只有频率为零的电流成分做功，因此衡量直流电的电压、电流的大小无一例外地用平均值。

由于直流电中是以平均值表达其电流、电压及做功功率，因而改变电压或电流的平均值，即改变了直流电压或电流的因果关系，通常改变电压的平均值。

3.2 电路的推导

3.2.1 直流电压的切割

改变电压平均值的方法：在时间轴上，有规律地切掉部分直流电压可改变直流电压平均值，如图 3-1 所示。

其中，阴影部分为保留部分，非阴影部分为切除部分。其阴影部分的平均值为

$$U_{\text{out(av)}} = \frac{1}{T}\int_0^T u_{\text{in}}(t)\mathrm{d}t = \frac{1}{T}\int_0^{t_{\text{on}}} U_{\text{in}}\mathrm{d}t = \frac{t_{\text{on}}}{T}U_{\text{in}} = DU_{\text{in}} \tag{3-1}$$

式中，D 为占空比。

当 U_{in} 被有规律地部分切除后，输出电压平均值随切除部分的变化而变化。若令保留部

分持续时间为 t_{on}，切除部分持续时间为 t_{off}，开关周期为 T，输入电压为 U_{in}，输出电压为 U_{out}。

欲实现这一功能，可在输入、输出之间接一个开关，令开关按图 3-1 中描述的规律地开关，电路示意图如图 3-2 所示。

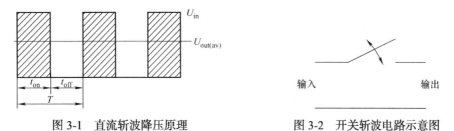

图 3-1   直流斩波降压原理   图 3-2   开关斩波电路示意图

3.2.2   直流脉冲串的平滑——低通滤波器

在图 3-2 电路的输出端可以获得比输入电压值低的输出电压平均值。图 3-1 的电压波形的直流电压是不能应用于电子电路和电力电子电路的，需要将其平滑。或者说图 3-1 的输出电压是脉动的，含有非常丰富的交流分量，不能直接应用，需将脉动成分去掉。去掉脉动成分最简单的方法是在开关后面接一低通滤波器通常称为滤波电路，电路图如图 3-3 所示。

图 3-3 中的低通滤波器很容易联想到 RC 低通滤波器，如图 3-4 所示。

如果是信号处理电路，图 3-4 电路最简单，也可以实现低通功能。但是对于功率转换电路，图 3-4 电路中的电阻流过输出电流，这势必造成电能的损耗，同时也造成滤波器输出特性变软。这两个问题是绝对不允许在电能转换电路中出现的。为了解决这个问题，图 3-4 中的电阻必须用"无损耗"元件替代，也就是用电感替代。这时低通滤波电路就是 LC 低通滤波器，如图 3-5 所示。

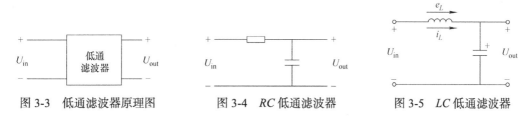

图 3-3   低通滤波器原理图   图 3-4 RC 低通滤波器   图 3-5 LC 低通滤波器

从能量转换角度看，图 3-1 波形将连续平滑的能量传输切割成断续的脉冲能量输出。而断续的脉冲能量输出不符合大多数应用条件，需要将断续的脉冲能量转换成连续平滑的纯直流电能量。

根据能量守恒定律，电路在每一瞬时的能量都必须守恒，于是，断续的脉冲能量变换成连续平滑的能量，在每一瞬时必将不一定相等（或守恒），为了达到守恒的目的，必须采用具有储能功能的电储能元件，也就是电感、电容，图 3-5 可以实现这个目标。

3.2.3   线性低通滤波器在非线性电路中的问题

在线性电路中，图 3-5 电路可以很好地完成低通滤波功能。但是降压型变换器由于电力半导体器件工作在开关状态，是开关功率变换器，也是非线性电路或非线性功率变换器。

对于非线性电路，应用图 3-5 电路可能会出现一些问题。

由于低通滤波器前面是开关，在开关断开时会将电感的电流通路破坏。由于电感上的电流不能跃变，电感上将产生感应电动势 $e = L\mathrm{d}i/\mathrm{d}t$ 强迫外界产生电流通路，与此同时，电感的储能将迅速释放。由于开关处于断开状态下，电感产生的感应电动势几乎全部降落在开关两端，使得电感储能几乎全部释放到开关两端。电路工作期间，电感的储能没有被利用，无法实现将斩波的直流电压脉冲平滑为直流电。

3.2.4 非线性电路中实际的低通滤波器

电感的储能无法被利用，在功率变换器的实际应用中所不允许的。因而需要在开关断开期间给电感以续流通路，由于电路工作时电感上的电流是单向的，输入、续流通路的电流均为单向的，同时又不能将输入为短路，如图 3-6 所示。

很显然，这个续流通路只能是二极管或受控单向导电器件。这样，在 LC 低通滤波器前、开关后的二极管续流通路如图 3-7 所示。这个续流通路的二极管可以称为续流二极管（free wheel diode）。

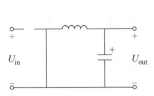

图 3-6 开关关断期间电感可能的通路

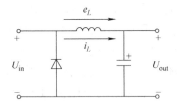

图 3-7 带有续流二极管的低通滤波器

将图 3-2 与图 3-7 组合可以得到图 3-8，图 3-9 是图 3-8 的实际电路。图 3-10 为图 3-9 电路的关键点波形。

图 3-8 图 3-2 与图 3-7 的组合　　图 3-9 buck 的主电路

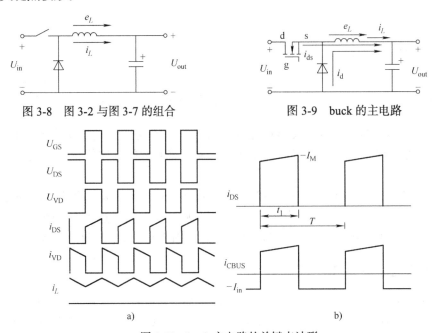

a)　　　b)

图 3-10 buck 主电路的关键点波形

3.3　电路运行原理与电磁能量转换原理

首先，为了方便分析问题，假设输出电容的端电压不变（在实际工作中，输出电容的电压基本不变），即输出电压不变。

3.3.1　开关管导通期间

开关管导通期间的等效电路如图 3-11 所示。

开关管将输入电压传输到 A 点，使续流二极管因阳极电压反向而关断，电路的电压平衡方程式为

$$U_{in} = U_o + L\frac{di}{dt} \qquad (3-2)$$

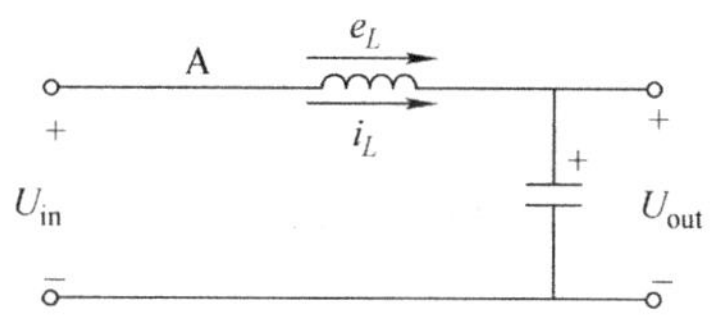

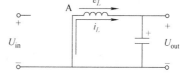

图 3-11　开关管导通期间的等效电路

由于从输入到输出仅有一条支路，由功率守恒（能量守恒）原理，得

$$P_o = U_{in}i = \left(U_o + L\frac{di}{dt}\right)i = U_o i + L\frac{di}{dt}i \qquad (3-3)$$

由式（3-2）可知，由于 $U_{in} > U_o$，L 为正常数，则 $\frac{di}{dt} > 0$，$i_L \uparrow$，并且输入功率大于输出功率，输入功率中大于输出功率的多余部分被低通滤波器中的电感吸收，将电能转化为磁储能，以磁场方式存储在磁路中，电感储能增加。

3.3.2　开关管关断、二极管续流期间

由于电感电流不能跃变，电感将产生感应电压，反抗外电路的断开以寻求导电通路，迫使续流二极管导通，这时 A 点电压因续流二极管导通与输入电压负端相同。这样，开关管电压为输入电源电压。

电感电流经续流二极管、负载形成新的回路，由于输出级的低通滤波器输入电压为零，电感向负载释放储能，等效电路如图 3-12 所示。

图 3-12　开关管关断期间的等效电路

电路的电压平衡方程式为

$$0 = U_o + L\frac{di}{dt} \qquad (3-4)$$

$$0 = \left(U_o + L\frac{di}{dt}\right)i = U_o i + L\frac{di}{dt}i \qquad (3-5)$$

由式（3-5）可以看到：电感的电流变化率小于零，电感电流下降，电感释放功率等于输出功率，能量形式在电感中由磁能转化为电能，即电感向负载提供电能。

3.4　由波形导出的定量关系

3.4.1　开关管、续流二极管承受的电流、电压

buck 变换器的关键点波形如图 3-10 所示。

由波形看到的定量关系如下：

主开关的峰值电压：

$$U_{\mathrm{DSM}} = U_{\mathrm{in}} \tag{3-6}$$

续流二极管的峰值电压：

$$U_{\mathrm{DM}} = -U_{\mathrm{in}} \tag{3-7}$$

主开关管的电压与续流二极管的电压之和等于输入电压，符合基尔霍夫电压定律（以下简称 KCVL），即

$$U_{\mathrm{DS}} - U_{\mathrm{D}} = U_{\mathrm{in}} \tag{3-8}$$

其中，U_{DSM}、U_{DM}、U_{in}、U_{DS}、U_{D} 分别为主开关管的峰值电压、续流二极管的峰值电压、主开关管电压、续流二极管电压。

主开关管的电流与续流二极管的电流之和等于电感电流，符合基尔霍夫电流定律（以下简称 KCL），即

$$i_{\mathrm{DS}} + i_{\mathrm{D}} = i_L \tag{3-9}$$

其中，i_{DS}、i_{D}、i_L 分别为主开关管的电流、续流二极管的电流、电感电流。

3.4.2　由能量守恒原理推导电流连续状态下的输入输出关系

输入瞬时功率为

$$p_{\mathrm{in}} = u_{\mathrm{in}} i_{\mathrm{in}} \tag{3-10}$$

其中，p_{in}、u_{in}、i_{in} 分别为输入瞬时功率、输入瞬时电压、输入瞬时电流。

对于直流电，通常用平均值表示，输入平均值功率为

$$P_{\mathrm{in}} = U_{\mathrm{in}} I_{\mathrm{in}} = U_{\mathrm{in}} \frac{t_{\mathrm{on}}}{T} I_L = U_{\mathrm{in}} D I_L \tag{3-11}$$

其中，P_{in}、t_{on}、T、I_L 分别为输入平均值功率、主开关管导通时间、变换器的开关周期、电感平均值电流。

输出瞬时功率为

$$p_{\mathrm{o}} = u_{\mathrm{o}} i_{\mathrm{o}} \tag{3-12}$$

其中，p_{o}、u_{o}、i_{o} 分别为瞬时输出功率、瞬时输出电压、瞬时输出电流。

输出平均值功率为

$$P_{\text{o}} = U_{\text{o}} I_{\text{o}} = U_{\text{o}} I_L \tag{3-13}$$

其中，P_{o}、U_{o}、I_{o}、I_L 分别为输出平均值功率、输出平均值电压、输出平均值电流、电感平均值电流。

由能量守恒定律，输入功率等于输出功率为

$$P_{\text{in}} = U_{\text{in}} D I_L = P_{\text{o}} = U_{\text{o}} I_L \tag{3-14}$$

其中，P_{in}、U_{in} 分别为输入平均值功率、输入平均值电压。
整理得

$$U_{\text{o}} = U_{\text{in}} D \tag{3-15}$$

其中，D 的范围为 $0 \sim 1$ 或

$$U_{\text{OUT}} = \frac{1}{T} \int_0^{t_{\text{on}}} U_{\text{in}} \mathrm{d}t = \frac{1}{T} U_{\text{in}} t_{\text{on}} = \frac{t_{\text{on}}}{T} E_{\text{in}} = D U_{\text{in}} \tag{3-16}$$

以上是电感电流连续或临界状态下的分析结果。如果电感电流断续，则上述结论将不适合。

3.5　电流断续下的输入输出电压关系的推导

由于电感电流断续，开关管每次开通时的初始电流均为零。电路工作状态将变为三种：开关管导通期间、续流二极管导通续流期间、开关管与续流二极管均不导通期间。

开关管导通期间的等效电路与电感电流连续时相同，如图 3-11 所示。续流二极管导通续流期间，等效电路与电感电流连续时相同，如图 3-12 所示。开关管与续流二极管均不导通期间由于电感电流变化率为零，没有感应电势，因此 A 点的电压为输出电压，电感电流为零。

电流断续状态下的相关电压、电流波形如图 3-13 所示。

图中，开关管导通期间对应的时间为 t_{on}，续流二极管导通期间对应的时间为 t_{d} 二极管、开关管、续流二极管均不导通期间对应的时间为 t_{off}。

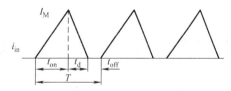

图 3-13　电流断续状态下的电感电流波形

开关周期对应的时间与上述三个时间的关系为

$$T = t_{\text{on}} + t_{\text{d}} + t_{\text{off}} \tag{3-17}$$

开关管导通占空比为

$$D = \frac{t_{\text{on}}}{T} \tag{3-18}$$

输入电流平均值为

$$I_{\text{in}} = \frac{1}{2} I_{\text{M}} \frac{t_{\text{on}}}{t_{\text{on}} + t_{\text{d}} + t_{\text{off}}} \quad (3\text{-}19)$$

输出电流平均值为

$$I_{\text{out}} = \frac{1}{2} I_{\text{M}} \frac{t_{\text{on}} + t_{\text{d}}}{t_{\text{on}} + t_{\text{d}} + t_{\text{off}}} \quad (3\text{-}20)$$

根据能量守恒定律，输入功率等于输出功率为

$$U_{\text{in}} \frac{1}{2} I_{\text{M}} \frac{t_{\text{on}}}{t_{\text{on}} + t_{\text{d}} + t_{\text{off}}} = U_{\text{out}} \frac{1}{2} I_{\text{M}} \frac{t_{\text{on}} + t_{\text{d}}}{t_{\text{on}} + t_{\text{d}} + t_{\text{off}}} \quad (3\text{-}21)$$

$$U_{\text{out}} = U_{\text{in}} \frac{\dfrac{1}{2} I_{\text{M}} \dfrac{t_{\text{on}}}{t_{\text{on}} + t_{\text{d}} + t_{\text{off}}}}{\dfrac{1}{2} I_{\text{M}} \dfrac{t_{\text{on}} + t_{\text{d}}}{t_{\text{on}} + t_{\text{d}} + t_{\text{off}}}} = U_{\text{in}} \frac{t_{\text{on}}}{t_{\text{on}} + t_{\text{d}}} \quad (3\text{-}22)$$

式（3-22）的结果与式（3-15）不同，说明式（3-15）仅适用于电感电流连续或电感电流临界工作状态。在电感电流断续状态下，式（3-15）不再使用，需要式（3-22）。当电感电流为零的时间为零时：

$$T = t_{\text{on}} + t_{\text{d}} \quad (3\text{-}23)$$

式（3-22）与式（3-15）相同。这个结果表明：降压型变换器电感电流断续状态下，输出电压与输入电压的关系仍满足开关管导通时间与所有开关元件（开关管、续流二极管）总导通时间的比值。

降压型变换器通常工作在电感电流连续工作状态，只有空载或轻负载状态下才会出现电感电流断续工作状态。在特殊应用中，也可以采用电感电流断续工作状态，这个状态下的输出电压尖峰值将比电感电流连续工作状态下的输出电压尖峰值低一个数量级。

3.6　降压型变换器输入旁路电容状态的分析

在大多数文献中，一般只对开关管、续流二极管的工作状态、定量关系做了分析，忽略了对输入旁路电容和输出旁路电容工作状态的分析，造成旁路电容选择不当损坏电容的问题。就旁路电容而言，可以烧坏电容的因素无非是电流原因，因为设计者绝对不会犯电容额定电压选择不够的低级错误，因此过电压烧坏电容基本上不可能发生。针对这个问题，需要对降压型变换器的输入旁路电容和输出旁路电容的电流状态进行分析。

3.6.1　输出旁路电容电流的分析

首先看输出旁路电容的工作状态。为了分析方便，假设变换器输出电流为平滑的直流电流，变换器输出侧的所有交流电流分量将全部流入输出旁路电容。相对输出旁路电容，变换器输出端所接的负载对交流电而言可以认为是开路。这样，电感电流中的直流电流分

量输送到输出端，交流电流分量流入输出旁路电容。

电感电流及输出旁路电容电流波形如图 3-14 所示。

在一般设计中，电感电流变化量为输出电流平均值的 20% 以下。从波形图中可以看到，流过输出旁路电容电流有效值相对很小，一般的电容均可以承受。

3.6.2　输入旁路电容电流的分析

对于输出旁路电容，尽可能低的等效串联电阻（ESR）、等效串联电感（ESL）更为重要。

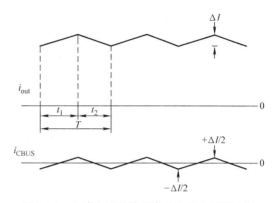

图 3-14　电感电流及输出旁路电容电流的波形

接下来分析输入旁路电容的工作状态：由于变换器输入端接开关管，并且仅仅这一条支路，根据基尔霍夫电流定律，变换器的输入电流就是开关管的电流。由于开关管电流是电流脉冲串，因此变换器向输入端所取得电流不是平滑的直流电流，其中带有大量的交流电流分量。

需要注意的是，一般的直流电源的交流内阻很高，形成的原因是直流电源中存在比较大的寄生电感，这个寄生电感可以是交流电网中的寄生电感映射到整流电路，或者是直流电源本身具有很高的寄生电感。在直流电流作用下，电感相当于短路，没有电压降，这就是直流电源在一般的应用中不考虑寄生电感的原因。正因为如此，直流电源只能提供直流电流分量。交流电流分量，特别是高频电流分量，直流电源无法提供或提供后造成直流电源供电质量变得很差。因此，为电力电子电路供电的直流电源，需要在电力电子电路的入口端加旁路电容，将来自于电力电子电路的交流电流分量旁路。

降压型变换器的输入旁路电容电流波形如图 3-15 所示。

为了分析方便，假设降压型变换器的输入电流波形为矩形波。

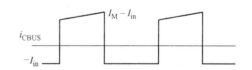

图 3-15　降压型变换器的输入旁路电容电流波形

这样，在电流连续状态下，直流母线电压与输出电压即占空比的关系为

$$U_{\mathrm{o}} = U_{\mathrm{BUS}} D \qquad (3-24)$$

母线电流平均值与输出功率及母线电压的关系为

$$I_{\mathrm{BUSav}} = \frac{P_{\mathrm{o}}}{U_{\mathrm{BUS}} \eta} \qquad (3-25)$$

降压型变换器的输入电流有效值为

$$I_{\mathrm{rms}} = I_{\mathrm{M}} \sqrt{D} \qquad (3-26)$$

在这里假设 I_{M} 等于输出电流平均值。这样，直流电源输出电压平均值为

$$I_{\text{BUSav}} = I_{\text{M}}D \tag{3-27}$$

对应的母线峰值电流与输出功率及母线电压的关系为

$$I_{\text{M}} = \frac{1}{D}\frac{P_{\text{o}}}{U_{\text{BUS}}\eta} \tag{3-28}$$

DC-Link 电容电流为

$$I_{\text{CBUSrms}} = \sqrt{I_{\text{rms}}^2 - I_{\text{BUSav}}^2} = I_{\text{M}}\sqrt{D - D^2} \tag{3-29}$$

为了分析方便，假设

$$I_{\text{M}} = I_{\text{o}} \tag{3-30}$$

则

$$I_{\text{CBUSrms}} = \sqrt{I_{\text{rms}}^2 - I_{\text{BUSav}}^2} = I_{\text{o}}\sqrt{D - D^2} \tag{3-31}$$

同样，也可以得到 DC-Link 电容的有效值电流与直流母线电流平均值的关系为

$$I_{\text{CBUSrms}} = \sqrt{I_{\text{rms}}^2 - I_{\text{BUSav}}^2} = I_{\text{BUSav}}\sqrt{\frac{1-D}{D}} \tag{3-32}$$

当占空比为 0.5 时，输入旁路电容器流过的电流有效值最大。

3.7   本章小结

可以认为 buck 变换器由开关和低通滤波器构成；开关的作用是将输入直流电斩波为脉冲宽度调制（PWM）电压脉冲串，（PWM）电压脉冲串的幅度为输入直流电压，其直流分量部分为输出电压平均值。因此，低通滤波器的作用就是滤除交流分量，保留直流分量。因此从低通滤波器的输入、输出电压幅值看，低通滤波器是 buck 变换器的核心部分，也就是说当低通滤波器输入端加一（PWM）电压脉冲串，输入、输出电压关系就是 buck 变换器的输入、输出电压关系。因此，在一些电路的演化中，可以将带有续流二极管的低通滤波器认为是 buck 变换器。

第4章

升压型变换器

···
···
···

变压器既可以降压又可以升压，DC-DC 变换器中也应具有这一功能。前一节论述了降压型变换器，本章将详尽地论述升压型变换器（boost convortor）电路的形成思路、电路工作原理和定量关系等。

4.1 电路的推导

升压型变换器是将输入电压提升，获得高于输入电压的输出电压。由于输出电压高于输入电压，采用类似 buck 变换器的电路拓扑无法实现。

4.1.1 反向电流的阻止

由于输出电压高于输入电压，根据电路原理，如果电路是"畅通"的，电流必然是从高电压端流向低电压端，这违背了升压型变换器的电流从低电压端流向高压端的想法。因此，必须阻止电流从高压端流向低压端。为防止输出电能回流到输入，这就需要输入与输出端是单向导电的。实现这一功能，可以利用二极管实现，电路如图 4-1 所示。

电路中的二极管称为"阻塞"二极管，由于输入电压低于输出电压，这个二极管也可以称为"提升"二极管。

即使有了阻塞二极管，也是仅仅起到阻止电流从高电压的输出端流向低电压的输入端，还是无法让电流从低压的输入端流向高压的输出端。

接下来是要如何使电流从低压的输入端流向高压的输出端。

图 4-1　输入 / 输出间接入二极管

4.1.2 输入向输出提供电能的实现

任何电路，都不能违背基本电路原理。因此，要想让电流从低压的输入端流向高压的输出端，在输入端与输出端之间需要一个电压或电势 e，使得输入与输出之间满足

$$U_{\text{in}} + e = U_{\text{out}} \tag{4-1}$$

式（4-1）中的 e 不能是电源，如电池、外接电源等，只能是由储能元件提供的电压或感应电势。

首先试探将电容串联在输入与输出电路之间，如图 4-2 所示。

如何提升电压，由基本电路原理可以知道：电容的电压不能跃变，同时，由于输入、输出均为电压源，两电压源不能直接相连。不仅如此，电容通过输入电压必须改变电容端电压极性。而改变电容端电压极性对于一个开关的变换器将是很困难的事。

由于电容属于电压源，由电路原理可知，电压源之间是不能直接并联的这使图 4-2 变得不现实。因此，需要考虑采用电感提升电压，即 $e = L(\mathrm{d}i/\mathrm{d}t)$，改变 $(\mathrm{d}i/\mathrm{d}t)$，即可改变电感两端的电压。考虑电源能向输出端直接提供电能，电感可置于输入与二极管之间，如图 4-3 所示。

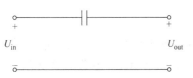

图 4-2   电容串联在输入与输出电路之间   图 4-3   输入 / 输出间接入电感

由电路原理可知，电感的储能增加与减少不需要改变电流方向就可以改变电感的端电压极性，可以通过最简单的方式实现。

4.1.3   电感储能的补充与控制

最后在电感与二极管之间接一开关管，开关管的另一电极接在公共负端，电路如图 4-4 所示。boost 变换器电路就是在这个思路下形成的。

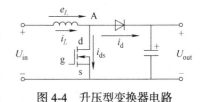

图 4-4   升压型变换器电路

开关导通时，电感电压左负右正，电感储能增加；开关断开时，电感释放储能，电压为左正右负，与电源电压相叠加。

电感电压幅值由外电路决定，因此只要电感储能存在，总能满足输入电压与电感端电压之和等于输出电压。这时，阻塞二极管由于电感电流的强迫导通。

4.2   电路运行原理与电磁能量转换原理

图 4-4 电路中只有一个受控器件，而受控器件工作时只有两个状态：导通与关断。

4.2.1   开关管导通期间

由于 A 点电压为电源负，二极管阳极反向电压，不导通。等效电路如图 4-5 所示。

根据基尔霍夫电压定律（以下简称 KVL），电路左侧的电压平衡方程式为

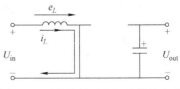

图 4-5   开关管导通期间的等效电路

$$U_{\text{in}} = L\frac{\mathrm{d}i}{\mathrm{d}t}$$

电感两端电压为左正右负。

很明显，$U_{\text{in}}>0$，L 为正常数，则 $\dfrac{\mathrm{d}i}{\mathrm{d}t}>0$，$i_L\uparrow$，电感 L 储能增加。电源 U_{in} 向 L 提供电能，电感 L 将电能转化为磁场能量形式的磁储能，电感上的电流 i_L 为

$$i_L = I_L(0) + \frac{U_{\text{in}}}{L}t \tag{4-2}$$

其中，$I_L(0)$ 为开关管导通前的电感电流初始值。

二极管上的电压为 $-U_{\text{out}}$ 阳极方向，电压不导通，输出负载的电能仅由输出电容 C 供电，支撑输出电压，因此输出电容也称为支撑电容。

4.2.2　开关管关断期间

开关管关断后，由于 L 上的电流不能跃变，L 为反抗电流变化寻求导电通路而产生感应电势 $e=L\dfrac{\mathrm{d}i}{\mathrm{d}t}$，迫使二极管导通形成电感电流通路，电路如图 4-6 所示。

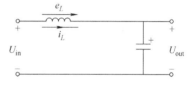

图 4-6　开关管关断期间的等效电路

根据 KVL，电压平衡方程式为

$$U_{\text{in}} = L\frac{\mathrm{d}i}{\mathrm{d}t} + U_{\text{out}} \tag{4-3}$$

或

$$U_{\text{in}}i_L = L\frac{\mathrm{d}i}{\mathrm{d}t}i_L + U_{\text{out}}i_L \tag{4-4}$$

由于 $U_{\text{in}}<U_{\text{out}}$，$\dfrac{\mathrm{d}i}{\mathrm{d}t}<0$，电感 L 上的电流 $i_L\downarrow$，并释放储能。由于输入功率小于输出功率，输入功率不足的部分由电感 L 释放储能的形式提供（电感 L 将磁场形式的磁储能转化为电能）。

4.2.3　开关管、二极管均为关断期间

开关管、二极管均为关断期间，为开关管关断，电感储能完全释放，无法产生相应的感应电势，继续为输出提供电能，因此二极管为阳极反向电压状态而不能导通。输出的电能仅由输出电容提供（支撑）。输出电容释放电荷储能向输出提供电能。

开关管、二极管均为关断期间等效电路如图 4-7 所示。

这个状态将维持到下一次开关管开通。

图 4-7　开关管、二极管
关断期间的等效电路

4.3   主要波形及定量分析

4.3.1   电感电流连续状态的波形分析

升压型变换器的主要波形如图 4-8 所示。

4.3.2   主要参数的定量分析

各主要元器件上的电压、电流
开关管电压峰值为

$$U_{DSM} = U_{out} \qquad (4\text{-}5)$$

或

$$U_{DSM} = \frac{U_{in}}{1-D} \qquad (4\text{-}6)$$

提升二极管电压峰值为

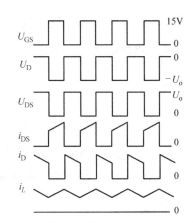

图 4-8   电感电流连续状态下升压型
变换器的主要波形

$$U_{DM} = U_{out} \qquad (4\text{-}7)$$

或

$$U_{DM} = \frac{U_{in}}{1-D} \qquad (4\text{-}8)$$

开关管电流峰值为

$$I_{DM} = I_{inm} \qquad (4\text{-}9)$$

提升二极管电流峰值为

$$I_{DSM} = I_{inm} \qquad (4\text{-}10)$$

提升二极管的电压与主开关管的电压之和为

$$u_{DS} + u_{D} = U_{out} \qquad (4\text{-}11)$$

符合 KVL。
主开关管的电流与提升二极管的电流值和为

$$i_{DS} + i_{D} = i_{L} \qquad (4\text{-}12)$$

符合 KCL。

4.4 电感电流连续状态下的输入输出电压关系分析

输入、输出电压关系：

分析方法 1：

由图 4-11 可以看出，将升压型变换器（boost Converter）电路的输出电压"斩波"后可得到输入电压，即

$$U_{\text{in}} = DU_{\text{out}} = \frac{t_{\text{off}}}{t_{\text{on}} + t_{\text{off}}} U_{\text{out}} \tag{4-13}$$

两边同除 $\dfrac{t_{\text{off}}}{t_{\text{on}} + t_{\text{off}}}$ 得

$$U_{\text{out}} = \frac{t_{\text{on}} + t_{\text{off}}}{t_{\text{off}}} U_{\text{in}} \tag{4-14}$$

分子分母同除 T 或 $t_{\text{on}} + t_{\text{off}}$，得

$$U_{\text{out}} = \frac{1}{\dfrac{t_{\text{off}}}{T}} U_{\text{in}} = \frac{1}{\dfrac{t_{\text{off}} + t_{\text{on}} - t_{\text{off}}}{T}} U_{\text{in}} = \frac{1}{1 - \dfrac{t_{\text{on}}}{T}} U_{\text{in}} = \frac{1}{1 - D} U_{\text{in}} \tag{4-15}$$

分析方法 2：

根据能量守恒定律的分析方式，在一个开关周期输出功率与输入功率相等，即能量相等

$$A_{\text{out}} = A_{\text{in}} \ \text{或} \ \int_0^T p_{\text{in}}(t)\mathrm{d}t = \int_0^T p_{\text{out}}(t)\mathrm{d}t \tag{4-16}$$

其中，p_{out} 为二极管导通期间输出电压与二极管上的电流乘积，则

$$\int_0^T p_{\text{in}}(t)\mathrm{d}t = \int_0^T U_{\text{in}}i_{\text{in}}(t)\mathrm{d}t = \int_0^T U_{\text{in}}i_L(t)\mathrm{d}t = U_{\text{in}}\int_0^T i_L(t)\mathrm{d}t \tag{4-17}$$

$$\int_0^T p_{\text{out}}(t)\mathrm{d}t = \int_0^t U_{\text{out}}i_{\text{D}}(t)\mathrm{d}t = \int_{t_{\text{on}}}^T U_{\text{out}}i_L(t)\mathrm{d}t = U_{\text{out}}\int_{t_{\text{on}}}^T i_L(t)\mathrm{d}t \tag{4-18}$$

两式同除开关周期 T，得

$$\frac{1}{T}U_{\text{in}}\int_0^T i_L(t)\mathrm{d}t \ \text{和} \ \frac{1}{T}U_{\text{out}}\int_{t_{\text{on}}}^T i_L(t)\mathrm{d}t \tag{4-19}$$

很明显，$\dfrac{1}{T}U_{\text{in}}\displaystyle\int_0^T i_L(t)\mathrm{d}t$ 为 $i_L(t)$ 在一个开关周期的平均值 I_L，而 $\dfrac{1}{T}U_{\text{out}}\displaystyle\int_{t_{\text{on}}}^T i_L(t)\mathrm{d}t$ 则是 $i_{\text{D}}(t)$ 在一个开关周期的平均值 I_{D}。

由图 4-11 可以看出输入电流即为电感电流，则

$$I_{\text{in}} = I_L, \quad I_{\text{D}} = \frac{t_{\text{off}}}{T}I_L = \frac{t_{\text{off}}}{T}I_{\text{in}} \tag{4-20}$$

由能量守恒定律可知，一个开关周期的输入能量（平均值功率）与输出能量（平均值功率）相等，则

$$P_{in} = P_{out} \qquad (4\text{-}21)$$

将 $U_{in} I_{in} T = U_{out} I_D T$ 两边的 T 约掉，得 $U_{in} I_{in} = U_{out} I_D = \dfrac{t_{off}}{T} I_{in} U_{out}$，再将两边 I_{in} 约掉，将

$U_{in} = \dfrac{t_{off}}{T} U_o$ 两边除 $\dfrac{t_{off}}{T}$，并将 U_o 移到左边，U_{in} 移到右边，

得

$$U_o = \frac{T}{t_{off}} U_o = \frac{1}{1-D} U_o \qquad (4\text{-}22)$$

4.5 输入/输出电容状态的分析

4.5.1 输入电源旁路电容状态的分析

升压型变换器的输入旁路电容的作用是将变换器产生的交流电流分量旁路，以避免影响输入直流电源的供电质量。

由图 4-5、图 4-6 可知，升压型变换器输入电流就是电感电流。电感电流中交流分量就是输入电源旁路电容的电流，如图 4-9 所示。

电感电流中的交流电流有效值成分为

$$I_{cinrms} = \frac{\Delta I_L}{\sqrt{3}} \qquad (4\text{-}23)$$

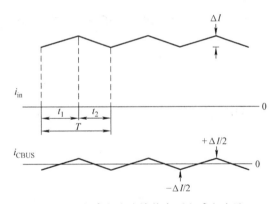

图 4-9　电感电流连续状态下电感电流及
输入旁路电容电流

式中，ΔI_L 为电感电流变化峰 - 峰值，在电路设计时确定。

由此可以看到，流过输入电源旁路电容的有效值电流约为电感电流变化峰 - 峰值的约 0.6 倍，算是比较低的数值；电感电流变换峰 - 峰值加倍，流过输入电源旁路电容电流加倍。

如果，电感电流波动峰 - 峰值为输入电流平均值的 20%，则流过输过电源旁路电容的电流约为输入电流平均值的 0.12 倍。这是一个很低的电流值，绝大多数电容都可以满足要求。

即使电感电流为临界连续状态，电感电流峰 - 峰值为输入电流平均值的 2 倍，则流过输入电源旁路电容的有效值电流将为输入电流平均值的 0.6 倍左右。对输入电源旁路电容来说，是一个比较容易满足的指标。

4.5.2　输出支撑电容状态的分析

升压型变换器在输出支撑电容前的输出电流波形和输出支撑电容流过电流波形如图 4-10 所示。

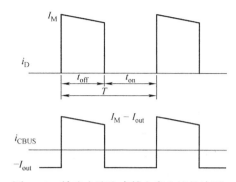

从图中可以看到，将输出电流中的直流分量扣除就是支撑电容的电流波形。

为了分析方便，假设输出电流波形和支撑电容电流波形均为矩形波。

则，输出电流有效值为

$$I_{oav} = I_{LM}(1-D) \qquad (4\text{-}24)$$

图 4-10　输出电流和支撑电容电流的波形

输出电流有效值为

$$I_{orms} = I_{LM}\sqrt{1-D} = \frac{I_{oav}}{1-D}(1-D) = \frac{I_{oav}}{\sqrt{1-D}} \qquad (4\text{-}25)$$

流过支撑电容电流有效值为

$$I_{corms} = \sqrt{I_{orms}^2 - I_{oav}^2} = I_{oav}\sqrt{\frac{1}{1-D} - (1-D)^2} = I_{oav}\frac{\sqrt{D}}{1-D} \qquad (4\text{-}26)$$

从以上公式可以看到，支撑电容流过的电流随开关管导通占空比的增大而增加。如果开关管导通占空比为零，则支撑电容电流为零；如果占空比趋近于 1，则支撑电容电流趋近于无穷大。

4.6　电感电流断续状态下的输入输出电压关系

4.6.1　电感电流断续状态的波形分析

升压型变换器有时也工作在电感电流断续状态。输入电流和输入旁路电容电流的波形如图 4-11 所示。

输出电流与输出支撑电容电流波形如图 4-12 所示。

为了分析方便，假定输入电压、输出电压恒定不变。根据功率的定义：功率等于电压乘以电流。当电压为恒定直流电时，计算功率时的电流仅仅需要平均值。于是有

输入功率为

$$P_{in} = U_{in} I_{inav} = U_{in} \times \frac{1}{2} I_{LM} \frac{t_{on} + t_d}{t_{on} + t_d + t_{off}} \qquad (4\text{-}27)$$

输出功率为

$$P_o = U_o I_{oav} = U_o \times \frac{1}{2} I_{LM} \frac{t_d}{t_{on} + t_d + t_{off}} \qquad (4\text{-}28)$$

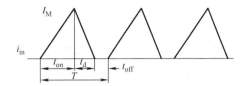
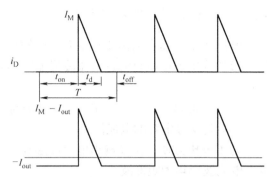

图 4-11　电感电流断续状态下的输入（电感）　　图 4-12　电感电流断续状态下的输出电流与
　　　　电流波形和输入电容电流波形　　　　　　　　　输出支撑电容电流波形

令输入功率等于输出功率，得

$$U_{\mathrm{o}} = U_{\mathrm{in}} \frac{t_{\mathrm{on}} + t_{\mathrm{d}}}{t_{\mathrm{d}}} \qquad (4\text{-}29)$$

当 $t_{\mathrm{on}} + t_{\mathrm{d}} = T$，则式（4-29）为

$$U_{\mathrm{o}} = \frac{U_{\mathrm{in}}}{1-D} \qquad (4\text{-}30)$$

与电感电流连续状态下的输入、输出关系相同。

输出支撑电容前的电流（也就是流过二极管的电流）与输出电流平均值、电感电流峰值的关系如图 4-10 所示。

4.6.2　电流断续状态下输入电容、输出电容状态

根据图 4-11、图 4-12 相关波形以及电路原理。

电感电流峰值为

$$I_{\mathrm{LM}} = \frac{U_{\mathrm{in}}}{L} t_{\mathrm{on}} = \frac{U_{\mathrm{o}} - U_{\mathrm{in}}}{L} t_{\mathrm{d}} \qquad (4\text{-}31)$$

输出电流平均值与电感电流峰值的关系为

$$I_{\mathrm{inav}} = \frac{1}{2} I_{\mathrm{LM}} \frac{t_{\mathrm{on}} + t_{\mathrm{d}}}{T} \qquad (4\text{-}32)$$

输入电流有效值与输入电流平均值的关系为

$$
\begin{aligned}
I_{\mathrm{inrms}} &= \sqrt{\frac{1}{T}\left(\int_{0}^{t_{\mathrm{on}}}\left(\frac{U_{\mathrm{in}}}{L}t\right)^{2}\mathrm{d}t + \int_{t_{\mathrm{on}}}^{t_{\mathrm{on}}+t_{\mathrm{d}}}\left(\frac{U_{\mathrm{in}}}{L}t_{\mathrm{on}} - \frac{U_{\mathrm{in}}-U_{\mathrm{o}}}{L}t\right)^{2}\mathrm{d}t\right)} \\
&= I_{\mathrm{LM}}\sqrt{\frac{t_{\mathrm{on}}+t_{\mathrm{d}}}{3T}} = 2I_{\mathrm{inav}}\sqrt{\frac{T}{3(t_{\mathrm{on}}+t_{\mathrm{d}})}}
\end{aligned}
\qquad (4\text{-}33)
$$

　　按有效值规则，将输入电流有效值中扣除输入电流平均值就是流过输入电容电流有效值。输入电容流过的电流有效值与输入电流平均值的关系为

$$I_{\text{cinrms}} = \sqrt{I_{\text{inrms}}^2 - I_{\text{inav}}^2} = I_{\text{inav}}\sqrt{\frac{4T}{3(t_{\text{on}} + t_{\text{d}})} - 1} \tag{4-34}$$

上式就是选择输入电容额定电流的依据。

输出电流平均值与电感电流峰值的关系为

$$I_{\text{oav}} = \frac{1}{2}I_{\text{LM}}\frac{t_{\text{d}}}{T} \tag{4-35}$$

输出支撑电容前的电流有效值与电感电流峰值的关系为

$$I_{\text{orms}} = \sqrt{\frac{1}{T}\left(\int_{t_{\text{on}}}^{t_{\text{on}}+t_{\text{d}}}\left(\frac{U_{\text{in}}}{L}t_{\text{on}} - \frac{U_{\text{in}} - U_{\text{o}}}{L}t\right)^2 \text{d}t\right)} = I_{\text{LM}}\sqrt{\frac{t_{\text{d}}}{3T}} = 2I_{\text{oav}}\sqrt{\frac{T}{3t_{\text{d}}}} \tag{4-36}$$

输出支撑电容电流与输出电流平均值的关系为

$$I_{\text{corms}} = \sqrt{I_{\text{orms}}^2 - I_{\text{oav}}^2} = I_{\text{oav}}\sqrt{\frac{4T}{3t_{\text{d}}} - 1} \tag{4-37}$$

上式就是选择输出支撑电容额定电流的依据。

　　流经提升二极管上的功率是断续的，而且 $i_{\text{D}}U_{\text{o}} > I_{\text{D}}U_{\text{out}}$，欲使负载获得平滑稳定的功率，应有储能元件在输入功率大于输出功率时吸收多余能量，在输入功率小于输出功率时（如开关管导通期间）向负载释放储能。由于需要稳定电压，该储能元件一定是电容。

第5章

反激式变换器

· ·

反激式变换器英文为 flyback convortor。目标是实现变换器输出电压与输入电压的反极性。

5.1　电路的获得

5.1.1　输出反向电流的阻塞

与变压器相似，一般的 DC-DC 变换器也能实现反极性，当输出与输入需要反极性时，可以采用 flyback 变换器，flyback 变换器的应用仅次于 buck 变换器，可以实现各种功能。

由于输出电压实际极性与输入电压极性为负，如果不作任何处理，电流方向必然是从输入直接流向输出。但是，实际上反激式变换器的输出电流与不作处理的电流方向相反，如图 5-1 所示。

从图 5-1 中看到，实际的输出电流与自然流动的电流方向相反。需要阻止自然流动的电流，保留实际需要的电流，也就是输出端的单向导电特性，实现这一功能，可利用二极管阻塞自然电流流动方向，如图 5-2 所示。

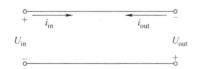

图 5-1　电流自然流动方向与输出电流方向

图 5-2　输入、输出间接入二极管

5.1.2　输入电流与输出电流共同通路的建立

输出电流单向流动的问题解决后，紧接着要解决的问题是输入电流与输出电流相向，如图 5-3 所示。

图 5-3 中的输出电压极性方向为参考方向，与实际电压极性相反。

很显然，电路要工作、电流要流动，必须要有回路。图 5-3 电路中输入电流与输出电流相向将不会产生回路，因此需要新的电流通路。在图 5-3 基础上仅仅增加一条通路可以使输入电流和输出电流获得回路，如图 5-4 所示。

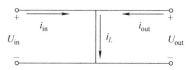

图 5-3　输入电流与输出电流相向　　　图 5-4　建立输入、输出电流回路

从图 5-4 中可以看到，输入电流没有流过输出回路，输出电流也与输入回路没有关系。因此电能不会从输入端直接传输到输出端，只能以转接的方式传输。

5.1.3　储能元件的确定及完整电路

在图 5-4 电路中，能够接收输入电能并能够向输出提供电能的、具有共同电流的支路，即在图 5-3 电路基础上新建立的支路，表明在输入回路中，需要将电能全部输送到与输出共有的支路上，输出的电能也只有从与输入共有的支路上获取。这表明输入、输出共有支路上的元件一定是储能元件，既能将电能存储于储能元件，又能以电能的形式向输出释放。

图 5-4 电路中的输入、输出共有支路上的储能元件电路特征是电流方向不改变，电压方向需要在输入回路提供电能时和向输出释放储能时，分别与输入电压极性、幅值和输出电压极性和幅值相同。需要注意的是输入电压极性与输出电压极性正好相反，因此这个储能元件需要不断地变换电压极性。

在储能元件中，电容的电流方向可以随电路状态的变化随意改变，但是电压很难改变，也就是电容电压不能跃变；电感的电压随电路状态的不同可以任意改变，但是电流极性的改变很难，也就是电感电流不能跃变。根据这个特点，只有电感适合作为图 5-4 电路的输入回路与输出回路的共同支路，于是电感的接入使图 5-4 变为图 5-5。

在图 5-5 电路中，输入端与电感之间的元器件只能是开关，用开关控制变换器的工作状态，如图 5-6 所示。

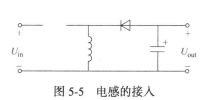
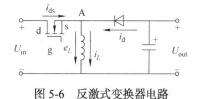

图 5-5　电感的接入　　　　　图 5-6　反激式变换器电路

5.2　电路运行原理与电磁能量转换原理

在图 5-6 电路中，只有一个元件可控而且仅处于开、关状态，即开关管导通期间和关断期间。

5.2.1　开关管导通期间

开关管导通期间的等效电路如图 5-7 所示。

为了分析方便，图 5-7 中电感感应电势的方向为电压方向，与电势方向相反。

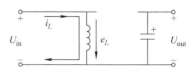

图 5-7　开关管导通期间的等效电路

开关管导通，将输入电压施加到阻塞二极管阴极，使二极管阳极反向电压反偏不导通。输入电源电压直接施加到电感两端。

$$e_L = L\frac{\mathrm{d}i}{\mathrm{d}t} \qquad (5\text{-}1)$$

在这种状态下，因为 $U_{\text{in}} > 0$，$L\dfrac{\mathrm{d}i_L}{\mathrm{d}t} > 0$，电感为正对应的 $\dfrac{\mathrm{d}i}{\mathrm{d}t} > 0$，表明 i 上升，电感储能 $\dfrac{1}{2}Li^2$ 上升，L 将输入电能转化为磁储能，电感储能增加。

输出电容通过放电方式向输出端所接负载供电。同时，输出电容需要支撑输出电压基本不变。

5.2.2　开关管关断期间

开关管关断期间，由于电感电流的存在，电感电流反抗电流通路的断开，产生感应电势迫使阻塞二极管阳极正向电压导通，形成电感电流新的电流回路。

开关管关断期间的等效电路如图 5-8 所示。

由于二极管导通，电感向输出端释放储能。这期间，$U_{\text{o}} = L\dfrac{\mathrm{d}i}{\mathrm{d}t} < 0$，$i$ 下降，$\dfrac{1}{2}Li^2$ 下降，表明电感储能减小，即向输出端释放储能。

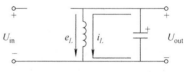

图 5-8　开关管关断期间的等效电路

电感将存储于磁路的磁储能通过绕组转变为电能，向输出端释放，为输出端所接的负载提供电能。同时将多余输出功率的电能向输出电容充电，输出电容吸收电感所释放储能对应的功率大于输出端所接负载的功率部分。

5.2.3　电感储能完全释放期间的电路状态

反激式变换器的工作状态除了开关管导通、开关管关断 / 二极管导通续流状态外，还有电感储能完全释放后的开关管关断 / 二极管关断的工作状态。

当电感储能完全释放，电感电流下降到零，电感无法产生感应电势。阻塞二极管由于电感电压为零，阴极接电源公共端，由于输出电压为负，阻塞二极管阳极反向电压关断。等效电路如图 5-9 所示。

在这种状态下，输出电能仅由输出二极管通过放电方式获得。

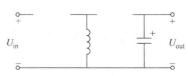

图 5-9　电感储能完全释放期间的等效电路

5.2.4　电路特点

U_{in} 不能向 U_{OUT} 直接提供电能，而是将 U_{in} 输入的电能转化为 L 中的磁储能。再通过开关管关断期间，将磁储能转化为电能传送到负载和输出电容。其中输出电容吸收大于负载功率的那部分能量。输出电容以充放电形式吸收输入多余输出功率平均值的电能，通过放电形式向输出端提供电能。输出电容还承担支撑输出电压功能。

5.3　电流连续状态下主要波形与定量的关系

Flyback 变换器的主要波形如图 5-10 所示。

图 5-10 中，波形从上至下分别为开关管控制信号（如栅 - 源电压）、阻塞二极管阳极电压、开关管漏 - 源极电压、开关管漏极电流（输入电流）、阻塞二极管电流（输出电流）、电感电流波形。

其中，开关管控制信号波形与开关管漏 - 源极电压波形反向，即控制信号高电位对应漏 - 源极电压低电位，或控制信号低电位对应漏 - 源极电压高电位。由于电感电流的存在，幅值为输入电压与输出电压之差。

阻塞二极管电压波形与开关管漏 - 源极电压波形相同，不同的是波形向下移动了输入电压与输出电压之值。

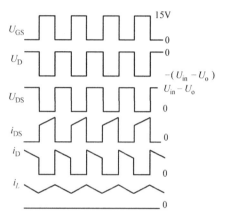

图 5-10　反激式变换器的主要波形

电感电流与开关管漏极电流、阻塞二极管阳极电流满足基尔霍夫电流定律。

5.3.1　主要元器件参数的定量关系

由波形可以看出：由图 5-10 波形和图 5-6 电路原理可以得出如下结论：

为了分析方便，假设电感电流等于开关管漏极峰值电流、阻塞二极管阳极峰值电流。各主要元器件上的电压、电流如下：

开关管电压峰值为

$$U_{DSM} = U_{in} - U_{out} \qquad (5-2)$$

或

$$U_{DSM} = \frac{U_{in}}{1-D} \qquad (5-3)$$

阻塞二极管电压峰值为

$$U_{DM} = U_{in} - U_{out} \qquad (5-4)$$

或

$$U_{\mathrm{DM}} = \frac{U_{\mathrm{in}}}{1-D} \tag{5-5}$$

开关管电流峰值为

$$I_{\mathrm{DM}} = I_{\mathrm{inM}} = \frac{P_{\mathrm{in}}}{U_{\mathrm{in}}D} \tag{5-6}$$

阻塞二极管电流峰值为

$$I_{\mathrm{DM}} = I_{\mathrm{inM}} = \frac{P_{\mathrm{in}}}{U_{\mathrm{in}}D} \tag{5-7}$$

5.3.2 输入、输出电压关系的推导

方法 1：直观法

$$I_{\mathrm{DS}} = I_{\mathrm{in}} = DI_L \tag{5-8}$$

$$I_{\mathrm{D}} = (1-D)I_L = -I_{\mathrm{out}} \tag{5-9}$$

$$U_{\mathrm{in}}I_{\mathrm{in}} = U_{\mathrm{out}}I_{\mathrm{out}} \tag{5-10}$$

$$U_{\mathrm{in}}I_{\mathrm{in}} = U_{\mathrm{in}}DI_L \tag{5-11}$$

$$U_{\mathrm{out}}I_{\mathrm{out}} = U_{\mathrm{out}} \cdot (-1) \cdot (1-D)I_L = U_{\mathrm{in}}DI_L \tag{5-12}$$

$$U_{\mathrm{out}} = \frac{-D}{1-D}U_{\mathrm{in}} \tag{5-13}$$

方法 2：利用能量守恒的原理

$$A_{\mathrm{in}} = \int_0^T U_{\mathrm{in}}i_L(t)\mathrm{d}t = \int_0^{t_{\mathrm{on}}} DU_{\mathrm{in}}i_L(t)\mathrm{d}t = DU_{\mathrm{in}}\int_0^{t_{\mathrm{on}}} i_L(t)\mathrm{d}t \tag{5-14}$$

$$\frac{A_{\mathrm{in}}}{T} = D\frac{U_{\mathrm{in}}}{T}\int_0^{t_{\mathrm{on}}} i_L(t)\mathrm{d}t = DI_L U_{\mathrm{in}} \tag{5-15}$$

$$A_{\mathrm{out}} = \int_{t_{\mathrm{off}}}^T U_{\mathrm{out}}i_{\mathrm{out}}^{}\mathrm{d}t = U_{\mathrm{out}}\int_{t_{\mathrm{off}}}^T i_L\mathrm{d}t \tag{5-16}$$

$$\frac{A_{\mathrm{out}}}{T} = U_{\mathrm{out}}\frac{1}{T}\int_{t_{\mathrm{off}}}^T i_L\mathrm{d}t = U_{\mathrm{out}}I_{\mathrm{d}} \tag{5-17}$$

$$I_{\mathrm{d}} = -\frac{t_{\mathrm{off}}}{T}I_L = -(1-D)I_L \tag{5-18}$$

$$U_\text{out}\left[-(1-D)\right]I_L = DI_L U_\text{in} \qquad (5\text{-}19)$$

$$U_\text{out} = -\frac{D}{1-D}U_\text{in} \qquad (5\text{-}20)$$

5.4　电感电流断续状态下主要波形与定量的关系

5.4.1　电感电流断续状态下的主要波形

上一节得出的结论适用条件：电感电流连续。

电感电流断续，上一节结论公式不适用，但输入、输出关系符合能量守恒定律，这时的输入、输出间的电压关系需要根据能量守恒定律。

电感电流断续状态下的主要波形如图 5-11 所示。

图 5-11 波形与图 5-10 波形有很大不同。首先是电感电流断续，这使得电感电流在开关管开通时的初始电流为零，在开关管即将关断时电感电流最高，开关管再次导通前电感电流下降到零。

因此对应的电感电流波形为带有零电流区间的三角波，阻塞二极管阳极电压、开关管漏极 - 源极电压波形变为阶梯波，电流波形变为锯齿波。

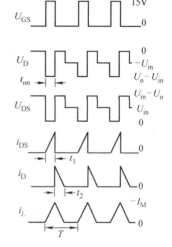

图 5-11　电流断续时 flyback 变换器的主要波形

5.4.2　输入输出定量关系的分析

由图 5-11 波形可以得到输入、输出电压关系如下：

输入电流峰值为

$$I_\text{LM} = \frac{2P_\text{o}}{U_\text{in}D} \qquad (5\text{-}21)$$

输入电流平均值与输入电流峰值的关系为

$$I_\text{Lav} = \frac{1}{2}I_\text{LM}D \qquad (5\text{-}22)$$

输入电流有效值与输入峰值电流的关系为

$$I_\text{Lrms} = I_\text{LM}\sqrt{\frac{D}{3}} \qquad (5\text{-}23)$$

输入电流有效值与输入平均值电流的关系为

$$I_\text{Lrms} = \frac{2I_\text{Lav}}{D}\sqrt{\frac{D}{3}} = 2I_\text{Lav}\sqrt{\frac{1}{3D}} \qquad (5\text{-}24)$$

输出电流峰值等于输入电流峰值，但极性相反即

$$I_{oM} = -I_{LM} \tag{5-25}$$

于是有：

输出电流平均值与输出电流峰值的关系为

$$I_{oav} = \frac{1}{2} I_{oM} \frac{t_2}{T} \tag{5-26}$$

输出电流有效值为

$$I_{orms} = I_{oM} \sqrt{\frac{t_2}{3T}} = \frac{2I_{oav}T}{t_2} \sqrt{\frac{t_2}{3T}} = 2I_{oav} \sqrt{\frac{T}{3t_2}} \tag{5-27}$$

输出电压与输入电压的关系为

$$U_{in} \cdot \frac{1}{2} I_{LM} \frac{t_{on}}{T} = -U_o \cdot \frac{1}{2} I_{LM} \frac{t_2}{T} \tag{5-28}$$

整理后得

$$U_o = -U_{in} \frac{t_{on}}{t_2} \tag{5-29}$$

当 $t_{on} + t_2 = T$ 时

$$U_o = -U_{in} \frac{t_{on}}{t_2} = U_{in} \frac{t_{on}}{T - t_{on}} = -U_{in} \frac{1}{\dfrac{T - t_{on}}{t_{on}}}$$

$$= -U_{in} \frac{1}{\dfrac{T}{t_{on}} - 1} = -U_{in} \frac{1}{\dfrac{1}{D} - 1} = U_{in} \frac{-D}{1 - D} \tag{5-30}$$

5.4.3 电流断续状态下的开关管、阻塞二极管电压、电流定量关系

开关管、二极管峰值电压与式（5-2）、式（5-4）相同。

开关管、二极管峰值电流与式（5-21）相同。

$$I_{Dm} = I_{inM} = \frac{P_{in}}{U_{in}} \frac{2T}{t_{ond}} \tag{5-31}$$

式（5-6）的另一种表达形式为

$$I_{Dm} = I_{inM} = \frac{P_{in}}{U_{in}} \frac{T}{t_{onc}} \tag{5-32}$$

在相同的开关频率、相同的开关管导通时间条件下，理想的电感电流连续状态下的电感峰值电流是电感电流临界状态下的 2 倍。

当电感电流断续状态下，开关管导通时间必须减小，这使得电感电流比电感电流临界状态还要高。这就是电感电流断续状态的缺点。相比电感电流连续状态，必须应用额定电流更高的开关管和二极管。

5.5　输入电容、输出电容电流与输入输出电流的定量关系

5.5.1　电流连续状态下的输入电容电流

为了分析方便，假设电感电流平滑，这样输入电流、输出电流均为矩形波。

电感电流连续状态下的输入电流平均值与电感电流峰值的关系为

$$I_{\text{inav}} = I_{\text{LM}}D \tag{5-33}$$

输入电流有效值与输入电流平均值的关系为

$$I_{\text{inrms}} = I_{\text{LM}}\sqrt{D} = I_{\text{inav}}\frac{1}{D}\sqrt{D} = \frac{I_{\text{inav}}}{\sqrt{D}} \tag{5-34}$$

输入电容电流有效值为

$$I_{\text{Cinrms}} = \sqrt{I_{\text{inrms}}^2 - I_{\text{inav}}^2} = I_{\text{inav}}\sqrt{\frac{1}{D}-1} = I_{\text{inav}}\sqrt{\frac{1-D}{D}} \tag{5-35}$$

5.5.2　电流连续状态下的输出电容电流

电感电流连续状态下输出电流平均值与电感电流峰值的关系为

$$I_{\text{oav}} = I_{\text{LM}}(1-D) \tag{5-36}$$

输出电流有效值与输出电流平均值的关系为

$$I_{\text{orms}} = I_{\text{LM}}\sqrt{1-D} = I_{\text{oav}}\frac{1}{1-D}\sqrt{1-D} = \frac{I_{\text{oav}}}{\sqrt{1-D}} \tag{5-37}$$

输出电容电流有效值为

$$I_{\text{Corms}} = \sqrt{I_{\text{orms}}^2 - I_{\text{oav}}^2} = I_{\text{oav}}\sqrt{\frac{1}{1-D}-1} = I_{\text{oav}}\sqrt{\frac{D}{1-D}} \tag{5-38}$$

5.5.3　电流断续状态下的输入电容电流

输出电流平均值与电感电流峰值的关系为

$$I_{\text{inav}} = \frac{1}{2}I_{\text{LM}}D \tag{5-39}$$

输出电流有效值与输出电流平均值的关系为

$$I_{\text{inrms}} = I_{\text{LM}}\sqrt{\frac{D}{3}} = I_{\text{inav}}\frac{2}{D}\sqrt{\frac{D}{3}} = I_{\text{inav}}\sqrt{\frac{4}{3D}} \tag{5-40}$$

输出电容电流有效值与输出电流平均值的关系为

$$I_{\text{Cinrms}} = \sqrt{I_{\text{inrms}}^2 - I_{\text{inav}}^2} = I_{\text{inav}}\sqrt{\frac{4}{3D} - 1} \tag{5-41}$$

5.5.4 电流断续状态下的输出电容电流

输出电流平均值与电感电流峰值的关系为

$$I_{\text{oav}} = \frac{1}{2}I_{\text{LM}}\frac{t_2}{T} \tag{5-42}$$

输出电流有效值与输出电流平均值的关系为

$$I_{\text{orms}} = I_{\text{LM}}\sqrt{\frac{1}{3}\cdot\frac{t_2}{T}} = I_{\text{oav}}\frac{2T}{t_2}\sqrt{\frac{1}{3}\cdot\frac{t_2}{T}} = I_{\text{oav}}\sqrt{\frac{4T}{3t_2}} \tag{5-43}$$

输出电容电流有效值与输出电流平均值的关系为

$$I_{\text{Corms}} = \sqrt{I_{\text{orms}}^2 - I_{\text{oav}}^2} = I_{\text{oav}}\sqrt{\frac{4T}{3t_2} - 1} \tag{5-44}$$

通过以上分析,可以看到:电流连续状态下的输入、输出电容电流低于电流断续状态下的额输入、输出电容电流。

5.6 本章小结

反激式变换器是一种将输入电压转换成反极性输出电压的变换器。由于输入电源无法通过变换器直接输送到输出端,需要储能元件转换,将输入电能以磁储能的形式存储,再将所存储的磁储能转换成电能向输出端释放。

输出电容的作用是:支撑输出电压、吸收电感释放储能期间高于输出平均值功率的电能部分和补充电感释放储能时低于输出平均值功率的电能部分。

输入电源通过开关管向电感输送电能期间,输出支撑电容向输出端的负载提供电能。

输出支撑电容吸收的电能与以放电形式输出的电能相等。

反激式变换器可以工作在电感电流连续状态,也可以工作在电感电流断续状态。

第6章

双向变换器

. . . .

6.1 双向变换器的提出

变压器的电能传输既可以从一次侧传输到二次侧，也可以从二次侧传输到一次侧，即电能传输是双向的。DC-DC 变换器在直流电中欲实现变压器在交流电中的功能也应具有电能双向传输功能。

在实际应用中经常会遇到电能双向传输问题，即电能不仅可以由输入流向输出，而且也可以由输出流向输入。例如：电动车在下坡时或电动机制动时能否将机械能转化为电能？（电动机←→发电机），带有交流电网和蓄电池供电的多输入变换器，多源激励变换器和多输出的各路电压稳定等。

基本变换器仅能完成电能的单向传输，其原因是电路中的二极管是单向导电的，那么如果将二极管换成可以导电的双向开关是否可以实现电能的双向传输？答案是肯定的。

6.2 降压型变换器与升压型变换器组合形成双向变换器

首先看降压型 buck 变换器，其基本原理已经在本书的第 3 章中详尽分析，这里不再赘述。在此，仅分析能量的反向传输和双向传输问题。

本书第 3 章中降压型变换器如图 6-1 所示，仅仅能单向电能传输，即从输入到输出，或从 U_1 到 U_2。

在图 6-1 电路中，电能从 U_1 传输到 U_2 可以通过开关管（MOSFET）控制，实现降压型 DC-DC 功率变换。但是，电

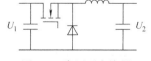

图 6-1 降压型变换器

能从 U_2 传输到 U_1，尽管能够传输（如开关管 MOSFET 反向可以导电或反向并联二极管），但是无法实现受控或正常工作，其中最根本的原因是电感电流无法控制。

通过第 4 章中对升压型变换器的分析，可以知道要想控制输入到输出支路上的电感电流，需要有电感对公共端（电源负端）的开关控制，如图 6-2 所示的升压型变换器。

图 6-1 与图 6-2 似乎没与什么联系，但是将图 6-2 电路水平翻转，如图 6-3 所示。

如果将图 6-1 与图 6-3 放到一起，如图 6-4 所示。

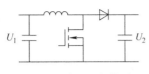

图 6-2　升压型变换器

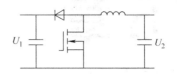

图 6-3　图 6-2 电路水平翻转示意图

图 6-4 中，上图电路的电能传输方向为从 U_1 到 U_2，下图电路电能传输方向为从 U_2 到 U_1。图中上下两个电路的电容器、电感的位置完全相同，仅仅是开关管与二极管位置互易。

如果将两个电路重合，如图 6-5 所示。

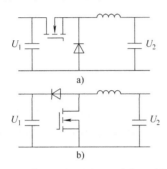

图 6-4　将图 6-1、图 6-3 放在一张图里

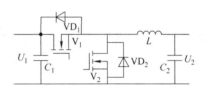

图 6-5　图 6-4 上、下两电路重合

图中的 VD_1 不会影响电能从左向右的传输，无论开关管 V_1 是否导通，二极管 VD_1 都不导通，因此二极管 VD_1 不影响降压型变换器的工作；同样，当电能从右向左传输时二极管 VD_2 始终不会导通，因此也不会影响电能从右向左的升压电能变换。

再看开关管：如果开关管 V_1、V_2 仅其中一个工作，不会影响变换器电能从左向右或从右向左的传输，也就是说电路在合并后仍能正常工作。

6.3　单向变换器如何变成双向变换器

6.3.1　单向变换器

当 V_1、V_2 仅一个工作时，电路还是单向变换器。只是 V_1 工作时变换器工作在降压型工作模式，电能仅能从左向右传输；V_2 工作时变换器工作在升压型工作模式，电能仅能从右向左传输；可以分别地实现电能双向传输，不能实现电能实时地双向传输。

图 6-5 的变换器工作在降压模式的等效电路如图 6-6 所示。

开关管导通期间，输入电源通过开关管向电感和负载提供电能，开关管关断期间，电感通过与 V_2 方向并联的续流二极管向输出释放储能。电能仅能从左向右传输。

图 6-5 的变换器工作在升压工作模式的等效电路如图 6-7 所示。

接下来的问题是如果开关管 V_1、V_2 同时工作会怎样？是否还会同时满足降压变换的输入、输出电压关系？

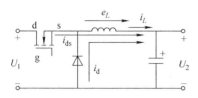
图 6-6　降压型变换器工作模式

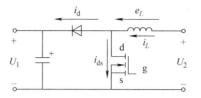
图 6-7　升压型变换器工作模式

6.3.2　双向变换器

将图 6-5 电路变为名副其实的双向变换器，需要通过理论分析，分析结果必须支持双向变换器的工作模式。

首先，开关管 V_1、V_2 不能同时开通，V_1、V_2 同时开通会将 U_1 短路，这是绝对不允许的发生的！

第二，既然开关管不允许同时导通，那就应该是互补导通，即每一瞬时 V_1、V_2 只有一个导通。两个开关管的驱动电压时序图如图 6-8 所示。

开关管 V_1 与开关管 V_2 导通时间与开关周期的关系为

图 6-8　开关管 V_1 与 V_2 驱动信号时序

$$T = t_{on1} + t_{on2} \qquad (6\text{-}1)$$

第三，设定开关管 V_1 的为主导通时间，占空比为开关管 V_1 导通时间与开关周期之比，即

$$D = \frac{t_{on1}}{T} \qquad (6\text{-}2)$$

开关管 V_2 导通期间对应的占空比则为

$$D_2 = \frac{t_{on2}}{T} = \frac{T - t_{on1}}{T} = 1 - \frac{t_{on1}}{T} = 1 - D \qquad (6\text{-}3)$$

于是降压型变换工作模式为

$$U_2 = U_1 D \qquad (6\text{-}4)$$

升压工作模式下则为

$$U_1 = U_2 \frac{1}{1 - D_2} = U_2 \frac{1}{D} \qquad (6\text{-}5)$$

将式（6-5）整理成 U_2 单独在左侧，则

$$U_2 = U_1 D \qquad (6\text{-}6)$$

式（6-6）与式（6-4）完全一样，表明即使 V_1、V_2 同时工作，互补导通，既可以满足

从左向右的降压功率变换模式，又可以满足从右向左的升压功率变换模式。两种工作模式可以兼容存在，实现电能的实时双向传输。

第四，如何确定电能从 U_1 流向 U_2 还是从 U_2 流向 U_1？

将两侧电源映射成"同一"电压的电压源。根据电路原理，电流将从电压稍高的一侧流向电压稍低的一侧。对于理想电压源，并联的电压源电压幅值不同是绝对不允许的。但是在实际中，任何实际电压源都是理想电压源与内阻的串联，加上回路引线的电阻，实际的两个电压源 U_1 与 U_2 之间实际上是通过电阻相连。电流幅值有两个电压源幅值之差与回路电阻之比。

6.3.3 升压型变换器的电能双向传输

升压型变换器在电路构成过程中，为了防止电流从高电压输出侧流向低电压输出侧，在输入到输出的通路中设置了防止反向电流的阻塞二极管，使得升压型变换器无法实现反向电流。

降压型变换器的电能双向传输是将降压型变换器与升压型变换器反并联，并且两个控制信号处于互补状态。

很显然，对于升压型变换器的电能双向传输，同样可以采用与降压型变换器反向并联方式实现，也就是将图 6-5 镜像而得，如图 6-9 所示。

很显然，图 6-9 是升压型变换器电路。如果 U_1 作为输入，则图 6-9 与图 6-5 相比，差别在于图 6-5 是降压型双向变换器，图 6-9 是升压型双向变换器。

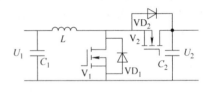

图 6-9 升压型双向变换器

从控制角度看，如果两个电路都是输出稳压型变换器。图 6-5 是使降压后的电压稳定，而图 6-9 则是使升压后的电压稳定。在理想状态下，输入电压与输出电压通过公式，通过控制满足固定关系，这样无论是从"输入端"向"输出端"还是"输出端"向"输入端"的电能传输都可以是任意的。

也就是说，图 6-5 电路的从左向右或图 6-9 电路从右向左，满足降压功率变换规律；图 6-5 电路的从右向左或图 6-9 电路从左向右，满足升压功率变换规律，而且是同一个占空比。

6.4 反激式双向变换器

基本 DC-DC 变换器中，降压型变换器与升压型变换器组合 /（镜像翻转后）重合获得双向降压型 / 升压型变换器。反激式变换器的双向功率变换有需要怎样的组合 / 重合？反激式变换器电路如图 6-10 所示。

可以看到，图 6-10 电路是以电感为轴线左右对称，不同的仅仅是左侧为开关管，右侧为二极管。如果将图 6-10 镜像翻转，得到图 6-11 电路。

图 6-10 电路左边为输入，电压为正，右侧为输出，电压为负。图 6-11 电路右侧为输入，电压为正，左侧为输出，电压为负。

要将图 6-10 电路与图 6-11 电路重合。必须将图 6-11 电路的左侧电压为正，右侧电压为负。需要将图 6-11 电路中的开关管（MOSFET）和二极管极性反转，得到图 6-12 所示电路。

将图 6-10 电路与图 6-12 电路重合，得到图 6-13 电路。

图 6-13 电路将原始反激式变换器电路中的开关管、二极管全部用开关管（MOSFET）与二极管反并联组件替代。

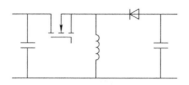

图 6-10　反激式变换器主电路

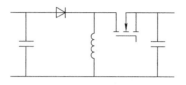

图 6-11　图 6-10 电路镜像翻转后的电路

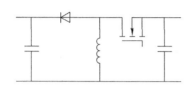

图 6-12　将图 6-11 电路中的开关管、
二极管极性反转后的电路

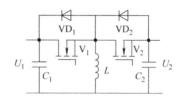

图 6-13　图 6-10 电路与图 6-11 电路
重合后的电路

当电路中一个开关管不在工作状态时，其反并联的二极管工作，这个开关元件组件仅仅是二极管；同样，由于电路为 U_1 为正、U_2 为负，与工作的开关管反并联的二极管始终阳极反向电压不工作。因此，只要开关管不工作或工作的二极管，并不影响二极管或开关管的正常工作。

当 V_1 工作、V_2 不工作时，电路为左侧输入、右侧输出的单向反激式变换器；而当 V_1 不工作、V_2 工作，则电路为右侧输入、左侧输出的单向反激式变换器；当 V_1、V_2 同时工作，控制信号为互补状态时，电能的传输既可以由左向右，又可以由右向左传输，实现电能的双向传输。

具有电能双向传输的反激式功率（flyback）变换器的 U_1 与 U_2 的关系为

$$U_1 = \frac{-D}{1-D} U_2 \tag{6-7}$$

$$U_2 = \frac{-D^*}{1-D^*} U_1 \tag{6-8}$$

其中，式（6-8）中的 D^* 为开关管 V_2 的导通占空比，满足

$$D + D^* = 1 \tag{6-9}$$

将式（6-9）代入式（6-8），将得到式（6-7）。说明在 V_1、V_2 驱动信号互补状态下，图 6-13 的反激式变换器电路为双向变换器，电能可以任意地双向传输。

通过本章前 4 节的分析可以看到：

将电路中的二极管用开关与二极管并联的方式替代，使其具有可控的双向导电功能。获得电流的受控双向流动，开关管反向并联二极管不影响开关管的正常工作。

二极管的导通可以用开关管的导通替代。

6.5 双向变换器的延伸——同步整流器

6.5.1 低压整流电路需要低正向电压整流器件

低输出电压降压型变换器，续流二极管的正向电压直接影响整机的效率。例如：输入电压为 30V，输出电压为 5V，开关管的占空比仅 1/6，续流二极管的导通占空比为 5/6。

如果选用正向电压约 1V 的超快速二极管，仅二极管正向电压产生的损耗将使得变换器最高效率不会高于 86.1%。即使采用正向电压为 0.5V 的肖特基二极管，也会限制变换器效率不会超过 93%。如果续流二极管的正向电压为 0.2V，则限制变换器效率不会超过 97%。当续流二极管正向电压约为 0.1V 时，则不考虑其他损耗，变换器效率可以达到 98.5%。

由此可见，低压输出变换器，续流二极管的正向电压降低将有效地提高整机的效率。

接下来的问题是，能否找到正向电压低于 0.3V 的大电流二极管？结论是没有！那么，能否寻求到正向电压低于 0.3V 的功率半导体器件作为续流二极管？

同样，在低压整流中，整流二极管的正向电压降直接影响整流器的效率。

在大电流时，如数千安培甚至上万安培，整流二极管的导通电压造成的损耗将使得整流器件温度急剧上升，甚至必须采用水冷方式解决散热问题。

为了提高低压整流器效率，除了采用合理的整流电路拓扑，更要选择低导通电压整流器件。

为了有效减少高电流整流器损耗，改善散热条件，有效降低整流器件的导通电压也将成为必须。

6.5.2 利用开关器件实现低正向电压整流器件

在本章 6.4 节的最后，得出可以采用开关管的导通替代二极管导通的结论。

接下来，从导通电压角度分析开关管替代二极管作为整流器件的可能性。

基本电气性能的要求：

1）在开关管导通状态下，导通电压降要远低于硅二极管正向电压，一般需要低于 0.3V，最好是 0.1V。

2）需要原二极管导通状态时，替代二极管的开关管导通。

3）需要原二极管关断状态时，替代二极管的开关管关断。

首先看第一项：各类开关管，如双极型晶体管（GTR）、绝缘栅双极型晶体管（IGBT）、晶闸管（SCR）、绝缘栅场效应晶体管（MOSFET）等。其中 GTR 的额定电流条件下的集电极 - 发射极饱和电压为 1.5 ~ 2V（如 BUS50），复合晶体管（达林顿晶体管）集电极 - 发射极饱和电压为1.5~5V，高于二极管正向电压0.9~1.2V，不能满足要求；IGBT的集电极-发射极饱和电压最低为1.3V，也不能满足要求；晶闸管的正向电压与二极管基本相同，还是不能满足要求。

最后，MOSFET导通状态下呈现电阻特性。因此，只要MOSFET的导通电阻$R_{d(on)}$与漏极电流I_D乘积低于0.3V就可以满足要求。

接下来看哪些MOSFET可以满足要求？先看第三代MOSFET（IRFZ40/IRF540、IRF640、IRF740、IRF840、IRFBC40）。

IRFBC40额定参数：600V/6.8A/1.2Ω。

$$U_{dson}=\frac{6.8A}{4}(1.2\Omega\cdot3)=6.12V \qquad (6-10)$$

IRF840额定参数：500V/8A/0.8Ω。

$$U_{dson}=\frac{8A}{4}(0.8\Omega\cdot3)=4.8V \qquad (6-11)$$

IRF740额定参数：100V/10A/0.55Ω。

$$U_{dson}=\frac{10A}{4}(0.55\Omega\cdot3)=4.125V \qquad (6-12)$$

IRF640额定参数：200V/18A/0.18Ω。

$$U_{dson}=\frac{28A}{4}(0.08\Omega\cdot3)=1.68V \qquad (6-13)$$

IRFZ40额定参数：60V/50A/0.028Ω。

$$U_{dson}=\frac{50A}{4}(0.028\Omega\cdot3)=1.05V \qquad (6-14)$$

其中正常应用时，流过MOSFET最大电流一般选择额定电流的1/4。原因是MOSFET在外壳温度为100℃状态下可以通过的连续电流仅为额定电流的0.6倍，一般为减半；实际应用时，为了降低导通电压，还需要减半。

导通电阻乘以3的原因，是第三代MOSFET最高结温条件下的导通电阻是室温条件下导通电阻的约3倍。

式（6-10）~式（6-14），得出的结论是都不能满足导通电压低于0.3V的目标，因此一般情况下从耐压60V的IRFZ40到耐压600V的IRFBC40不能满足替代二极管要求。但是可以看到，随着额定电压的降低，MOSFET的导通电压越来越低。预计第三代MOSFET耐压30V状态下可以接近满足替代二极管的要求。

随着MOSFET制造技术的进步，如今的MOSFET已经发展到第六代、第七代的水平。新型MOSFET一改第三代MOSFET的平面栅结构为槽栅结构，导通电阻极大地降低。例如：同样是IR公司的IRFS7530，额定参数60V/240A/0.0014Ω。

$$U_{dson}=\frac{240A}{4}\cdot(0.0014\Omega\cdot2)=0.168V \qquad (6-15)$$

式中的导通电阻乘以 2 而不是 3 的原因，是这种规格的 MOSFET 在最高结温条件下的导通电阻是常温条件下导通电阻的 2 倍，不再是 3 倍。即使应用在额定电流的一半，也可以接近 0.3V 的水平。

式（6-15）的结果表明：新型低压 MOSFET 可以很好地满足低导通电压降的需求，用来替代整流二极管，降低整流器导通损耗，以提高整流器效率。

6.5.3 同步整流器概念

为什么叫同步整流器？

1）需要在原二极管导通状态时，替代二极管的开关管导通；

2）需要在原二极管关断状态时，替代二极管的开关管关断。

即将 MOSFET 用作整流器件，MOSFET 的控制信号与替代前的二极管是否导通相一致，时间上相同步，这就是同步整流器的原始解释。

应注意的是 MOSFET 的常规应用是漏极相对于源极是正电压（N 沟道 MOSFET）。而用作同步整流器的则是替代前二极管正向电压对应 MOSFET 导通。在实际的增强型 MOS-FET 中，漏 - 源极之间反向并联一个寄生二极管。这个二极管必须与替代前的二极管极性一致。这就要求作为同步整流器的 MOSFET 漏极相对源极是负电压（N 沟道 MOSFET），与常规应用的电流方向正好相反。

MOSFET 电流反向应用是否可以？答案是肯定的，因为 MOSFET 导通后为电阻特性，电阻的正反向特性是相同的，因此作为反向应用的同步整流器状态，MOSFET 可以胜任。

第7章

<<<

演化为隔离型 DC-DC 变换器

· ·
· ·
· ·
· ·

前几章详尽地分析了基本 DC-DC 变换器的降压、升压、反极性（反激式）、双向变换功能。如果基本 DC-DC 变换器不能实现电气隔离，在直流电变换中像变压器用于交流电那样方便将无从谈起，现代电力电子技术必将是残破的技术。因此，基本 DC-DC 变换器必须能够实现电气隔离功能。

在分析基本 DC-DC 变换器隔离演化前，引入需要的基础知识——电路的等效变换。

7.1 基本变换器的等效变换

基本 DC-DC 变换器演化的准则：在不考虑输入输出参考电位关系的条件下，输入输出电压关系不变，电路拓扑关系不变，即等效变换。在这个基本准则下，电路的演化可以通过元器件的易位实现，如图 7-1、图 7-2、图 7-3 所示的各电路。

根据电路原理，同一条支路或回路中的元器件位置可以互易，支路对外的电特性不变。可以根据这个原则，将电路中的元器件位移到需要的位置。

应注意的是，在基本 DC-DC 变换器中，有的元器件是有极性的，如二极管，带有寄生二极管的开关管需要按照回路电流方向移位。在图 7-1、图 7-2、图 7-3 电路中能构成单支路回路的是输入回路和输出回路。其中将输入电源和输入电容认为是一个元件，输出负载和输出电容认为是一个元件。图 7-1 中唯一不能位移的是二极管，同样图 7-2 中不能位移的是开关管，图 7-3 电路中不能位移的是电感。由于图 7-1 中的二极管、图 7-2 中的开关管、图 7-3 中的电感连接输入回路和输出回路，产生分支点。这使得输入回路的元器件移位不能越过分支点，而只能在输入回路内移位；同样输出回路的元器件的位移也不能越过分支点，只能在输出回路内移位。

图 7-1 中最原始的电路是图 7-1a，图 7-1b 是将输出回路的电感移位到输出负端，电路输入输出电压关系不变，电路等效；同样还可以将输入回路中的开关管移位到输入电源负端，如图 7-1c 所示电路等效；还可以在开关管置于输入回路的电源负端，而将输出回路的电感置于输出正端，如图 7-1d 所示。图 7-1 中是电路对于输入输出关系来说是完全等效的。

同理，图 7-2 电路可以有 4 种等效变换后的电路，图 7-3 也有 4 种等效变换后的电路。

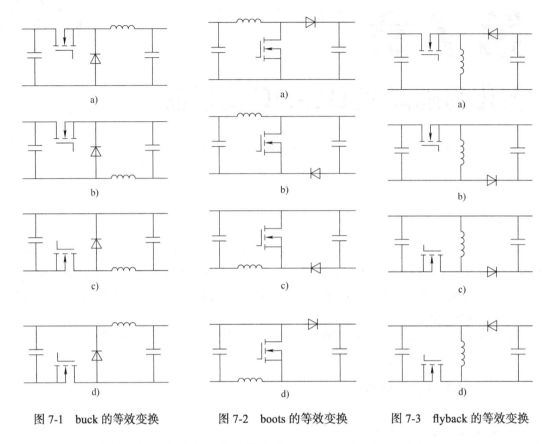

图 7-1　buck 的等效变换　　　图 7-2　boots 的等效变换　　　图 7-3　flyback 的等效变换

　　通常，由于电路中开关管实际上是单向导电的，所以在开关管上串联二极管后等效，变换关系依然成立。也可以根据等效变换原理将上述 3 种变换器演化为隔离型变换器和能量双向传输变换器。

　　如第 3 章、第 4 章、第 5 章所述，DC-DC 变换器均基于基本变换器原理构成，无论是级联变换器还是隔离型变换器，都可以用基本变换器的理论分析与计算。级联型变换器等将在后面的章节中论述。

　　有了电路等效变换的理论基础，接下来分析基本 DC-DC 变换器如何演化成隔离型 DC-DC 变换器。

7.2　实现电气隔离的几种方法和可实现性

　　现代电力电子技术中，隔离型变换器不仅要实现电路的输入、输出的电气隔离，还要实现电能的从输入到输出的高效率传输。

1. 继电器

　　可以通过继电器将输入信号控制输出信号，如继电器、接触器、电力开关等。这种方式可以将控制机构与执行机构实现电气隔离，但是这种方式无法实现 DC-DC 变换器要求的电气隔离的同时实现传输电能。

2. 光耦合器

光耦合器是电子电路中比较广泛应用的方式,利用光耦合方式实现电信号的电气隔离。光耦合器输入对输出的电能传输效率极低,也不适合 DC-DC 变换器的电气隔离同时实现电能传输。

3. 光电池

光电池可以通过光耦合器传输电能,但是光电池的效率不高于 20%,如此低的效率也不适合作为 DC-DC 变换器功率传输的电气隔离需要。

4. 变压器

既可以电气隔离,又可以传输电能,唯有变压器。问题是变压器是利用电磁感应定律实现变压器的一次侧和二次侧绕组的磁能耦合,即

$$e = \frac{\mathrm{d}\psi}{\mathrm{d}t} = N\frac{\mathrm{d}\phi}{\mathrm{d}t} = NS\frac{\mathrm{d}B(t)}{\mathrm{d}t} = NS\mu_0\frac{\mathrm{d}H(t)}{\mathrm{d}t} = NS\mu_0 k\frac{\mathrm{d}i}{\mathrm{d}t} \qquad （7\text{-}1）$$

式中, ψ 为磁链; N 为绕组匝数; S 为磁路有效截面积; B 为磁感应强度; H 为磁场强度; μ_0 为磁导率; k 为磁场强度与励磁电流的换算关系。

从式(7-1)看到,欲获得感应电势,必须是电流变化率 $\mathrm{d}i/\mathrm{d}t$ 不为零。对于直流电 $\mathrm{d}i/\mathrm{d}t = 0$。这样,变压器直接应用于直流电变为不可能!交流电得益于电压、励磁电流交变而产生感应交变电压,实现了电压的任意变换。正是由于变压器的这个功能,20 世纪初,交流输电淘汰了直流输电。

7.3　降压型变换器输入、输出电气隔离的实现

7.3.1　隔离边界

接下来的问题是既要变压器实现电气隔离,又要变压器传输电能,变压器还必须由交流电供电。如何将变压器插进 DC-DC 变换器电路,同时满足变压器工作需要的条件?

将变压器插进 DC-DC 变换器中,实现电气隔离,插入变压器的位置必须具有交流电压,至少要有相应的交流分量电压。

在 DC-DC 变换器中,插入变压器的位置就是电路的电气隔离边界。在降压型变换器电路中,输入侧接输入电源,为直流电压,理想状态下没有交流电压分量;输出侧,根据 DC-DC 变换原理应该为直流电压,并且不存在直流分量。

除了这两个位置外,电路中只剩下二极管两侧。根据降压型变换器电路原理,二极管两端是开关将直流输入电压斩波后的位置,其电压波形为矩形波电压脉冲串,其直流分量就是输出电压平均值,在变换器中,交流分量是不需要的,需要滤除。

在这个位置上具有交流电压分量,变压器只能插在这个位置,如图 7-4 所示。

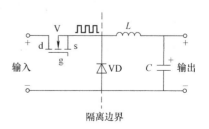

图 7-4　降压型变换器隔离边界的确定

进一步地分析需要清楚变压器是插在二极管左侧还是右侧？还是将二极管一分为二，插在两个二极管中间？如图7-5所示。

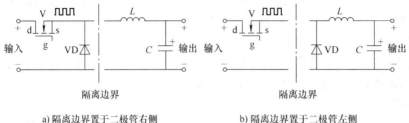

a) 隔离边界置于二极管右侧　　　　　　b) 隔离边界置于二极管左侧

图7-5　不同的隔离边界位置

隔离边界置于二极管右侧并加上变压器后的电路如图7-6所示。

从图7-6中可以看到，变压器的一次侧电压仅能有正向电压，不会有反向电压，所带来的问题是变压器一次绕组带有直流分量。

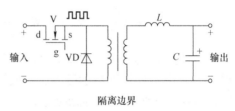

图7-6　隔离边界置于二极管右侧并加上变压器后的电路

7.3.2　变压器绕组带有直流分量电压产生的问题及变压器插入位置的分析

根据安培定律，变压器磁路中的磁场由电流励磁产生。这个励磁电流产生的磁场在电路中可以用电感表示，于是

$$e = L\frac{\mathrm{d}i}{\mathrm{d}t} \tag{7-2}$$

解式（7-2）微分方程的特解为

$$i = \frac{U_{\mathrm{in}}}{l}t + I(0) \tag{7-3}$$

式中的纯净 U_{in} 为直流电压，由式（7-3）可以得出如下结论：不管 U_{in} 值有多小，初始电流即使为零，只要时间持续，就可以使得电流 i 增长到不能忍受的程度，烧毁开关管。对于磁性材料，当励磁电流使得磁路的磁化曲线进入饱和特性，磁性材料的相对磁导率会迅速下降到接近1，造成变压器绕组的励磁电感量严重降低到原1/1000以下。由式（7-3）可以知道，磁路的饱和会使励磁电流上升速率增加上千倍，造成励磁电流烧毁开关管、变压器，甚至造成电源短路，因此图7-6电路将是不适合的。

通过改进是否可以解决出现的问题？例如：在变压器一次侧回路里串入单向导电的二极管，如图7-7所示。

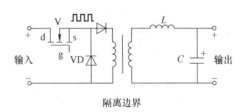

图7-7　在图7-6电路中插入二极管

图7-7电路在开关管关断期间，变压器励磁电感的励磁电流的回路如图7-8所示。

从图 7-8 中看到，变压器励磁电流流过两个二极管，如果忽略二极管正向电压，则变压器一次侧电压还是为零，没有产生反向电压，变压器一次侧电压中的直流分量依然存在。因此，这个方案是不现实的，因此将二极管一分为二，置于变压器两侧也是不行的。

将变压器插在二极管左侧的等效电路，如图 7-9 所示。

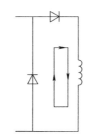

图 7-8　开关管关断期间，变压器励磁
　　　　电感的励磁电流的回路

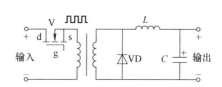

图 7-9　变压器插在二极管左侧的等效电路

图 7-9 电路中变压器一次侧不再存在零电压钳位问题。

再看变压器二次侧，根据变压器原理，如果变压器二次侧有零电压钳位，也会将变压器一次侧零电压钳位。若要消除这一现象，可以在变压器二次侧与二极管之间插入二极管试试，如图 7-10 所示。

开关管关断时，变压器励磁电流的等效电路如图 7-11 所示。

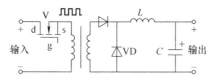

图 7-10　在变压器二次侧与二极管之间插入二极管

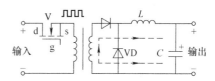

图 7-11　变压器励磁电流的等效电路

变压器二次侧与二极管之间插入一只二极管，由于两个二极管的阴极接在一起，电流相向，消除了续流二极管将变压器二次侧绕组零电压钳位问题，同时也保证了电能的正常传输。

7.4　变压器的反向电压

7.4.1　变压器的等效电路

在降压型变换器中插入变压器，需要变压器的基础知识。在此需要的是变压器的等效电路。

可以将变压器用理想变压器、励磁电感、一次侧漏感、二次侧漏感、寄生电容等理想元件组合而成。在此仅需要理想变压器、励磁电感、漏感。变压器的等效电路如图 7-12 所示。

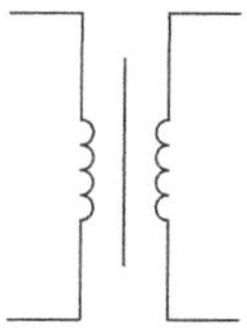

其中，理想变压器为输出端开路时，输入端电流为零，工作

图 7-12　变压器等效电路

时无励磁电流，输入端电压与输出端电压之比为变压器电压比，电流比为电压比的倒数。变压器是双向的，每一侧都可以是输入，也可以是输出；使励磁电感产生磁场需要的磁化电流，这个磁场在电路中等效为电感；漏感是变压器一次侧与二次侧不能耦合部分的磁场在电路中的等效电感。

7.4.2　变压器励磁电流的释放与反向电压的产生

图 7-11 电路是不是可以直接应用的电路，在原理上还需要哪些补充?

在此需要解决的第一个问题是变压器在脉冲电压励磁下的"负半周"电压如何获得，是自然产生还是靠外界强制的?

回到电磁理论基础。磁路中磁场是由励磁电流产生，这个励磁电流在电路中等效为励磁电感，励磁电流为励磁电感中的电流。从电路理论中可以知道，电感的电流不能跃变。在图 7-11 电路中，当开关管断开，励磁电感电流将反抗电路的断开，产生感应电势寻求新的励磁电感电流通路。

如果回路中没有励磁电感电流通路/回路，励磁电感产生的感应电势势必将开关管击穿，以维持励磁电感电流通路，直到励磁电感电流下降到零。

因此，图 7-11 还不能实际应用。需要对励磁电感产生的感应电势加以限制，也就是在变压器一次侧并联限幅电路。这个限幅电路应满足开关管导通状态下，限幅电路等效为开路；开关管断开，励磁电感电流存在期间，限幅电路类似于稳压二极管。

工程技术中的限幅电路可以是 RCD 限幅电路、稳压二极管限幅电路、绕组钳位限幅电路、双管钳位限幅电路、有源钳位限幅电路和谐振式限幅电路等。

7.5　RCD 钳位复位电路

RCD 钳位复位电路如图 7-13 所示，这种电路适用于各类单端变换器。

这是最原始、最便宜、最简单的方法，因而得到较广泛的应用。它的前身是 *RC* 缓冲电路，从电路形式上看，RCD 复位电路类似于单相整流电路（其二极管为整流器、*RC* 为滤波电容和负载电阻），加二极管可以消除开关管导通期间在电阻上的损耗。

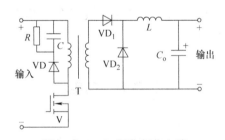

图 7-13　RCD 钳位复位电路

钳位原理为变压器励磁电感储能以电流形式释放到钳位电容，钳位电容吸收励磁电感储能变为电荷储能，电压升高。

如果电容在变压器励磁电感反复释放储能过程中电压被限制在安全数值内，就可以满足应用要求。问题是，如果在这种反复的"充电"过程中，电容电压会不断上升，直至达到不能允许的数值，因此需要在每一次"充电"过程后将电容电压释放到初始电压值。最简单的办法是通过电阻放电，即所谓 *RC* 钳位电路。

当开关管导通期间，钳位电路由于二极管 VD 阳极反向电压不导通，钳位电容器存储的电荷通过电阻 *R* 释放，使得电容电压下降到初始电压值。

当开关管关断期间，复位电路起限制复位电压的作用，变压器的励磁电流通过复位二极管流入复位电容 C，复位电容中的电荷增加，电压开始上升，复位电容 C 的电压即为复位电压，开关管关断期间，复位电容 C 的电压变化为

$$\Delta u = \frac{1}{C} \int_0^{t_{off}} i_L \mathrm{d}t \tag{7-4}$$

当开关管导通期间，复位电容 C 的电荷应回到开关管关断前的值，这期间与复位电容 C 并联的电阻 R 对复位电容放电，并且在开关管再次关断前使复位电容 C 的电压恢复到开关管上一次关断前的电压值。这时复位电路中的二极管将复位电路与变压器一次侧断开，这时复位电路对变压器不起作用，这期间为了更有效地复位，总是希望复位电压相对恒定，因而需要相对较大的复位电容，电阻 R 对复位电容放电的电压变化为

$$\Delta u = U_{C(0)}\left(1 - e^{\frac{t_{onmin}}{RC}}\right) \tag{7-5}$$

当式（7-4）结果大于或等于式（7-5）结果时，变压器的磁通完全复位。

这一时间应小于开关管的最小导通时间，否则复位电容的电压将不能复位。这种电路的最大缺点是只要复位电容上有电压，电阻就有损耗，无论是开关管导通期间还是关断期间。因此，这种复位电路的损耗在各种复位电路中是最大的，在电源效率要求不太高以及对复位电压峰值要求不高的场合下还是不错的选择。而在电源效率要求高以及对复位电压峰值要求较高的应用中，RCD 复位电路将不再适用。

7.6　瞬变电压抑制二极管复位电路的复位

在变压器一次侧，加瞬变电压抑制二极管 VD_Z，复位电压由瞬变电压抑制二极管的击穿电压决定。电路如图 7-14 所示，这种电路适用于各类单端变换器。在这个电路中，瞬变电压抑制二极管的击穿电压值 U_R 应符合以下关系：

$$U_R \geqslant \frac{U_{in}t_{on}}{t_{off}} \tag{7-6}$$

或

$$U_R \geqslant \frac{U_{in}D_{max}}{1 - D_{max}} \tag{7-7}$$

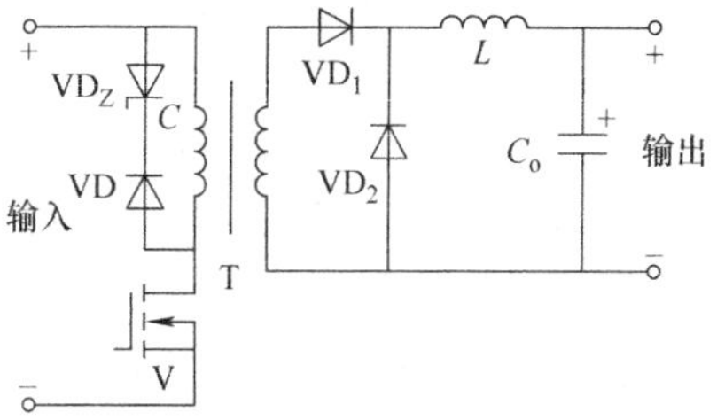

图 7-14　瞬变电压抑制二极管复位电路

由于瞬变电压抑制二极管在变压器磁通复位期间吸收变压器励磁电感的储能，因此这个电路也是有损耗的电路，但是电路相当简单，在电源效率要求不太高的应用中仍然是不错的选择。

上述两种复位钳位电路在处理变压器的磁通复位的能量时均采用了将这一部分能量变成热能消耗掉，导致电源的效率降低，如何将这一部分能量回馈到输入端？比较有效的方法是绕组钳位、有源钳位、谐振式复位钳位电路和双管钳位方式，还有更有效的方式，如

桥式变换器、推挽变换器。

7.7 复位绕组的复位

复位绕组复位电路如图 7-15 所示。

这种电路适用于各类单端变换器，其电路的磁通复位是利用第三绕组（N_3）将励磁电流回送到输入端，因此这种复位方式比前两种的电源效率高。在复位过程中，复位电压取决于一次绕组与复位绕组的电压比，当电压比为 1 ∶ 1 时，开关管上的电压峰值为 2 倍输入电压（$2U_{in}$），于是，当输入电压为 AC220V 时，开关管上的电压峰值将达 740V 以

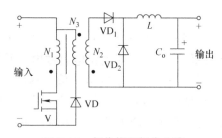

图 7-15　复位绕组复位电路

上，需要耐压在 800V 以上的开关管。通常，耐压高的开关管的性能远不如耐压低的开关管，额定电流相同的 MOSFET，耐压为 400V 的 MOSFET 的导通电阻不到耐压为 800V 的 MOSFET 的一半甚至更低。当导通损耗为主要成分时，以 MOSFET 为开关的电路中，不希望开关管的导通电阻大。不仅如此，与其他的半导体器件一样，高压 MOSFET 的开关性能也远不如低压 MOSFET。因此，欲获得更高效率，应尽可能减少开关管的各项损耗，降低单端变换器开关管损耗的一个好办法就是采用双管钳位电路拓扑。

7.8 双管钳位式复位方式

双管钳位式复位方式是一种利用输入电源电压对开关管端电压进行钳位，电路如图 7-16 所示。

这种复位方式是利用复位二极管在开关管关断期间给予变压器的一次励磁电感和漏感电流提供续流通路。当变压器一次侧电感与漏感的感应电势之和达到输入电压时，将变压器一次侧的励磁电感和漏感中的储能通过 VD_3、VD_4 回馈到输入电源。与此同时，由于 VD_3、VD_4

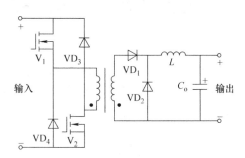

图 7-16　双管钳位复位电路

阳极正向电压导通，将 V_1 和 V_2 的漏极 - 源极电压箝位于输入电压值。

这种复位钳位电路的最大优点是不用担心开关管被变压器一次侧的励磁电感和漏感释放储能而产生的感应电势而击穿；与桥式电路相比，由于每个桥臂中都有二极管反相连接，因此双管钳位方式不会出现桥臂穿通的可怕问题。

这种电路的另一个优点是变压器励磁电感储能和漏感储能"全部"会送到输入电源，有利于提高整机效率。

缺点之一是需要两只开关管并附加两只二极管。

7.9　谐振式复位方式

谐振式复位方式电路如图 7-17 所示，主要波形如图 7-18 所示。

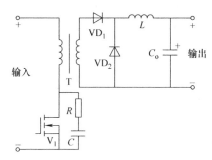

图 7-17　谐振式复位电路

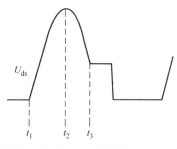

图 7-18　谐振式复位电路开关管的电压波形

磁通复位原理为开关管 V_1 由导通变为关断后（t_1 时刻起），变压器一次侧电感的通路由开关管 V_1 转移到 RC 支路。当钳位电容电压上升到电源电压后，变压器一次侧电感开始向 RC 释放励磁电流储能（t_1 到 t_2 期间）。当变压器一次侧电感储能释放尽时（t_2 时），电容 C 的电压达到极大值（明显高于电源电压）。由于这个支路是双向导电的，电容的电压将通过变压器一次侧向电源放电（t_2 到 t_3 期间）。同时向变压器一次侧励磁电感释放能量。这时的电流将是反向流动的，对磁路进行反向励磁，进入磁化曲线的 Ⅲ 象限，形成磁路的双向励磁。

在实际工程中，磁路磁化曲线的双向励磁比单向励磁损耗低得多。尽管这个双向励磁可能是不对称的，但是双向励磁毕竟能够消除磁心剩磁的不利影响。

当电容电压与电源电压相等时，磁通复位过程完成。

由于电容串联一个阻尼电阻，可以在磁通复位结束时不再产生有害的寄生振荡。

在上述的几种钳位电路中，第一次看到了将变压器励磁电感储能再利用到反向励磁，充分利用磁性材料的性能，降低磁滞损耗。

将变压器励磁电感储能最终释放到电阻或耗能元件上消耗掉，可以满足反向电压钳位的最基础的要求。如果将变压器励磁电感储能回收，则整机效率得到提高；如果利用变压器励磁电感储能对变压器励磁电感反向励磁，不仅可以提高整机效率，还可以提高磁性材料的利用率，减小磁性材料的磁滞损耗，进一步提高整机效率。

这种谐振复位方式在谐振过程中将产生比较高的谐振电压，特别适合于宽输入电压范围和比较低的输入电压（如 28V、48V 电压等级）的单管正激变换器（开关管的耐压在输入电压的 3 倍或以上）。

7.10　有源钳位的复位方式

除了将变压器励磁电感储能反向励磁，如果能将开关管的峰值电压进一步降低，对于实际工程会有更重要的意义。

RCD 钳位、稳压二极管钳位、绕组式钳位和双管钳位都是将变压器励磁电感储能释放到外电路中，或者消耗掉，或者回收。

在 DC-DC 变换器中，变压器需要高磁导率的磁路，用以大幅度降低变压器励磁电流。实际的磁性材料的磁化曲线具有迟滞回环特性，如图 7-19 所示。

经过一个交流电源周期，磁路中磁场强度、磁感应强度经过一个完整的迟滞回线。迟滞回线所包围的面积就是磁性材料的磁化、去磁过程产生的损耗。迟滞回环面积越大，磁性材料磁化、去磁整个过程消耗的能量也越大。对于变压器铁心 / 磁心，则需要迟滞回线包围的面积越小越好。

相同的磁感应强度变化，工作在磁化曲线不同的区域，迟滞回线包围面积是不同的，如图 7-20 所示。

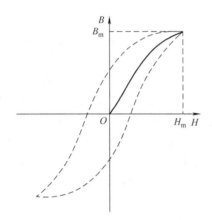

图 7-19　磁性材料的磁化曲线

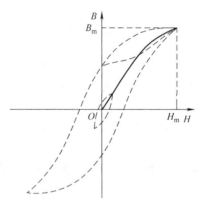

图 7-20　相同的磁感应强度变化在不同的磁化曲线
区域的迟滞回环的面积

能量的存储与释放，在磁化曲线上要经过完整的迟滞回环，迟滞回环的面积与损耗的能量成正比。图 7-20 中上面的小迟滞回线是磁心的磁化，去磁过程工作在第一象限；坐标原点附近区域的小迟滞回环是磁心的磁化，去磁过程工作在第一、第三象限。两个磁化、去磁过程对应的磁感应强度变化值是相同的，但是迟滞回环包围的面积不同，磁心损耗也是不同的。

RCD 钳位、稳压二极管钳位、双管钳位电路，变压器的磁化曲线仅仅工作在第一象限，也就是图 7-20 中上面的小迟滞回环，谐振式钳位电路则可以工作在接近图 7-20 中原点附近的小迟滞回环。很显然，后者磁心工作时产生的迟滞损耗要小于前者。

但是谐振式钳位电路需要高额定电压的开关管，在实际应用中，特别是高输入电压（如交流电源直接整流），谐振式钳位将不适用。

为了降低开关管的额定电压，同时还要磁化曲线工作在第一、第三象限。回过头来看 RCD 钳位。RCD 钳位之所以不能对变压器励磁电感反向励磁的原因是由于钳位电路中的二极管单向导电所致。

在二极管两端并联开关管，就可以使钳位电路电流反向。电路如图 7-21 所示。

有源钳位原理将在后面的章节里详细论述，这

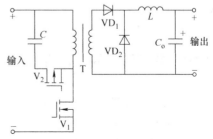

图 7-21　有源钳位复位电路

里不再赘述。

7.11 磁通复位问题

接下来，变压器一次侧绕组上的反向电压要持续多久?

首先，当开关管关断后，变压器一次侧与输入电源断开，失去了励磁电压。这时的变压器一次侧、二次侧电压由什么因素决定?

通常会认为变压器绕组失去了励磁电压，则绕组上的电压为零。因为变压器绕组上不再接有励磁源。

在隔离型降压变换器中，开关将变压器与输入电源断开，但是变压器所接的电路中还有一个励磁源，这就是带有励磁电流的变压器励磁电感接在变压器一次绕组。

当开关管关断，输入电源与变压器的通路被断开，变压器一次侧的等效电路仅有理想变压器一次侧和变压器励磁电感和钳位电路;由于开关管的断开，变压器二次侧没有电流，图 7-21 电路的输出整流二极管阳极反向电压关断。与变压器相关的，仅剩变压器励磁电感和钳位电路。

这时的励磁电感电流通过钳位二极管向钳位电容充电。变压器励磁电感电压就是变压器一次侧电压，由于电感电压由外电路决定，变压器励磁电感电压将与钳位电容电压相同。

RCD 钳位电路、稳压二极管钳位电路、绕组钳位电路、双管钳位电路，由于变压器工作在磁化曲线的第一象限，每个开关周期内必须将变压器励磁电感电流下降到零。也就是说，在开关管下一次开通前，变压器励磁电感电流必须下降到零。

假设钳位电压是恒定值，则变压器一次侧电压波形将是矩形波。

开关管导通期间，变压器励磁电感电流:

根据变压器励磁电感电流有

$$U_{\text{in}} = L \frac{\mathrm{d}i}{\mathrm{d}t} \qquad (7\text{-}8)$$

开关管导通结束时

$$I_{\text{LM}} = \frac{U_{\text{in}}}{L} t_{\text{on}} \qquad (7\text{-}9)$$

开关管关断期间

$$U_{\text{R}} + L \frac{\mathrm{d}i}{\mathrm{d}t} = 0 \qquad (7\text{-}10)$$

变压器励磁电感电流为

$$i_L = -\frac{U_{\text{R}}}{L} t + I(0) = \frac{U_{\text{in}}}{L} t_{\text{on}} - \frac{U_{\text{R}}}{L} t \qquad (7\text{-}11)$$

变压器励磁电感电流下降到零的条件:

$$0 = \frac{U_\text{in}}{L} t_\text{on} - \frac{U_\text{R}}{L} t_\text{R} \quad 或 \quad \frac{U_\text{in}}{L} t_\text{on} = \frac{U_\text{R}}{L} t_\text{R} \qquad (7\text{-}12)$$

式中，t_R 为钳位二极管导通时间或变压器励磁电感电流泄放时间。

式（7-12）就是隔离型降压变换器中变压器能正常工作的条件。简言之就是励磁的电压时间乘积等于去磁电压时间乘积，这就是所谓的**磁通复位原则**。

从变压器一次侧电压波形上看，可以是电压为正与零电压线包围的面积与电压为负与零电压线包围的面积相等。这个概念可以推广到任意波形，如谐振式钳位电路的变压器电压。而且可以应用到任何隔离型变换器。

7.12 输出侧直流分量的恢复

变压器一次侧问题解决了，接下来要分析变压器二次侧。变压器二次侧输出电压是交流电，需要转换成直流电，或者将原始的直流分量恢复。变换器输出侧的直流分量恢复过程如图 7-22 所示。

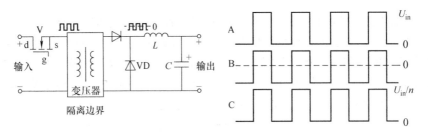

图 7-22　隔离变换器输出侧直流分量的恢复

其中，A 为变压器一次侧电压波形，B 为变压器二次侧电压波形，C 为二极管后的电压波形。

1. 变压器一次侧电压

与隔离型降压变换器相比，非隔离型降压变换器开关后电压脉冲串幅值为 U_in，并且为单极性电压。隔离型降压变换器的变压器一次侧电压分为正、负半周，正半周电压幅值为 U_in，负半周为钳位电压 U_R。其正半周为变压器一次侧向二次侧传输电能，而负半周的钳位电压作用仅仅是为变压器磁通复位，变压器一次侧不向二次侧提供电能。

2. 变压器二次侧电压

与变压器一次侧电压相似，变压器二次侧电压的正半周电压幅值为 U_in/n；负半周电压幅值为 U_R/n。

变压器一次侧传输到二次侧电能对应的电压幅值是 U_in/n；负半周电压幅值为 U_R/n，是变压器磁通复位的副产品，与电能传输无关。

降压型变换器的开关将直流电压斩波为含有直流分量的脉冲串，低通滤波器将输出不需要的交流分量滤除。而变压器二次侧电压是不带直流分量的，这与降压型变换器保留直流分量的思想相悖。因此必须在变压器二次侧后、低通滤波器前将直流分量恢复，恢复的方法是：在变压器输出端与低通滤波器间用二极管相连。输出只接受正半周电压，负半周电压不送到输出。

　　经二极管的整流作用将原来的直流分量恢复。再通过低通滤波器将不需要的交流分量滤除，从而获得所需的直流电压。在原理上降压型变换器的隔离演化基本完成。

7.13　降压型变换器电气隔离的延伸：隔离型桥式变换器

　　本章的 7.6 节 ~ 7.10 节中的隔离型降压变换器需要足够的变压器磁通复位时间，而这段时间，输入无法向输出提供电能。

　　由于变压器可以通过改变电压比实现电压变换功能，当输入电压与输出电压相差很大时，如 300V 与 12V 的关系，可以通过变压器的电压比，大致实现这个电压关系，通过改变占空比，精细调节输出电压。

　　对于降压型变换器，占空比越大，表明输入直接向输出提供电能的时间比例越大，整个变换器的效率相对越高。但是本章 7.6 节 ~ 7.10 节中的变换器电路，变压器需要磁通复位时间，这就使得这些变换器大多工作在占空比小于 0.5 的状态，无法实现 0.8 ~ 0.9 的大占空比状态。

　　为了实现大占空比的工作状态，需要通过等效变换，变化出新型的隔离型降压变换器。其基本思路为设法利用变压器磁通复位期间，让输入能够向输出提供电能。

　　需要注意的是，本章 7.6 节 ~ 7.10 节电路中，变压器磁通复位过程的变压器端电压为反向电压。在这里需要解决的问题就是让降压型变换器如何将输入电压反向提供到变压器两端。

1. 将原来的一个开关管用两个串联等效

　　将图 7-10 电路中的开关管变为两个开关管串联，电路性能不变，电路如图 7-23 所示。

2. 利用等效变换原理，将两个开关管位移到变压器两端，如图 7-24 所示。

图 7-23　将图 7-10 中的开关管变为两只串联　　　图 7-24　将开关管分别移至变压器一次侧绕组两侧

　　很显然，这个变压器仅能获得单相开关的电压（电流）方向，不符合变压器双向励磁的原则。可以在变压器的两端加入电压反向开关，如图 7-25a 所示。通过图 7-25b、图 7-25c，最后得到如图 7-25d 所示隔离型桥式变换器的一次侧电路。

　　加上变压器二次侧电路，即获得隔离型桥式变换器主电路，如图 7-26 所示。

　　还可以简化电路，将其中一个桥臂的开关管用两只电容替代。由于电容对于交流电流分量的分流作用，两只串联的电容可以等效为两个电压源串联，中点接变压器一次侧其中一端，另一端接开关管桥臂，如图 7-27 所示。

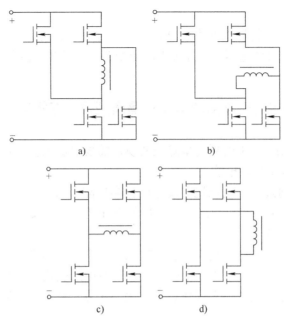

图 7-25　将图 7-24 电路添加开关管到隔离型桥式变换器电路

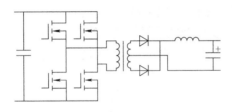

图 7-26　隔离型桥式变换器

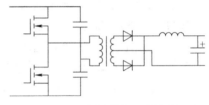

图 7-27　半桥隔离型变换器

　　由于仅一个桥臂为开关管桥臂，这种桥式变换器成为半桥隔离型变换器。由于电容桥臂仅仅流过交流电流并建立电压中点，也可以认为电容桥臂为"隔直"电容或"耦合"电容。这样可以用一只电容实现"隔直"或"耦合"的作用，同时，输入旁路电容恢复。电路图如图 7-28 所示。

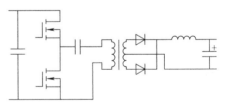

图 7-28　非对称半桥隔离型变换器

7.14　升压型变换器输入、输出电气隔离的实现

　　还可以将升压型变换器构成隔离变换器，如图 7-29 所示。

　　由于变压器具有升降压功能，升压型隔离变换器相对桥式隔离变换器，实际应用意义不大，很少采用。

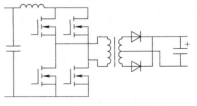

图 7-29　隔离型升压变换器

7.15　反激式变换器输入、输出电气隔离的实现

7.15.1　flyback 变换器的隔离型演化

由于 flyback 变换器是通过电感向输出传递电能，因此 flyback 变换器的隔离型演化可以考虑将电感分解为在同一磁路的两个耦合电感，既可以保证原 flyback 变换器的工作模式不变又可以实现电气隔离。在这样的思路指导下，flyback 变换器的隔离边界就是电感本身，如图 7-30 所示。演化过程为将电感分解为在同一磁路的两个耦合电感，如图 7-30b 所示，即完成 flyback 变换器的隔离演化的全部过程。

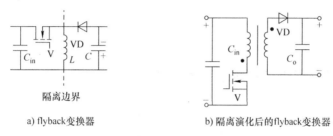

a) flyback变换器　　　　　b) 隔离演化后的flyback变换器

图 7-30　flyback 变换器的隔离演化

由上述分析和从图 7-30 中可以看到，flyback 变换器的隔离演化过程和电路最简单，不需要专门配置隔离用的变压器。由于 flyback 变换器在开关管关断期间电感向输出释放储能，自然地完成了"变压器"的磁通复位问题，不需要专门设置变压器的磁通复位电路。

7.15.2　隔离型反激式变换器的延伸

读者可能会有疑问，flyback 变换器不也是有像隔离型 buck 变换器（正激变换器）那样的什么 RCD 钳位、瞬变电压抑制二极管钳位、绕组钳位、双管钳位等电路拓扑吗？实际在 flyback 变换器中上述这些钳位电路的作用仅仅是抑制"变压器"漏感造成的电压尖峰、吸收"变压器"漏感的能量。

那么，隔离型 buck 变换器是否也可以采用 flyback 钳位方式实现变换器的磁通复位？答案是肯定的，而且已经有电源产品采用这种电路拓扑，电路图如图 7-31 所示。

这种电路现在基本不用了，原因是变压器多出一个绕组，相对复杂，电路也相对纯正激式复杂。相对纯正激变换器的优点就是将变压器励磁电感能量的大部分回收并传输到二次侧作为输出功率的一部分。

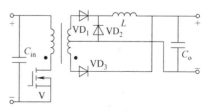

图 7-31　利用 flyback 复位方式的隔离型 buck 变换器

还有变压器漏感的感应尖峰电压还需要在变压器一次侧钳位。原因很简单，变压器漏感能量不能通过变压器从一次侧传输到二次侧。

第8章

由基本 DC-DC 变换器演化出级联变换器

8.1 基本 DC-DC 变换器级联的基本思路

基本变换器是指无法用其他电路拓扑的 DC-DC 变换器通过组合、演化获得,是一种独立的、最简化的 DC-DC 变换器。在 DC-DC 变换器中最为基本的变换器只有 3 种,即降压型、升压型、反激式,其他电路拓扑的 DC-DC 变换器均可以采用基本变换器的二组合、演化获得。

在这一思路下,有些文献中的 6 种基本变换器,除了降压型、升压型、反激式外还有 cuk 变换器、SEPIC 变换器、zeta 变换器。本章将采用降压型、升压型、反激式变换器通过组合、演化的方法获得 cuk 变换器、SEPIC 变换器、zeta 变换器。证明这些变换器不是基本 DC-DC 变换器,验证它们的来历。

本章通过基本变换器的组合、演化获得升压级联变换器、各类降压级联变换器、各类单端变换器。

通过 DC-DC 变换器的演化获得单管多输出变换器电路。

通过基本 DC-DC 变换器的演化获得各种桥式变换器及获得 4 开关升降压双向变换器。

通过 DC-DC 变换器的变形演化,获得不同功能的变换器。

通过本书相关内容的论述,将多种多样的 DC-DC 变换器归纳成仅仅由 3 种基本 DC-DC 变换器的组合与演化而得,大大减少变换器的种类,简化功率变换的知识体系。可以充分运用基本变换器的原理去分析各种已有或新型的 DC-DC 变换器,这样可以节约时间和精力用于运用演化思路形成丰富多彩的新型 DC-DC 变换。

基本变换器不再是 4 种或 6 种(buck、boost、flyback、cuk、SEPIC、zeta);隔离型变换器也不再是独立的变换器种类,而是在基本变换器的基础上演化得;双向变换器也是基本变换器演化而得。其中除 zeta 变换器外,所有 DC-DC 变换器经组合演化后的级联均为输入输出共地,开关管的公共端(源极或发射极)共地,有利于 IC 对开关管的直接驱动和输出电压的直接控制简化电路。

通常变换器的开关频率相对很高,在开关周期内,即使仅用输入电容对变换器供电,输入电容的电压也不会有很大变化,可以认为是基本不变。因此,为了分析方便,在级联变换器第二级的输入电源用输入电容替代。第一级输出电容的电压的参考方向与第二级的输入电容的电压参考方向一致。

演化为级联变换器的基本思路：将组合为级联变换器的两个或多个基本变换器或基本变换器的核心单元，以电路等效变换为指导思想，经变换后，在各变换器中找到以开关管为核心的相同电路，将各变换器中相同电路合并，得到级联变换器的拓扑。也可以在某一基本变换器的核心单元接到电路的某些波形产生端，得到该基本变换器的功能。

最后提示能用一个开关管，就不用两个或两个以上的开关管。

8.2   应用升压型、降压型变换器级联为 cuk 变换器

cuk 变换器是一种很著名的变换器拓扑结构，电路如图 8-1 所示。

其基本思想是将 boost 与 buck 级联（该电路发明者在其论文中就是这样说明的），可以组成 cuk 电路。其组合过程如图 8-2 所示。组合的基本思想是电路的

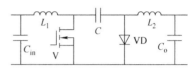

图 8-1   cuk 变换器电路

第一级是 buck，第二级是 boost，buck 的输出为 boost 的输入。

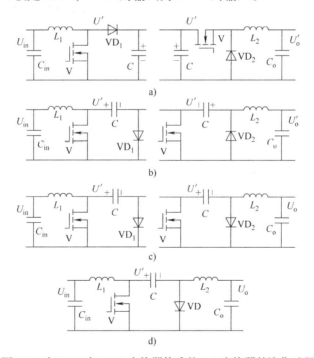

图 8-2   由 boost 与 buck 变换器构成的 cuk 变换器的演化过程

图 8-2a 中左边电路为升压型（boost）变换器用于稳定输出的滤波电路 C，右边电路为降压型变换器（buck）变换器，也标明了第一级变换器输出电容和第二级变换器的输入电容电压极性。等效变换的第一步，将第一级升压型变换器的输出电容 C 与提升二极管位置互换，第二级 buck 变换器的输入电容 C 与开关管互换，得到图 8-2b 电路，图中标明了第一级输出电容与第二级输入电容电压参考方向；第二步，由于第一级升压型变换器的二极

管与输出电容的极性与第二级 buck 变换器的输入电容极性相反，需将第二级 buck 变换器的所有元器件极性反向得到图 8-2c，图 8-2c 的两个电路中，由开关管、二极管和电容构成的网络是完全相同的，根据等效变换的思想，将相同的部分重合，得到图 8-2（二极管）电路，即 cuk 电路。

输入、输出电压关系为

第一级：

$$U' = \frac{1}{1-D} U_{\mathrm{in}} \tag{8-1}$$

第二级：

$$U_{\mathrm{o}}' = D U' \tag{8-2}$$

得

$$U_{\mathrm{o}}' = \frac{1}{1-D} D U_{\mathrm{in}} \tag{8-3}$$

由于图 8-2b 中 buck 变换器的所有元器件方向与前级 boost 输出是反极性的，因此需要将极性反极性一次，如由图 8-2b 到图 8-2c 的演化过程，即

$$U_{\mathrm{o}} = -U_{\mathrm{o}}' \tag{8-4}$$

故

$$U_{\mathrm{o}} = -\frac{1}{1-D} D U_{\mathrm{in}} = \frac{-D}{1-D} U_{\mathrm{in}} \tag{8-5}$$

主要元器件承受电压、电流的分析：

CHK 变换器的前级升压型变换器开关管、二极管所承受的电压都与升压型变换器相同：

开关管电压为

$$U_{\mathrm{DSM}} = \frac{1}{1-D} U_{\mathrm{in}} \tag{8-6}$$

二极管电压为

$$U_{\mathrm{DM}} = \frac{1}{1-D} U_{\mathrm{in}} \tag{8-7}$$

耦合电容为

$$U_{\mathrm{C}} = \frac{1}{1-D} U_{\mathrm{in}} \text{（为直流电压）} \tag{8-8}$$

均与升压型变换器相同。

开关管电流为

$$I_{DSM} = I_{L_1M} + I_{L_2M} = I_{inav}\frac{1}{D} + I_{oav} \tag{8-9}$$

二极管电流为

$$I_{DM} = I_{L_1M} + I_{L_2M} = I_{inav}\frac{1}{D} + I_{oav} \tag{8-10}$$

由于 cuk 变换器输入侧和输出侧都有电感，因此在电流连续状态下输入旁路电容和输出旁路电容的纹波电流很低，一般电容就可以满足要求。

耦合电容是将流过升压变换器输出电流和降压型变换器输入电流的代数叠加。耦合电容电流由输入级升压部分的输出电流和降压部分输入电流构成。

峰值电流为

$$I_{coM} = I_{L_1M} + I_{L_2M} = I_{inav}\frac{1}{D} + I_{oav} \tag{8-11}$$

有效值电流为

$$I_{coM} = I_{inav}\sqrt{\frac{1}{1-D} + \frac{(1-D)^2}{D^3}} \tag{8-12}$$

由图 8-2 的电路转换过程可以看到，当 boost、buck 电路经适当变换后，两电路中的开关管、二极管、C 可以重合，最终组合成图 8-2（二极管）电路，即 cuk 电路。其中，buck 供电电源为前级输出电容 C。由于组合过程中电容电压参考方向有一次反向，因此 cuk 电路输入输出电压关系为

$$U_o = \frac{-D}{1-D}U_{in} \tag{8-13}$$

与 flyback 电路输入输出电压关系一致。由式（8-12）可以看出：cuk 变换器的输出电压幅值既可以大于输入电压，又可以小于输入电压，但输入、输出极性相反。

cuk 变换器的输入输出关系与 flyback 变换器的输入输出关系完全相同，似乎 cuk 变换器是一种浪费，但是，cuk 变换器的开关管的源极接于输入与输出的公共参考端，有利于控制电路直接驱动开关管而简化驱动电路。而且，cuk 变换器是由效率明显高于 flyback 变换器的升压型变换器与 buck 变换器组合，总效率通常不会低于 flyback 变换器。从效率和电路的简洁性角度考虑，cuk 变换器优于 flyback 变换器。

8.3 　应用升压型、反激式变换器级联为 SEPIC 变换器

cuk 变换器的输入、输出的极性相反，应用起来很不方便，因此有必要寻求一种输入、输出极性相同，输出电压幅值既可以大于输入电压，又可以小于输入电压。分析 cuk 变换器之所以输入、输出极性相反是因为在演化过程中，电路极性反向一次（第一级的输出电容作为第二级输入电容时，极性反向一次）。欲获得输入、输出的同极性，需要第二级具有

电压极性反向功能（只有 flyback 变换器）。将升压型变换器与 flyback 变换器级联（与图 8-1 不同的是二极管与 L_2 位置互易，所得结果将不同），即构成 SEPIC 变换器（Single-Ended Primary Inductance Converter，单端初级电感变换器），如图 8-3 所示。

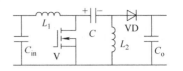

图 8-3　SEPIC 变换器电路

将 boost 电路与 flyback 电路组合成 SEPIC 电路的过程如图 8-4 所示。

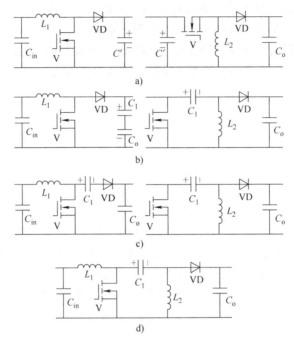

a)

b)

c)

d)

图 8-4　boost 与 flyback 构成 SEPIC 变换器的演化过程

首先：按升压型变换器、flyback 变换器画出各自电路。第二步：将升压型变换器的输出电容用两只电容等效，如图 8-4b 左边电路。再将 flyback 变换器的输入电容与开关管相互易位，原"输入电压"仍为电容 C' 电压，如图 8-4b 右边电路。第三步：将被分解的升压型变换器输出电容 C_1 与 C_0 置于二极管两侧，如图 8-4c 左边电路，将 flyback 变换器的电压极性反向，如图 8-4c 右边电路。至此，可以看到，图 8-4c 中两个电路中的将要即将出现相同部分，仅差 flyback 变换器的电感 L_2，由于电感可以看作电流源，因而在升压型变换器的电容（可以看作是电压源）并联一个电感，并不影响升压型变换器的特性，于是演化进入第四步。第四步：在图 8-4c 升压型变换器电路中，在电容 C 与二极管连接处与公共端接一电感，这时除升压型变换器的输入电容和电感 L_1 外左右两电路完全相同，合并一处后得到图 8-4（二极管）电路，即 SEPIC 变换器电路。

由于 SEPIC 变换器就是在升压型变换器基础上将输出电容分解，然后再加一电感而得（实际上还是 boost 和 flyback 的级联）。因此，升压型变换器的特征比较明显，即开关管关断期间，不仅 L_2 向输出释放储能，而且输入与 L_1（释放储能）一同向输出提供电能。

由图 8-4 的电路转换过程可以看到：当 boost，flyback 电路经过适当变换后，两电路中的开关管、C_1、二极管、C_2 可以共用，而 flyback 电路中的 L_2 实际上在 boost 的电路分析中不起作用。因此在电路演化过程中，可以附加在 boost 电路中，这样就完成了 SEPIC 电路。整个演化过程中重要的一步是将基本 boost 输出电容 C' 分解成 C_1 和 C_o（即输出），则输入、输出关系为

$$U_{C1} + U_o = U_{in}/(1-D)$$
$$U_o = DU_{C1}/(1-D)$$
（8-14）

$$U_o = DU_{in}/(1-D)$$
（8-15）

即 SEPIC 输入输出关系。

主要元器件承受电压、电流的分析：

开关管承受的峰值电压为

$$U_{DSM} = \frac{1}{1-D}U_{in}$$
（8-16）

二极管承受的峰值电压为

$$U_{DM} = \frac{-1}{1-D}U_{in}$$
（8-17）

耦合电容电压为

$$U_C = \frac{1}{1-D}U_{in} \quad （为直流电压）$$
（8-18）

均与升压型变换器相同。

开关管电流为

$$I_{DSM} = I_{L_1M} + I_{L_2M}$$
（8-19）

二极管电流为

$$I_{DM} = I_{L_1M} + I_{L_2M}$$
（8-20）

由于 SEPIC 变换器输入侧有电感，输出侧直接接电容。因此在电流连续状态下输入旁路电容的纹波电流很低，一般电容就可以满足要求。输出电容与反激式变换器的输出电容电流状态相同。

输出电容电流有效值为

$$I_{Corms} = \sqrt{I_{orms}^2 - I_{oav}^2} = I_{oav}\sqrt{\frac{1}{1-D} - 1} = I_{oav}\sqrt{\frac{D}{1-D}}$$
（8-21）

耦合电容位：

与 cuk 变换器不同，SEPIC 变换器的耦合电容在开关管导通期间，流过输出级（反激式变换器）的输入电流；开关管关断期间流过输入级（升压型变换器）的输出电流。即

峰值电流为

$$I_{\mathrm{CM}}\ \text{或}\ I_{\mathrm{L_1M}} \qquad\qquad (\,8\text{-}22\,)$$

有效值电流为

$$I_{\mathrm{coM}} = I_{\mathrm{inav}}\sqrt{\frac{1}{1-D}+\frac{1-D}{D}} \qquad\qquad (\,8\text{-}23\,)$$

8.4　应用反激式与降压型变换器级联为 zeta 变换器

　　将 SEPIC 变换器中开关管、二极管位置互易，同时将电路的输入、输出关系互易，即得到 zeta 变换器，电路如图 8-5 所示。

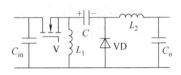

图 8-5　zeta 变换器电路

　　zeta 变换器可以认为是由 flyback 与 buck 电路组合演化而成，演化过程如图 8-6 所示。

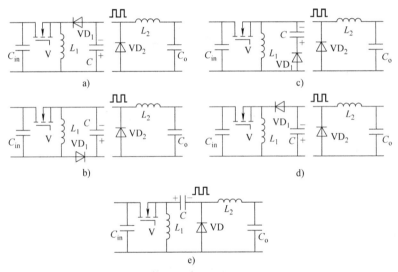

图 8-6　flyback 与 buck 组合成 zeta 变换器的演化过程

　　应注意：在这一演化过程中，buck 变换器仅用其带有续流二极管的低通滤波器。

　　演化过程：将图 8-6a 的 flyback 变换器的输出电容与二极管位置互易并沿回路移动，可先后得到图 8-6b，然后位移二极管 VD_1，使二极管 VD_1 与 C_1 串联，得到图 8-6c；图 8-6c 中电容 C_1 位移，使输出端为二极管 VD_1 两端，得到图 8-6（二极管）。这时 flyback 变换器的输出端是二极管 VD_1，与 buck 输入端的二极管 VD_2 是在电路拓扑是相同的，可认为二者其相同部分，可以将两二极管合并为一个二极管，得电路如图 8-6e 所示。

　　输入、输出关系推导：

　　第一级：flyback 变换器在电容两端作为输出时的输入、输出关系为

$$U_{\mathrm{C1}} = U_{\mathrm{in}}\frac{-D}{1-D} \qquad\qquad (\,8\text{-}24\,)$$

而在二极管两端作为输出时

$$U_{\mathrm{D}} = U_{\mathrm{in}}\left(1 - \frac{-D}{1-D}\right) = U_{\mathrm{in}}\frac{1}{1-D} \tag{8-25}$$

第二级: buck 变换器的输入、输出关系为

$$U_{\mathrm{o}} = U_{\mathrm{C1}}D \tag{8-26}$$

两式合并得

$$U_{\mathrm{o}} = U_{\mathrm{in}}\frac{D}{1-D} \tag{8-27}$$

与 SEPIC 变换器的输入、输出关系相同。

主要元器件承受电压、电流的分析:

开关管承受的峰值电压为

$$U_{\mathrm{DSM}} = \frac{1}{1-D}U_{\mathrm{in}} \tag{8-28}$$

二极管承受的峰值电压为

$$U_{\mathrm{DM}} = \frac{-1}{1-D}U_{\mathrm{in}} \tag{8-29}$$

耦合电容承受的峰值电压为

$$U_{\mathrm{C}} = \frac{1}{1-D}U_{\mathrm{in}} \text{（为直流电压）} \tag{8-30}$$

均与 flyback 变换器相同。

开关管承受的峰值电流为
$$I_{\mathrm{DSM}} = I_{\mathrm{L_1M}} + I_{\mathrm{L_2M}} \tag{8-31}$$

二极管承受的峰值电流为

$$I_{\mathrm{DM}} = I_{\mathrm{L_1M}} + I_{\mathrm{L_2M}} \tag{8-32}$$

耦合电容的电流:

峰值电流:

$$I_{\mathrm{CM}} = I_{\mathrm{L_1M}} \text{或} I_{\mathrm{CM}} = I_{\mathrm{L_2M}} \tag{8-33}$$

二者取其大者。

有效值电流为

$$I_{\mathrm{C}} = I_{\mathrm{inav}}\frac{1}{D} \tag{8-34}$$

8.5　反激式变换器与降压型变换器的级联

8.5.1　级联变换器的必要

大幅度降压，又不需要电气隔离，这种状态下如应用降压型变换器，其占空比会很低。例如：将 220V 直接整流转换成 12V，一般需要 20 倍的降压，开关管的导通占空比不足 0.05。由于实际的驱动电路驱动信号上升沿以及开关管的开通、关断延迟，使得极小占空比应用的效率会变得很低。不仅如此，极小占空比的降压型变换器的开关管，输入旁路电容的电流应力相对很大，必须采用高额定电流的开关管、输入旁路电容。

为了降低开关管、输入旁路电容的额定电流，就需要提高开关管的占空比，降压型变换器不能满足要求，可以采用基本变换器级联方式获得。同样，为了大幅度升压，采用变换器级联也将是很好的解决方案。

为了减少开关驱动电路数量，简化电路，需要级联后的变换器仅具有一个开关管。这就是本章 8.5 节~8.8 节解析的内容。

对于多输出应用，如果能采用一个开关管实现，仅用一个驱动电路或控制电路，就会大大地简化电路。本章 8.8 节将详尽地分析了解决思路和实现方法。

有些电路，通过一些变化，可以获得更好的特性，如特殊应用以提高效率，降低输入、输出电容性能的要求，降低电磁干扰等。详见本章 8.9 节、8.10 节。

8.5.2　反激式变换器与降压型变换器的级联演化过程

将 flyback 电路与 buck 电路级联组合，如图 8-7 所示。

其等效变换与演化过程如图 8-8 所示。演化过程中两级间加入阻塞二极管 VD_3，以阻断前级对后级的有害回路。经过由图 8-8a~图 8-8e 电路。

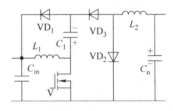

图 8-7　反激式变换器与降压型变换器级联

在级联的演化过程中，boost 变换器与 flyback 变换器可以作为级联的第一级，buck 变换器不能作为第一级。

图 8-8a 左侧电路为反激式变换器，作为前级；右侧为降压型变换器，作为后级。前级输出作为后级的输入。前级输出电容与后级输入电容可以合并。

图 8-8a 电路中，前级输出电容电压极性与后级输入电容电压极性相反。需要将后级的整个电压极性翻转，如图 8-8b 所示。

由于后级的电压极性翻转，上负、下正。如果输入电容是有极性电容，必须将电容极性翻转。同时还需要将开关管极性反转，二极管极性翻转。将图 8-8a 右侧电路与图 8-8b 右侧电路的电压极性、开关管、二极管方向对比可以看到变化。

将图 8-8b 左侧电路电感位置和开关管位置做个位移。电感与输入电容的连线取消，将输入电容与电感接在一个连接点上，这时电感在电路中可以放置在水平位置。同时，与电感相连的二极管阴极也通过导线接在输入电容、电感的连接节点上，可以将二极管水平置放。输出电感与二极管阳极之间的输出电容垂直放置在二极管与电感之间。最后一个就是开关管，垂直放置在输出电容下面，漏极与电感、输出电容相连接。源极通过引线接输入电源负端。形成图 8-8c 左侧电路，与图 8-8b 左侧电路等效。

图 8-8b 右侧电路需要将输入电容、开关管位移到图 8-8c 相同的位置。首先根据等效变换原则，将开关管位移到输入负端，电路等效，如图 8-8c 右上图所示。再将开关管位移到与输入电容"串联"的垂直位置，构成图 8-8c 右下图。这时图 8-8c 完成。

通过图 8-8c 的左图和右下图可以看到，两个电路由共同部分，就是左侧电路的输出电容和开关管以及右下电路的输入电容和开关管。这两部分电路可以合并，获得图 8-8d。至此，完成了反激式变换器与降压型变换器级联过程。

变换器的第一级为反激式变换器，第二级为降压型变换器，两个变换器级联，输入电压与输出电压关系就是两个公式的乘积，即

$$U_\text{o} = \frac{-D^2}{1-D} U_\text{in} \qquad (8\text{-}35)$$

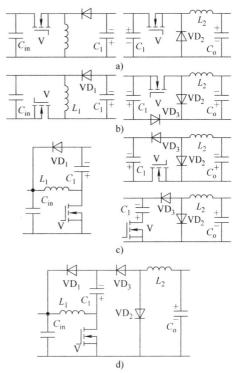

图 8-8　flyback 与 buck 级联的演化过程

主要元器件承受电压、电流的分析：

开关管承受的峰值电压为

$$U_\text{DSM} = \frac{1}{1-D} U_\text{in} \qquad (8\text{-}36)$$

二极管承受的峰值电压为

$$U_\text{DM} = \frac{1}{1-D} U_\text{in} \qquad (8\text{-}37)$$

耦合电容的峰值电压为

$$U_\text{C} = \frac{1}{1-D} U_\text{in} \text{（为直流电压）} \qquad (8\text{-}38)$$

开关管承受的峰值电流为 $\qquad I_\text{DSM} = I_{L_1\text{M}} + I_{L_2\text{M}} \qquad (8\text{-}39)$

二极管承受的峰值电流为

$$I_\text{DM} = I_{L_2\text{M}} \qquad (8\text{-}40)$$

耦合电容峰值电流： $\qquad I_\text{CM} = I_{L_1\text{M}} \text{或} I_\text{CM} = I_{L_2\text{M}} \qquad (8\text{-}41)$

二者取其大者。

耦合电容有效值电流与输入电流平均值的关系为

$$I_{\text{Crms}} = I_{\text{inav}} \sqrt{\frac{1}{1-D}} \sqrt{1 + \frac{D^2}{1-D}} \tag{8-42}$$

输入电容有效值电流与输入电流平均值的关系，与反激式变换器相同，不再赘述。

8.5.3 反激式变换器与降压型变换器级联相对反激式变换器的优点

由上述分析可以看到，flyback 级联与 flyback + buck 级联在占空比大于 0.5 时为升压特性，占空比小于 0.5 时为降压特性。这两种级联方式通常应用在大幅度降压而且又不需要隔离的场合（例如：一些电路的辅助电源）。flyback 级联用于正输出，flyback + buck 级联则用于负输出。例如：将 AC220V 整流后（如 DC300V）需变换为输出 12V，如采用 buck 变换器，则占空比仅 0.04（如开关频率为 50kHz 时，开关管的开通时间仅 0.8μs，开关管、二极管和电感的电流峰值是输出电流的 25 倍！这样将不得不选用额定电流很大的元件，无疑是一个浪费的方案）。如此小的占空比，开关管的利用率将是非常低的。而采用 flyback 级联，则占空比约为 0.2，是 buck 变换器的 5 倍。对于负输出则采用 flyback + buck 级联同样是上述条件，占空比为 0.168，是 buck 变换器的 4.2 倍。可以显著提高开关管和其他元器件的利用率。

8.6 反激式变换器级联

8.6.1 反激式变换器的级联过程分析

反激式变换器与降压型变换器级联获得的是反极性输出电压，如果需要获得与输入电压同极性的输出电压，可以选用两个反极性的反激式变换器级联，负、负为正，如图 8-9 所示。

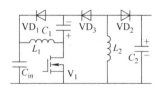

图 8-9 反激式变换器级联

将两个 flyback 电路组合后，可得单开关 flyback 级联其演化过程如图 8-10 所示。演化过程：将图 8-10a 中的前后 flyback 变换器开关管位移，得到图 8-10b；由于第二级输入与第一级输出极性相反，需要反极性。然后将图 8-10b 后面的 flyback 变换器的输入极性反向，使其与前级输出极性相同，同时，电路中的开关管、二极管、输出极性均随之改变，得到图 8-10c；移动左边电路的 V_1、L_1、C_1、VD_1 和右边电路的 V_2，得到图 8-10d；从图 8-10d 可以看到：图中左边电路的右侧与右边电路的左侧是相同的，因此，可以将二者合并，得到级联型 flyback 变换器，如图 8-10f 所示。需注意的是在演化过程中，在图 8-10e 的第二级回路中加一个二极管 VD_3，以阻止与第一级连接后，在 V 关断期间第一级电流窜入第二级。这样，级联型 flyback 变换器输入输出关系为

$$U_{\text{o}} = \frac{-D}{1-D} \frac{-D}{1-D} U_{\text{in}} = \left(\frac{D}{1-D}\right)^2 U_{\text{in}} \tag{8-43}$$

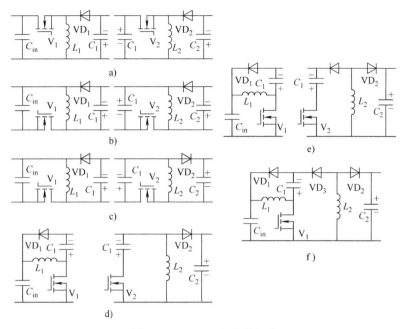

图 8-10　flyback 电路的级联

从这一关系也可以看出：这种电路形式在大降压比（如 10 ~ 40）仍能保持较大的占空比，提高了开关管及储能元件的利用率。

主要元器件承受电压、电流的分析：

开关管电压峰值为

$$U_{DSM} = \frac{1}{1-D} U_{in} \tag{8-44}$$

二极管电压峰值为

$$U_{DM} = \frac{1}{1-D} U_{in} \tag{8-45}$$

耦合电容电压峰值为

$$U_C = \frac{1}{1-D} U_{in} \text{（为直流电压）} \tag{8-46}$$

均与 boost 变换器相同。其中开关管电流峰值为

$$I_{DSM} = I_{L_1M} + I_{L_2M} \tag{8-47}$$

二极管电流峰值为

$$I_{DM} = I_{L_2M} \tag{8-48}$$

输入电容有效值电流与输入电流平均值的关系、输出电容有效值电流与输出电流平均值的关系与反激式变换器相同。

输入电流有效值与输入电流平均值的关系为

$$I_{\text{inRMS}} = I_{\text{LM}}\sqrt{D} = I_{\text{inav}}\frac{1}{D}\sqrt{D} = \frac{I_{\text{inav}}}{\sqrt{D}} \tag{8-49}$$

输入电容电流有效值为

$$I_{\text{Cinrms}} = \sqrt{I_{\text{inrms}}^2 - I_{\text{inav}}^2} = I_{\text{inav}}\sqrt{\frac{1}{D}-1} = I_{\text{inav}}\sqrt{\frac{1-D}{D}} \tag{8-50}$$

耦合电容有效值电流与输入电流平均值的关系为

$$I_{\text{Crms}} = I_{\text{inav}}\sqrt{\frac{1-D}{D^3}} \tag{8-51}$$

8.6.2　反激式变换器级联相对降压型变换器的优点

由上述分析可以看到，flyback 级联在占空比大于 0.5 时为升压特性，占空比小于 0.5 时为降压特性。这种级联方式通常应用在大幅度降压而且又不需要隔离的场合（例如：一些电路的辅助电源）。flyback 级联用于正输出，flyback + buck 级联则用于负输出。例如：将 AC220V 整流后（如 DC300V）需变换为输出 12V，如采用 buck 变换器，则占空比仅 0.04（如开关频率为 50kHz 时，开关管得到开通时间仅 0.8μs，开关管、二级管和电感的电流峰值是输出电流的 25 倍！这样将不得不选用额定电流很大的元件，无疑是一个浪费的方案）。如此小的占空比，开关管的利用率将是非常低的。而采用 flyback 级联，则占空比约为 0.2，是 buck 变换器的 5 倍。对于负输出则采用 flyback + buck 级联同样是上述条件，占空比为 0.168，是 buck 变换器的 4.2 倍。可以显著提高开关管和其他元器件的利用率。

8.7　升压型变换器级联

8.7.1　用一只开关管实现的升压型变换器级联

降低升压型变换器开关管占空比，降低输出二极管、输出电容的电流应力，可以选择升压型变换器级联实现。可以采用同一信号控制的两只开关管的升压型变换器级联，也可以采用单管升压型变换器级联。

将两个 boost 电路组合后，可实现单开关 boost 级联电路，如图 8-11 所示。

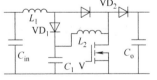

图 8-11　升压型变换器级联

首先看用一只开关管的升压型变换器级联的演化过程，如图 8-12 所示。

其演化过程：在演化过程中引入二极管 VD₃，以阻断 L_2 在 V_2 关断期间的无效能量释放回路，如图 8-12b 所示；第二级输入为第一级输出，即以第一级输出电容可以看作第二级供电电源，当电路等效变换为图 8-12c。这时可以将左右两电路的 C_1、V 共用，组合成电路图 8-12d, 电路等效变换成立。其中 L_2 在 V 导通期间, L_1 电流经 VD_3 流过 V。由于 VD_3 的单向导电作用, 因此电流关系不受 L_2 影响。V 关断期间, L_1 储能, 经 VD_1 向 C_1 释放。L_2 储能经 VD_2 向 C_2 释放, VD_3 阻止了 L_2 的无效释放回路。因此, 前后级仍互不干扰。其输入输出关系为

$$U_o = \frac{1}{1-D}\frac{1}{1-D}U_{in} = \frac{1}{(1-D)^2}U_{in} \qquad (8\text{-}52)$$

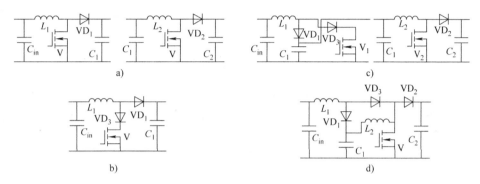

图 8-12 boost 变换器级联的演化过程

由式（8-52）可以得出, 在相同占空比条件下, boost 级联电路比单级 boost 电路升压比高, 因此可以用于高升压比电路。

主要元器件承受电压、电流分析:

开关管承受电压为

$$U_{DSM} = \left(\frac{1}{1-D}\right)^2 U_{in} \qquad (8\text{-}53)$$

二极管承受电压为

$$U_{DM} = \left(\frac{1}{1-D}\right)^2 U_{in} \qquad (8\text{-}54)$$

耦合电容为

$$U_C = \frac{1}{1-D}U_{in} \text{（为直流电压）} \qquad (8\text{-}55)$$

开关管承受电流为

$$I_{DSM} = I_{L_1M} + I_{L_2M} \qquad (8\text{-}56)$$

二极管承受电流为

$$I_{DM} = I_{L_1M} + I_{L_2M} \qquad (8\text{-}57)$$

耦合电容:

峰值电流：

有效值电流：
$$I_{CM}或I_{L_1M} \tag{8-58}$$

升压型变换器级联的耦合电容为第一级升压型变换器输出、第二级升压型变换器输入。作为后级的输入电容，由于电感的作用，电流基本不变，因此耦合电容流过的电流基本是第一级输出纹波电流，与升压型变换器相同：

$$I_{corms} = \sqrt{I_{orms}^2 - I_{oav}^2} = I_{oav}\sqrt{\frac{1}{1-D} - (1-D)^2} = I_{oav}\frac{\sqrt{D}}{1-D} \tag{8-59}$$

8.7.2 用两只开关管和同一个控制信号实现的升压型变换器级联

图 8-11 电路虽然可以省一只开关管，但是电路中的开关管耐压需要输出电压，对于 10 倍左右的升压比，开关管的耐压显得过高，特别是流过低压升压级相对大的电流时。如果选用两只开关管，用同一信号控制，对第一级开关管耐压要求仅为输出电压的 32%；同时对第二级开关管电流的要求仅为用一只开关管额定电流的约 40%。

这样，既可以充分发挥低压开关管的可承受大电流、低导通电压的优势；又可以发挥高压开关管的耐压优势，避免了高压、大电流和导通电压高的劣势。

用两只开关管的升压型变换器电路如图 8-13 所示。

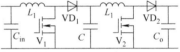

图 8-13 用两只开关管的升压型变换器电路

8.7.3 升压型变换器级联小结

通过以上分析可以看到，目前绝大多数 DC-DC 变换器均基于基本变换器原理构成，可以用基本变换器的理论分析与计算。因此，应该充分运用基本变换器的原理去分析各种已有或新型的 DC-DC 变换器，这样可以节约时间和精力用于运用演化思路形成丰富多彩的新型 DC-DC 变换；除 zeta 变换器外，所有 DC-DC 变换器经组合演化后均为输入输出共地，单开关共地，有利于 IC 对开关管的驱动和输出电压的直接控制简化电路。

通过基本变换器的级联的演化，可以得到以下结论：boost 和 flyback 变换器的输入部分可以用做级联的第一级，而且以 flyback 的输入级的不同部分作为后级的输出，可以获得不同的结果。而 buck、boost 和 flyback 均可以作为输出级。

8.8 变换器单开关多输出的演化

8.8.1 cuk 变换器与 SEPIC 变换器组合构成对称输出变换器

采用单开关而不用变压器实现双路乃至多路输出，可以得到最简化的电路，而且设计灵活并且体积小。其基本思路是：利用基本变换器的原理，将开关部分公用，从而实现单开关多输出。

对于正负对称输出电路，其思路是：寻求输入输出关系量值相同但极性相反，并且开关部分相同的变换器电路拓扑，这样在保持一路稳定的同时另一路也得到稳定。在众多电路拓扑中，cuk 和 flyback 与 SEPIC 和 zeta 电路符合这些关系。

cuk 变换器输出电压与输入电压的关系为

$$U_o = -DU_{in}/(1-D) \tag{8-60}$$

SEPIC 变换器输出电压与输入电压的关系为

$$U_o = DU_{in}/(1-D) \tag{8-61}$$

其中，zeta 或 flyback 与 SEPIC 电路虽然符合上述关系，但是没有相同的开关部分，而 cuk 与 SEPIC 不仅符合上述关系，而且具有相同的开关部分，在图 8-1 和图 8-3 中可以明显看出。似乎将两电路的相同部分（C_{in}、L_1、V、C）合并即可实现正负对称输出变换器电路，如图 8-14 的合并过程。但是从图 8-14b 中可以看到：

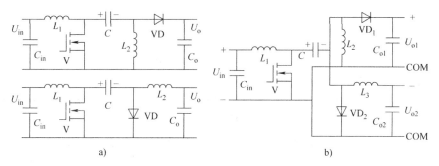

图 8-14　cuk 与 SEPIC 组合演化为正负对称输出变换器电路

正输出被 VD_2 短路，得不到正输出。欲获得正输出，须去除 VD_2 的钳位作用，应采用电容隔离。因此，电容 C 不是公共的，应分别放置于各输出部分，如图 8-15 所示。

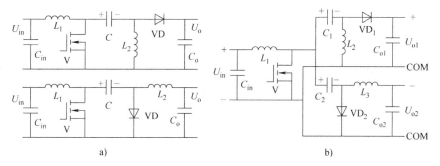

图 8-15　cuk 与 SEPIC 组合演化为正负对称输出变换器电路的正确电路

其 U_{o1} 与 U_{o2} 与输入电压的关系分别为

flyback 变换器电压：

$$U_o = -DU_{in}/(1-D) \tag{8-62}$$

zeta 变换器电压：

$$U_{\mathrm{o}} = DU_{\mathrm{in}}/(1-D) \qquad\qquad (8\text{-}63)$$

8.8.2 flyback 变换器与 zeta 变换器组合演化为对称输出变换器

与 cuk 与 SEPIC 相似，flyback 与 zeta 也可以找出相同的开关部分，并且也可以构成正负对称输出的双输出变换器电路，如图 8-16 所示。

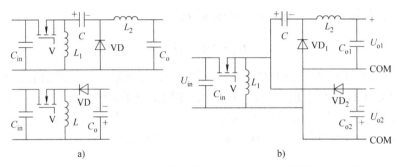

图 8-16 flyback 与 zeta 组合为单开关正负对称输出变换器电路的演化过程

图 8-14 与图 8-15 的不同在于，图 8-15 的前级是 boost 变换器，而图 8-16 的输入级则为 flyback 变换器，就效率而言，boost 高于 flyback。因此，图 8-15 电路优于图 8-16。在两路需要输出功率基本相同的条件下，最好采用图 8-15 电路。由于图 8-16 电路比图 8-15 电路少一个电感和一个电容，因此，在负电源需要输出较小的功率时，图 8-16 是尺寸小、价格低的选择。图 8-15 和图 8-16 在输入电压或负载变化时调节开关管的占空比使 U_{o1} 和 U_{o2} 得到同时稳定。上述电路能保持两路输出电压对称前提条件是电路中所有的电感中的电流不能断续，即使其中任何一路电流断续，输出电压对称也不成立。图 8-15 与图 8-16 电路中各元器件的峰值电压和峰值电流与相应的基本变换器的相同。

8.8.3 SEPIC 变换器与 boost 变换器组合演化为同极性多输出变换器

如果输出电压既不需要正负对称，也不需要在输入电压或负载变化时调节开关管的占空比使 U_{o1} 和 U_{o2} 得到稳定，则可以有更多的电路拓扑的级联演化。如利用 SEPIC 与 boost 变换器的输入部分相同的特点，可以将 SEPIC 与 boost 变换器组合构成同极性双输出变换器电路，图 8-17 为 SEPIC 与 boost 变换器组合构成同极性双输出变换器电路的演化过程，在演化过程中，将其相同部分合并得到图 8-17b 的演化结果。

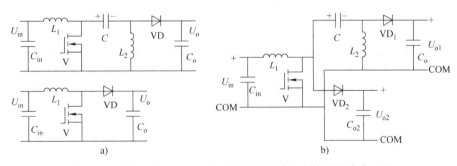

图 8-17 SEPIC 与 boost 组合为同极性双输出变换器的演化过程

　　采用相同的思路也可以构成三输出或多输出变换器电路，如图 8-18 所示，在图 8-18a 中自上而下分别为 boost、SEPIC 和 cuk 变换器，可以看出它们的前半部分电路是相同的，因而在演化过程中可以将其合并，而演化为图 8-18b。其为两路正输出，一路负输出。其中 U_{o2} 与 U_{o3} 是正负对称的，需要注意的是：在输入电压或负载变化时调节开关管的占空比使 U_{o2} 和 U_{o3} 得到稳定的同时 U_{o1} 不能保证稳定。在这里，boost、SEPIC（flyback）和 cuk（buck）的输出部分全部用上了。

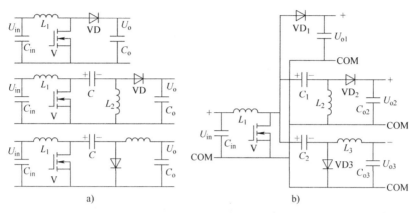

图 8-18　boost、SEPIC 和 cuk 变换器组合为三输出变换器的演化过程

　　也可以利用 flyback 级联和 flyback+buck 级联的输入部分相同的特点，实现正、负输出的大幅度降压变换器。在这里通过这种思路，还可以构成其他不同形式的单开关多输出变换器的电路拓扑，这里不再赘述。

　　通过基本变换器的级联的演化，可以得到以下结论：boost 和 flyback 变换器的输入部分可以用做级联的第一级，而且以 flyback 的输入级的不同部分作为后级的输出，可以获得不同的结果。而 buck、boost 和 flyback 均可以作为输出级。

8.9　基本变换器的变形演化

8.9.1　变换器的变形演化的目的

　　将变换器进行变形演化后可得到性能更好的变换器，例如：将 cuk 变换器演化成为变形 cuk 变换器，将 flyback 变换器演化成为变形 flyback 变换器，buck 和 flyback 变换器演化为 LED 驱动器。

8.9.2　cuk 变换器变形演化

　　cuk 变换器变形演化过程如下：图 8-19 的 cuk 变换器的输入输出关系为

$$U_o = \frac{-D}{1-D} U_{in} \tag{8-64}$$

　　将图 8-19a 的基本 cuk 变换器等效变换成图 8-19b，输出电压的参考方向改变，输入输

出关系变为

$$U_o = \frac{D}{1-D}U_{in} \qquad (8-65)$$

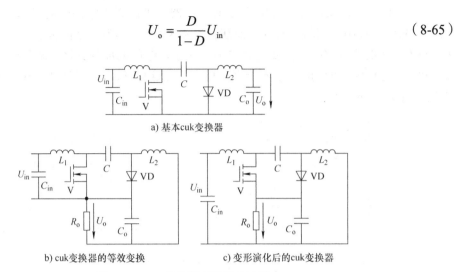

a) 基本cuk变换器

b) cuk变换器的等效变换   c) 变形演化后的cuk变换器

图 8-19　cuk 变换器变形演化过程

将变换器的输入端由原来接开关管改为接输出负端，如图 8-19c 所示，这时的变换器的实际输入电压为

$$U_{in}^* = U_{in} - U_o \qquad (8-66)$$

变形后 cuk 变换器的输入输出关系为

$$U_o = \frac{D}{1-D}(U_{in} - U_o) \qquad (8-67)$$

整理后的

$$U_o = DU_{in} \qquad (8-68)$$

开关管与二极管的电压峰值分别为

$$U_{DS} = U_{in} \qquad (8-69)$$

$$U_D = U_{in} \qquad (8-70)$$

与 buck 变换器的输入输出关系相同。那么变形后的 cuk 变换器与 buck 变换器相比具有什么优点呢？ buck 变换器在开关管导通期间，输入向输出提供电能，并将多于输出的电能存储在电感中。开关管关断期间，由于开关管的关断，输入输出间的通路消失，输入不能向输出提供电能，而由电感释放储能的方式向输出提供电能。

变形后 cuk 变换器在开关管导通期间等效电路如图 8-20a 所示，输入通过输入电感 L_1 向输出提供电能，并将多于输出的电能存储在输入电感 L_1 中，与此同时，耦合电容通过输出电感 L_2 向输出提供电能，并将多于输出的电能存储在输出电感 L_2 中。输入输出回路的电压平衡方程式分别为

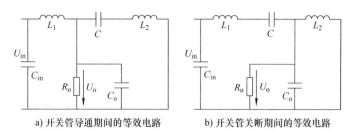

a) 开关管导通期间的等效电路　　　　　b) 开关管关断期间的等效电路

图 8-20　开关管导通期间和开关管关断期间的等效电路

$$U_{in} - U_o = L_1 \frac{di_1}{dt} \qquad (8\text{-}71)$$

$$U_c - U_o = L_2 \frac{di_2}{dt} \qquad (8\text{-}72)$$

开关管关断期间等效电路如图 8-20b 所示，输入与输入电感 L_1 共同向耦合电容和输出提供电能，其中输入电感 L_1 提供输入不足的部分，输入输出回路的电压平衡方程式分别为

$$U_{in} - (U_c + U_o) = L_1 \frac{di_1}{dt} \qquad (8\text{-}73)$$

$$-U_o = L_2 \frac{di_2}{dt} \qquad (8\text{-}74)$$

综上所述的变形的 cuk 变换器无论开关管是否导通，输入均向输出提供电能，而 buck 变换器则仅在开关管导通期间向输出提供电能。因此，变形的 cuk 变换器将具有更低的输出电压波动。

8.9.3　flyback 变换器变形演化

不仅 cuk 变换器可以进行变形演化，flyback 变换器也可以进行变形演化，其演化过程与 cuk 变换器的变形演化过程基本相同。将图 8-21a 的 flyback 变换器等效变换成图 8-21b，再将图 8-21b 的输入负端接于输出负端，得到图 8-21c 的变形后的 flyback 变换器。变形后 flyback 变换器的输入输出关系以及开关管、二极管的电压峰值与变形后的 cuk 变换器相同，电路特点也基本相同，不再赘述。

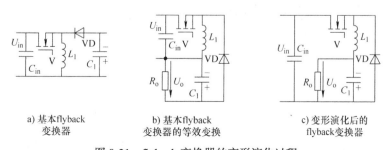

a) 基本 flyback　　　　　b) 基本 flyback　　　　　c) 变形演化后的
变换器　　　　　　　变换器的等效变换　　　　　flyback 变换器

图 8-21　flyback 变换器的变形演化过程

8.9.4 buck、flyback 与 boots 变换器变形演化为 LED 驱动器

由于 LED 接近恒压特性以及其正向压降的负温度系数，因而不适于采用电压源供电，以采用电流源或限流供电为佳。过去的 LED 的驱动多采用串电阻限流方式，如 LED 用于照明则需要很高的电流，再去用电阻限流，其效率将大打折扣，因此，需要类似变换器的具有电流源特性的变换器驱动 LED 电路。通常，电源电压高于 LED 电压，可以采用 buck 或 flyback 的电路拓扑，电路如图 8-22 和图 8-23 所示；而电源电压低于 LED 电压，则可以选用 boost 电路拓扑，电路如图 8-24 所示。电路工作在限流模式即可。

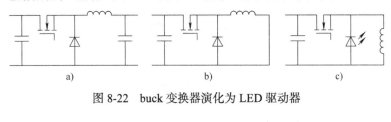

图 8-22 buck 变换器演化为 LED 驱动器

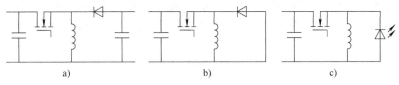

图 8-23 flyback 变换器演化为 LED 驱动器

但是，从图中可以看到无论是 buck 的电路拓扑、flyback 电路拓扑还是 boost 电路拓扑，电路中均存在一个续流二极管，而 LED 本身就是二极管，能否将 LED 置于续流二极管的位置，通过电感的续流，实现驱动 LED 的目的。可以通过 buck 的电路拓扑和 boost 电路拓扑的演化实现。其演化过程如下：

由于是驱动 LED，并且将 LED 作为续流二极管，因此原变换器的输出将不再存在，而是将其短路。这样，变换器的输出输送到变换器本身的续流二极管，全部电能消耗在续流二极管转化为光能。buck 变换器的演化如图 8-22 所示，将标准的 buck 变换器（见图 8-22a）的输出端短路，如图 8-22b 所示，将图 8-22b 整理为图 8-22c，即完成了 buck 变换器向 LED 驱动器的演化；同样，flyback 变换器的演化如图 8-23 所示，将标准的 flyback 变换器（见图 8-23a）的输出端短路，如图 8-23b 所示，将图 8-23b 整理为图 8-23c，即完成了 flyback 变换器向 LED 驱动器的演化。同理 boost 变换器的演化如图 8-24 所示，将标准的 boost 变换器（见图 8-24a）的输出端短路，如图 8-24b 所示，将图 8-24b 整理为图 8-24c，即完成了 boost 变换器向 LED 驱动器的演化。

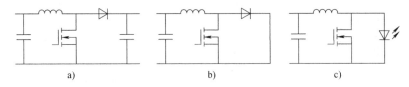

图 8-24 boost 变换器演化为 LED 驱动器

通过演化，LED 可以替代续流二极管的作用。对于 buck 变换器，由于负载变为续流二极管，因而 V 导通时不向负载（续流二极管）供电，输入输出关系不再是 buck 的输入

输出关系；而 flyback 变换器的输出是通过续流二极管送到负载，将负载短路时，续流二极管则成为实际上的负载，其输入输出关系为

$$U_{\rm o}=U_{\rm D}=U_{\rm in}\frac{-D}{1-D}\qquad(8\text{-}75)$$

这个关系同样是 buck 变换器作为 LED 驱动器的输入输出关系。

与 flyback 同理，boost 变换器的输出是通过续流二极管送到负载，将负载短路时，续流二极管则成为实际上的负载，其输入输出关系为

$$U_{\rm o}=U_{\rm D}=U_{\rm in}\frac{1}{1-D}\qquad(8\text{-}76)$$

在实际应用中，当输入电压高于 LED 总电压时应采用 flyback 变换器的驱动器，而且，当串联的 LED 中有个别的损坏时，可以直接将损坏的 LED 短接继续使用；boost 适用于输入电压低于 LED 总电压，但是串联的 LED 中有损坏的时，短接损坏的 LED 时需要注意，短接后的 LED 总电压应高于总输入电压，否则，必须将损坏的 LED 换掉。

8.10　演化出高效率的升降压 4 开关变换器

8.10.1　基本思路

基本变换器中，降压型变换器仅能实现降压功能，升压型变换器仅能完成升压功能，可以完成升降压变换器功能的是反激式变换器。但是反激式变换器的缺点是需要通过电感将输入电能转换成输出电能。转换过程中，电磁能量的相互转换在实际的电感上会有相应的损耗，影响电路的效率。不仅如此，反激式变换器占空比在 0.5 状态下是最佳工作状态。相对应的降压型变换器实际的占空比可以接近于 1，表明输入直接向输出提供电能的比率更高，具有更高的效率。同样，正压型变换器在占空比接近于零的状态下具有最高的效率。这两种变换器的最高效率都是工作在输入以尽可能大的占空比直接向输出提供电能。反激式变换器做不到这一点。

本节需要解决的是如何获得高效率升降压变换器。本章 8.3 节、8.4 节中的 SEPIC、zeta 级联型变换器可以实现升降压功能。需要注意的是，这两种变换器均为两个基本变换器级联而成，完成电能转换需要两级功率变换，最典型的就是需要两个电感。这将导致变换器的效率下降。

为了提高效率，变换器中储能元件必须仅仅有一个电感和一个输入旁路电容、一个输出旁路电容。随着功率半导体器件价格的大幅度降低，采用单只功率半导体器件实现功率变换器时代已经过去，可以在比较低廉的成本基础上用多个功率半导体器件实现高效率功率变换。这就是本节思路。

基本思路为用降压型变换器与升压型变换器组合。电路如图 8-25 所示。

从图 8-25 中可以看到，如果两个电路仅仅是串联，就可以实现升降压功能，但是付出的代价就是两个电感。为了电路仅仅用一个电感，必须将图 8-25 电路中降压型变换器、升压型变换器中的电感合并，与此同时，降压型变换器的输出电容、升压型变换器的输入电

容均可以忽略。构成如图 8-26 所示电路。

图 8-25 降压型变换器与升压型变换器

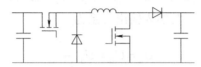

图 8-26 降压型变换器与升压型变换器共用一个电感

图 8-26 电路，当变换器工作在降压模式条件下，开关管 V_1 工作，开关管 V_4 不工作，二极管 VD_2 为续流二极管工作状态，二极管 VD_3 为常导通状态，为变换器输出提供通路；当变换器工作在升压模式条件下，开关管 V_1 为常导通状态，为变换器提供输入通路，开关管 V 工作，二极管 VD_2 阳极反向电压处于不工作状态，二极管 VD_3 为提升二极管状态。

很显然，在降压状态下。开关管关断期间，回路中有两个二极管，将产生两个二极管电压降，造成变换器效率下降。为了解决这个问题，可以用 MOSFET 替代图 8-26 中的所有的二极管，如图 8-27 所示。

4 开关升降压变换器可以有 4 种工作模式：同极性反激式变换器模式、降压型变换器模式、升压型变换器模式、输入输出电压接近模式。

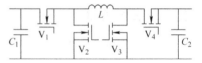

图 8-27 4 开关升降压变换器

8.10.2 同极性反激式工作模式

同极性反激式工作模式工作状态控制信号时序如图 8-28 所示。

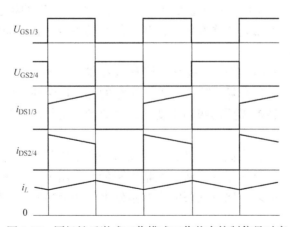

图 8-28 同极性反激式工作模式工作状态控制信号时序

同极性反激式工作模式工作状态如下：

开关管 V_1、V_3 导通期间，开关管 V_2、V_4 关断。等效电路如图 8-29 所示。

在这种工作状态下，等效电路、工作状态、电磁能量转换过程与反激式变换器的开关管导通期间相同。输入电源通过 V_1、V_3 与电感构成输入回路。输入电能送到电感中转化为磁储能的增加。在电路上表现为电感电流增加。输出电能由输出电容以放电形式提供；

开关管 V_2、V_4 导通期间，开关管 V_1、V_3 关断。等效电路如图 8-30 所示。

图 8-29　V_1、V_4 导通期间等效电路　　　　图 8-30　V_2、V_3 导通期间等效电路

在这种工作状态下。电感通过 V_2、V_4 构成输出回路，并向输出释放储能。释放储能高于输出功率部分，由输出电容吸收，使得输出电容器储能增加。为下一次放电做好准备。

利用 4 开关变换器实现的反激式变换器输出电压与输入电压同极性。开关管 V_1、V_3 用一个控制信号，V_2、V_4 用一个控制信号，两个控制信号为互补形式。如果是 V_2、V_4 用二极管替代，就成为简单的同极性反激式变换器。用一个控制信号就可以工作。

问题，由于反激式变换器无法实现输入电能直接送到输出端，需要电感的电磁转换。所产生的损耗比较大。从实际应用中的 4 开关升降压变换器需要尽量避免反激式变功率换模式。

8.10.3　降压模式

4 开关变换器工作在降压模式下。开关管 V_1 工作，作为降压型变换器的开关，开关管 V_2 作为降压型变换器续流二极管，开关管 V_4 作为通路处于常导通状态，开关管 V_3 不工作。各开关管控制信号的时序图如图 8-31 所示。

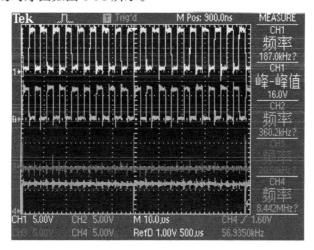

图 8-31　各开关管控制信号的时序

图中，通道 1 为 V_1 栅 - 源极电压；通道 2 为 V_2 栅 - 源极电压；通道 3 为 V_4 栅 - 源极电压；通道 4 为 V_3 栅 - 源极电压。

从时序图中可以看到 V_1 与 V_2 驱动波形互补，V_3 驱动信号为常高电位。

开关管 V_1 导通期间等效电路如图 8-32 所示。

开关管 V_1 导通，对应的作为续流二极管的开关管 V_2 关断，开关管 V_4 处于常导通状态，开关管 V_3 与降压型变换器无关，处于关断状态。

在这种状态下，输入向输出提供电能，输入提供电能高于输出功率部分转换为电感的磁储能，使磁储能增加，在电路上表现为电感电流增加。

开关管 V_1 关断期间等效电路如图 8-33 所示。

图 8-32 开关管 V_1 导通期间等效电路   图 8-33 开关管 V_1 关断期间等效电路

开关管 V_1 关断，在时序图上，对应的作为续流二极管的开关管 V_2 导通，开关管 V_4 处于常导通状态。开关管 V_3 与降压型变换器无关，处于关断状态。

在这种状态下，由于开关管 V_1 的关断，输入无法向输出提供电能，电感电流通过 V_2 构成输出回路，电感释放磁储能并转换为电能输送到输出，磁储能下降，在电路上表现为电感电流降低。

降压型功率变换控制模式还可以将 V_2 关闭，仅仅应用 V_2 的反向二极管作为续流二极管。降压型功率变换功能不变，对于 100V 以下的低压变换器会因为二极管正向电压高于 MOSFET 导通电压使得效率降低。

8.10.4 升压模式

4 开关升降压型变换器工作在升压型功率变换控制模式时，开关管控制信号时序图如图 8-34 所示。

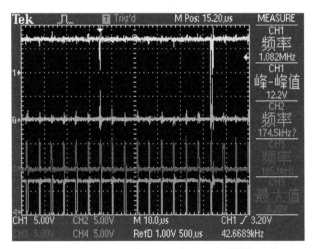

图 8-34 工作在升压型功率变换控制模式时，开关管控制信号时序

根据升压型变换器电路原理，电感接输入电源。因此图中，开关管 V_1 为常导通状态，开关管 V_2 为关闭状态；开关管 V_3 作为开关管，开关管 V_4 作为提升二极管。

开关管 V_3 导通期间，等效电路如图 8-35 所示。

在这种状态下，输入仅为电感提供电能，使电感储能增加；输出电能由输出电容以放电方式提供。

开关管 V_3 关断期间，等效电路如图 8-36 所示。

图 8-35　开关管 V_3 导通期间等效电路　　　　图 8-36　开关管 V_3 关断期间等效电路

在这种状态下，电感将磁储能转换为电能与输入电源共同向输出提供电能，提供电能多余的部分对输出电容充电。

在这种工作模式下，开关管 V_3 起到提升二极管的作用，由于 MOSFET 自身具有反并联二极管，即使开关管 V_3 不导通，自身的反并联二极管也会正常工作。因此，也可以考虑开关管 V_3 不工作的控制模式。

8.10.5　输入输出电压接近降压、升压控制模式

降压型变换器在理论上可以实现开关管占空比等于 1，这时输入与输出电压相等。但是在实际上，由于实际元器件的电压降和延迟作用，实际的降压型变换器不可能工作在输入、输出电压接近状态。

同样，当升压型变换器的输入、输出电压接近时，也会因为开关器件及控制电路的延迟，变得控制困难。

为了实现输入电压与输出电压接近状态下的降压、升压功率变换，可以采用 4 开关变换器实现。其工作模式将变为输入输出电压接近降压、升压控制模式。

从高效率角度考虑，在输入电压与输出电压接近状态下，功率变换效率相对高的是大占空比降压和小占空比升压。如果在时序上将大占空比降压控制模式与小占空比升压控制模式合理地组合起来就可以实现高效率的低或极低降压比、低或极低升压的功率变换模式。

4 开关升降压型变换器工作在输入电压与输出电压接近状态下的降压、升压功率变换控制模式时，开关管控制信号时序图如图 8-37 所示。

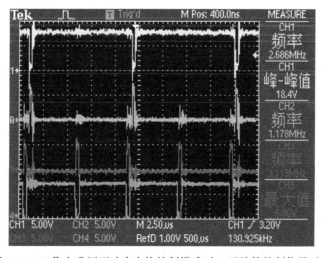

图 8-37　工作在升压型功率变换控制模式时，开关管控制信号时序

工作模式 1：开关管 V_1 导通、开关管 V_3 导通状态下等效电路如图 8-38 所示。

输入电源通过开关管 V_1 导通、开关管 V_3 对电感传输电能，将传输的电能转换为磁储能，使电感的磁储能增加，在电路角度就是电感的电流增加。

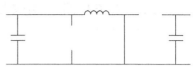

图 8-38　开关管 V_1 导通、开关管 V_3 导通状态下等效电路

电感的储能增加为后面的电感向输出释放储能做好准备。

工作模式 2：开关管 V_1 导通、开关管 V_4 常导通、开关管 V_3 不导通状态下通的等效电路如图 8-39 所示。

在这种状态下，输入电源与电感共同向输出提供电能。电感将产生感应电动势，使得输入电源电压与电感的感应电动势之和等于线路电压降与输出电压之和。在这种状态下，电感的感应电动势将是很小的数值。

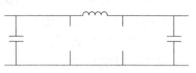

图 8-39　开关管 V_1 导通、开关管 V_4 常导通等效电路

工作模式 3：开关管 V_1 关断、开关管 V_2 导通、开关管 V_4 导通、开关管 V_4 关断。等效电路如图 8-40 所示。

这个状态是典型的降压型变换器开关管关断期间电感向输出释放储能的工作模式。

模式 3 相当于在一个开关周期内，从输入到输出经过了大占空比降压，小占空比升压，避免了升压式变换的极小占空比和降压式的极大占空比的现象。输入输出电压关系为

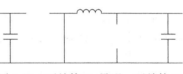

图 8-40　开关管 V_2 导通、开关管 V_4 导通的等效电路

$$U_o = U_i D_1 \frac{1}{1-D_4} \qquad (8-77)$$

如 VD_1 工作在最大占空比极限状态 0.95，VD_4 工作在最小极占空比限状态 0.05，带入式（8-80），得到 $U_o = U_i$。在实际工作中，考虑到开关的导通电压降，电感电压降和线路电压降，即使输入电压略高于输出电压，电路也将工作在这种模式。

8.10.6　高边驱动采用自举电路时的工作模式

低压升降压变换器中，为了简化驱动电路，高边驱动将采用自举驱动电源方式。为了获得高边驱动自举电源，高边开关需要适时的短时关断；与此同时，同一侧的低边开关开通，使高边开关的源极降低到输入电压负端，即驱动电源负端。驱动电源通过二极管向自举电容充电到驱动电源电压值。

这个充电时间取决于驱动电源到自举电容回路的总寄生电阻与自举电容的时间常数，图 8-41 为开关过程的时序波形。

图中，开关 V_1 的关断持续时间为 300ns，如果自举电容的电容量为 1μF，需要驱动回路的总寄生电阻应小于 0.1Ω。因此需要低 ESR 电容器，1μF 陶瓷叠片电容器的 ESR 可以达到 10mΩ，而相同电容量的一般用途电解电容器则高达 20Ω。

为了尽可能地获得高边开关在需要常导通状态下的尽可能大的占空比。常导通状态下，高边开关的开关频率应明显低于正常的开关频率，如图 8-42 所示。

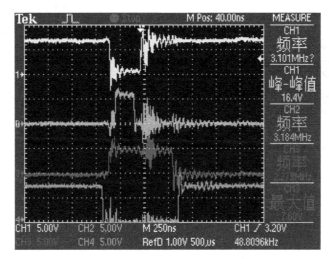

图 8-41　为自举电容充电过程的时序波形

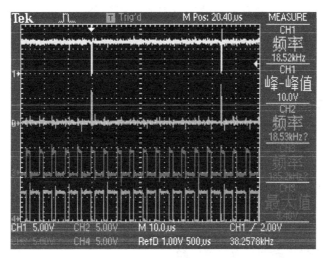

图 8-42　高边自举驱动相关波形

图中，通道 1 的开关周期是正常开关频率的 1/10，约 18.6kHz。对应的占空比为 0.994，非常接近于 1。

第9章
交流电源直接市电整流电路状态分析及整流器、滤波电容的选择

市电整流电路是开关电源的第一个电路环节。其基本原理在电子技术基础课程中已经有比较详尽的论述。但是，没有工程设计所需要的相关公式和参数。那么，市电整流电路到底是什么样的？工作在什么状态？工程设计中，整流器、滤波电容等元件的参数应如何选择？这是本章要解决的内容。

9.1 桥式整流电路与滤波电路

在实际应用中，桥式整流电路是最常见的整流电路拓扑。电路如图 9-1 所示。

由于硅整流器不仅可以是简单的二极管，还可以是整流桥臂，甚至可以是完整的桥式整流电路。不再像真空管时代，为了尽可能少用整流二极管和减少麻烦，不得不使用共阴极电路的全波整流电路。

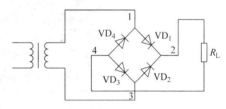

图 9-1 单相桥式整流电路

在开关电源中，大多应用单相交流电，因此整流电路是单相桥式整流电路。单相整流电路的特点是：在没有滤波元件时，整流电路输出是脉动直流电，其中不仅有所需要的直流分量，还有丰富的交流分量，导致整流输出电压从零到交流输入电压峰值之间变化，如图 9-2 所示。

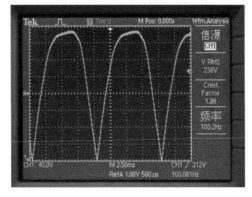

图 9-2 单相桥式整流电路无滤波电路时输出电压波形

这样的直流电对于电子电路、开关电源和大多数电气控制电路是不能容忍的。因此需要对整流电路输出电压进行滤波。滤波电路可以是电容，也可以是电感。

9.2　整流电路的滤波方式与作用

整流电路滤波的目的有两个：其一是平滑输出电压或电流（仅适用于电阻性负载或反电势负载），其二是降低整流电路交流阻抗，易吸收来自于负载的交流电流分量。

对整流输出滤波可以是电感滤波。电感滤波的理论基础是电路中"电感电流不能跃变"原理，对整流输出电流进行平滑。对于电阻性或反电势负载具有很好的滤波效果。需要注意的是，电感滤波要想使得整流输出电流很平滑，需要很大的电感量。因此，需要的滤波电感比较笨重。不仅如此，电感滤波将使得整流输出呈高交流内阻状态。对于电子电路，特别是像整流输出端索取大量脉动直流电源的开关电源来说，仅仅采用电感滤波是不能满足要求的。有时需要采用 LC 滤波形式，以降低整流输出的交流阻抗。这将使得滤波电路变得笨重复杂。

为了使单相整流电路的滤波元件简单、小巧、廉价，在实际应用中应用电容滤波方式。这使得滤波元件变成了一个简单的电容器。

由于电路原理中"电容的电压不能跃变"，因此只要电容量足够，就可以很好地将整流输出电压平滑。同时，电路原理也指出，电容的交流阻抗随电容量的增加而减小、随频率的升高而降低。由此可见，在整流电路的输出端并联电容可以有效地降低整流器的输出交流阻抗。

随着电子元件的小型化，整流滤波需要的电容体积也不断地减小，而且也越来越廉价。

9.3　带有电容滤波的单相桥式整流电路的工作状态分析

从整流电路接入交流电源看，整流电路可以分为整流电路直接接到交流市电（通常称为直接整流）和交流市电通过变压器再接到整流电路两种。

市电直接整流的整流电路省掉了工频变压器，极大地简化了电路，可有效地减少整流滤波电路体积、成本，如图 9-3 所示。

从安全角度考虑，大学实验室中的开关电源入门级设计、实验最好是在安全电压下进行，待比较熟练地掌握了开关电源设计、实验的能力，并且掌握了电气安全知识与注意事项后再做市电电压等级的开关电源设计与实验。因此，入门级实验应该在安全电压等级下即交流 36V、直流 43V 供电条件下进行，如图 9-4 所示。

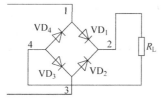

图 9-3　市电直接整流电路

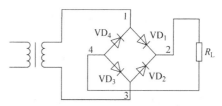

图 9-4　带有整流变压器的整流滤波电路

从交流市电变化到 36V 安全电压并且与市电电气隔离，需要用变压器将 220V 降低到 36V 并完成电气隔离。由于变压器存在绕组内阻和漏感，因此接入不同类型的变压器，所得到的结果不同。在这里分析低漏感、低绕组电阻和高漏感、高绕组电阻两种情况。

前者是品质比较好的变压器，而后者则是经济型的变压器。

9.3.1　低漏感、低绕组电阻变压器对应的整流滤波电路工作状态

在这里通过一个 100VA/36V 环形变压器的实验得到低漏感、低绕组内阻变压器为整流滤波电路供电的实验结果。

整个实验电路为 100VA/36V 环形变压器、一个整流桥、100V/4700μF 电解电容。用调压器将市电调节到 220V，整流输出电流平均值调节到约 2.5A（实际为 2.46A）。整流电路的交流输入侧相关波形与数据如图 9-5 所示。

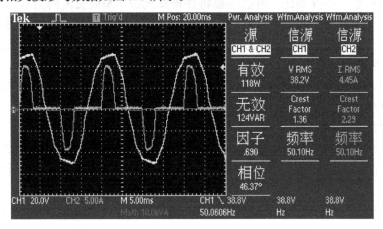

图 9-5　整流电路交流输入侧相关波形与数据

首先看电路工作的数据：交流输入电压有效值为 38.2V，交流输入电流有效值为 4.45A，交流输入有功功率为 118W，交流输入无功功率为 124Var，交流输入侧功率因数为 0.65。

变压器空载电压为 39.8V，带整流器负载后仅仅产生 1.6V 电压降，说明变压器负载调整率很低。

由于变压器的"负载"是带有滤波电容的整流器，滤波电容的"电压保持"作用，在滤波电容电压高于整流器交流输入电压瞬时值，整流器的二极管均因阳极反向电压而阻断。整流器输出电压将由滤波电容"维持"，这时的输出电能由滤波电容放电形式实现。

由于滤波电容放电，整流器输出端电压将随之下降，如图 9-5 中的输出电压下降段。在此期间，变压器处于"空载状态"。

当整流器交流输入电压高于输出滤波电容电压期间，阳极正向电压的二极管导通，将交流侧电压送到输出端。这期间交流输入的电能不仅输送到负载，同时对滤波电容充电，使得整流电路输出电压上升。这样，每 10ms 的半个工频电源周期仅仅有 3.5ms 的整流器工作时间，其余的 6.5ms 均为滤波电容为负载提供电能。这就导致了整流器导通期间的高幅值、高有效值电流。

图 9-5 中可以看到，在输出电流平均值为 2.46A 条件下，整流器输入有效值电流为 4.45A，峰值电流 10A，波形系数 2.29，明显高于正弦波的 1.414。所产生的结果是整流器

件的损耗增加，滤波元件的损耗增加。所获得的是电路的简单、廉价。

电容的电压"保持"作用和整流器的非线性，使得整流电路输入电流非线性。导致了功率因数仅仅达到 0.69，这个功率因数几乎全部是波形畸变无功功率，没有相移无功功率。

也是由于电容的电压"保持"作用，使得整流滤波电路输出电压变得平滑，电容量越大越平滑，电容的 ESR 越低输出电压越平滑。经过滤波电容"平滑"后的整流电路输出电压波形及相关参数如图 9-6 所示。

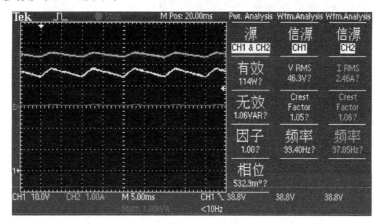

图 9-6　经过滤波电容"平滑"后的整流电路输出电压波形及相关参数

在交流输入电压有效值为 38.2V，负载电流平均值 2.46A 条件下输出电压平均值约为 46V。输出电压与输入电压的比值约为 1.212，与电子技术基础课程中所给的 1.2 的比值相近。

输出电压波动幅值约 4V，为输出电压平均值的 9%，在一般应用中，这个电压波动比值是允许的。

通过图 9-5、图 9-6 所给的测试数据，可以得到以下结论：在交流 36V 有效值条件下，输出电压为输入电压的 1.2~1.25 倍；整流器输入有效值电流（输出有效值电流）是输出电流平均值的 1.8~2 倍；整流器输入电流（输出电流）峰值是输出电流有效值的 4 倍以上，是整流器输入（输出）电流有效值的 2.2~2.3 倍。

考虑桥式整流器电压降为 1.8V，整流器的损耗约为 8W，每个二极管损耗约 2W。如果整流二极管选择低导通电压的肖特基二极管，则损耗可以降低到 2.7W 以下，每个二极管损耗可以降低到 0.7W。

流入滤波电容的电流为 3.7A，如果滤波电容的 ESR 为 0.1Ω，则滤波电容上的损耗为 1.3W。

变压器输出有功功率 118W，无功功率 124Var，视在功率为 171VA。变压器过载 71%。即便如此，变压器在环境温度 20℃时的温升在正常范围。

9.3.2　高漏感、高绕组电阻变压器对应的整流滤波电路工作状态

变压器额定功率 50VA，额定电压 36V，市电输入电压调整到 220V，滤波电容 4700μF，整流器负载为电阻性负载，整流器输出电流平均值 1.02A。整流器交流输入侧相关波形和参数如图 9-7 所示。

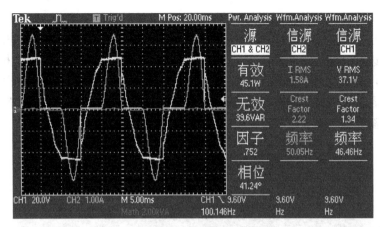

图 9-7　高漏感、高绕组电阻变压器对应的整流器交流输入侧相关波形和参数

与低漏感、低绕组电阻变压器供电相比，由于变压器阻抗的升高，整流滤波电容的电压将变压器二次侧电压钳制在电容端电压与整流二极管电压之和，使得变压器二次侧电压波形严重畸变。由于变压器的相对高阻抗，变压器二次侧电压有效值为 37.1V，低于低阻抗变压器的二次侧电压有效值。

同样由于变压器阻抗高的原因，整流器的导通时间由低阻抗的 3.5μs 增加到 5μs。功率因数也随之"增加"。

在整流输出平均值为 1A 的条件下，整流器的输入（输出）有效值电流为 1.58A，峰值电流 4.5A。分别是输出电流平均值的 1.54、4.41 倍。相对于低阻抗变压器，电流有效值与平均值的比值下降，但是峰值电流与平均值电流的比值变高。

输出电压从低阻抗变压器供电的 46.3V 降低到 44.7V。由于滤波电容电容量还是 4700μF，而负载电流从 2.46A 降低到 1.02A，因此整流滤波输出电压更加平滑，电压波动幅值不到 2V 如图 9-8 所示。

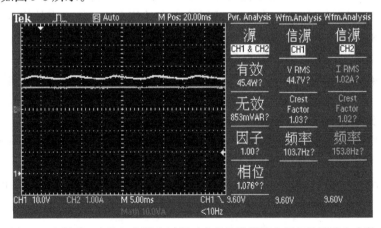

图 9-8　高漏感、高绕组电阻变压器对应的整流器输出侧相关波形和参数

第10章

电流型控制芯片的原理分析

反激式开关电源是开关电源中最简单、最容易实现的，因此大多数开关电源爱好者都是先从反激式开关电源开始学起。在众多反激式开关电源中，最容易理解原理、最容易调试的就是应用控制IC—UC3842系列实现反激式开关电源。还可以在UC2842的基础上学习更高级的反激式开关电源控制IC的应用。

10.1 UC3842及原理分析

UC3842是一款专用于驱动MOSFET的峰值电流型反激式开关电源的控制芯片，是美国Unitrode公司（现为TI旗下的子公司）于1983年前后推出的第一款专用于单端电路拓扑开关电源的控制芯片。自此，反激式开关电源进入了理性化设计，甚至初学者也可以通过规范化的测试学习过程掌握反激式开关电源设计，而不像RCC反激式开关电源那样无法一步一步地测试。

UC3842系列主要有UC3842、UC3843、UC3844U、C3845。

UC3842内部原理图如图10-1所示。

图中带有括号的引脚号为SO-14封装，不带括号的引脚号为二极管IP-8和SO-8封装。以DIP IP-8封装为例，各引脚功能如下：

引脚1：补偿端，误差放大器输出端，用于电源系统校正（补偿）和软启动。

引脚2：反馈端，电压反馈由该端输入。

引脚3：电流检测输入端，通过串联在检测开关管（MOSFET）电阻检测源极电流。

引脚4：定时端，接定时电阻（对地）和定时电容（对基准电压端）。

引脚5：公共端，即通常的GND二极管端。

引脚6：输出端，用于驱动MOSFET。

引脚7：IC的电源电压端，IC由外部电源为其提供电源，并提供启动功能。

引脚8：内部电压基准端，该端为UC3842内部电压基准输出端，数值为5.0V。

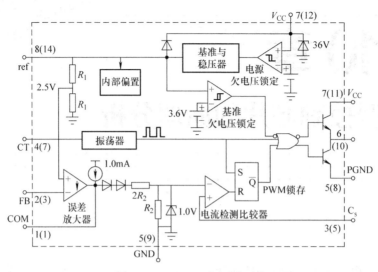

图 10-1　UC3842 内部原理图

10.2　UC3842 系列的主要参数

10.2.1　极限参数

UC3842 的极限参数见表 10-1。

表 10-1　UC3842 的极限参数

参数及测试条件	符号	量值	单位
最高电源电压	V_{CC}	30	V
电源电流级稳压二极管电流之和	$I_{CC} + I_{Z}$	30	mA
输出灌电流与拉电流	I_{o}	1	A
输出能量（容性负载下的一个开关周期）	W	5	μJ
电流检测端及电压反馈端电压	V_{in}	−0.3~+5.5	V
最大允许功耗	$P_{二极管}$	1250（DIP8） 702（SO-8） 862（SO-14） 100（DIP8）	mW
热阻	$R_{\theta J}$	178（SO-8） 145（SO-14）	℃/W
最高工作结温	T_{J}	+150	℃
工作环境温度范围（UC3842/UC3843）	T_{A}	0~+70	℃
工作环境温度范围（UC2842/UC2843）		−25~+85	
存储温度	T_{sgt}	−65~+150	℃

　　极限参数为在任何条件下，IC 的工作状态中任何一个参数均不可以超过极限参数，否则可能造成不可逆转的损坏。

UC3843、UC3844、UC3845 的极限参数与 UC3842 相同，不再赘述。

10.2.2　电源参数

UC3842/UC3843 的电源参数见表 10-2。

表 10-2　UC3842/UC3843 的电源参数（启动电压与基准电压）

参数及测试条件	符号	最小值	典型值	最大值	单位
IC 开始工作阈值电压（UC3842）	V_{th}	14.5	16	17.5	V
IC 开始工作阈值电压（UC3843）		8.5	10	11.5	
IC 欠电压关闭阈值电压（UC3842）	V_{CCmin}	9.0	10.0	11.0	V
IC 欠电压关闭阈值电压（UC3843）		7.0	7.6	8.2	
IC 工作前静态电流	$I_{\text{开关管}}$		0.3	0.5	mA
IC 工作电流	I_{CC}		12	17	mA
基准电压（输出 1mA，25℃）	V_{ref}	4.9	5.0	5.1	V
基准电压的电源电压调整率（V_{CC}：12~25V）	R_{regline}		2.0	20	mV
基准电压的负载电流调整率（I_{o}：10~20mA）	$R_{\text{regloa 二极管}}$		3.0	25	mV
温度稳定性	T_{S}		0.2		mV/℃
基准电压（电源电压、负载电流、温度全范围）	V_{ref}	4.8		5.18	V
输出噪声（10Hz~100kHz）	V_{n}		50		μV
长时间稳定性（125℃，1000h）	S		5		mV
输出短路电流	I_{SC}	−30	−85	−180	mA

UC3842、UC3843 的电源特性如图 10-2 所示。

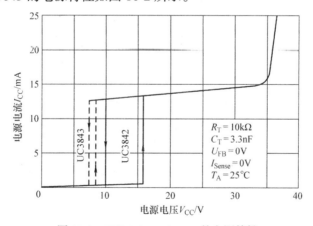

图 10-2　UC3842、UC3843 的电源特性

　　多数的 UC3842 的启动电压为 16V，欠电压关闭电压 11V，迟滞回环 5V；UC3843 的启动电压为 8.5V，欠电压关闭电压 7.0V，迟滞回环 1.5V。

　　启动前，UC3842 静态电流低于 1mA，启动后的工作电流约 12mA。UC3842 的低静态电流设计为利用串联启动电阻直接启动创造了条件。

　　UC3842 的工作电流约为 15mA，这个工作条件要求为 UC3842 供电的辅助电源要具备这一能力。

　　UC3842 内部有电压基准，主要为 IC 内部电路工作提供电源，也为 IC 提供 5V 的电压基准，还可以为外电路提供 20mA 以下的 5V 供电电源的能力。

10.2.3 时钟参数

UC3842 系列为他激式工作模式，开关频率由 UC3842 内部时钟决定。其振荡频率取决于定时电阻 R_T 和定时电容 C_T，在定时电阻为 10kΩ、定时电容为 3.3nF 时，典型的振荡频率为 52kHz。UC3842 的时钟参数见表 10-3。

表 10-3　时钟参数

参数及测试条件		符号	最小值	典型值	最大值	单位
频率	（结温 25℃） R_T: 10k C_T: 3.3nF	f_{osc}	49	52	55	kHz
	（环境全温度范围）		48		56	
	（结温 25℃）R_T: 10k；C_T: 3.3nF		225	255	275	
频率随电源电压变换范围		$f_{osc}/\Delta V$		0.2	1.0	%
频率随温度变换范围		$f_{osc}/\Delta T$		0.5		
振荡电压摆幅（峰 - 峰值）		V_{osc}		1, 6		V
放电电流（V_{osc}=2V）		$I_{discharge}$	7.8	8.3	8.8	mA

UC3842 的振荡频率与定时电容、定时电阻的关系如图 10-3 所示。

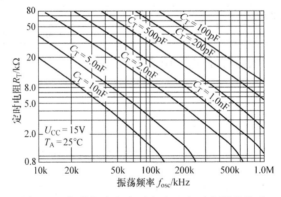

图 10-3　振荡频率与定时电容、定时电阻的关系

从图中可以看到，当定时电阻为 2kΩ 以上时，振荡频率特性为线性关系。用数学解析式表示为

$$f_{SW} = \frac{1.72}{R_T C_T} \tag{10-1}$$

可以通过式（10.1）适当地选择定时电阻和定时电容。

定时电容与频率、占空比的关系如图 10-4 所示。

定时端电压为 RC 充放电波形。定时电容充电状态为定时电容有电压基准通过定时电阻向定时电容充电。定时电容充电过程中 UC3842 输出端（引脚 6）可以为高电位；定时电容由内部恒流源放电，同时电压基准也通过定时电阻向定时电容"充电"，这个恒流源放电和电压基准的"充电"的作用是定时电容的放电特性，因此定时电容的放电也类似于 RC 放电特性。

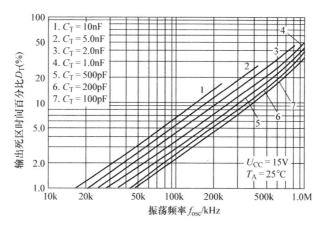

图 10-4　定时电容与频率、占空比的关系

定时电容放电过程中 UC3842 输出端（引脚 6）一定为低电位，同时产生 IC 内部时钟脉冲。

由上述分析和图 10-4 可以知道，在相同的频率下，定时电容的电容量越大，定时电阻的电阻值越小，定时电容放电过程越长，输出端的最大占空比越小。

10.2.4　输出参数

输出环节参数见表 10-4。

表 10-4　输出参数

参数及测试条件	最小值	典型值	最大值	单位
输出低电压（灌电流 20mA）		0.1	0.4	V
输出低电压（灌电流 200mA）		1.6	2.3	V
输出高电压（拉电流 20mA）	12.9	13.5		V
输出高电压（拉电流 200mA）	12	13.4		V
输出电压上升时间		50	150	ns
输出电压下降时间		50	150	ns
最大占空比	94	96		%
最小占空比		0		%

输出端具有 1A 峰值输出电流，在实际工作中，UC3842 的输出端的电流未必工作在 1A 峰值电流状态，通常要低于这个电流值。在不同的驱动电流条件下，灌电流的饱和电压不同，拉电流的高电压也不同。

在应用中，驱动 MOSFET 的高电位不很重要，一般需要 8V 或以上幅值即可。而驱动 MOSFET 为低电位则必须要足够低，以确保 MOSFET 彻底关断。如表 10-4 中在 200mA 灌电流条件下的饱和电压为 2.3V，这在高温状态下将很接近其阈值电压。这将是不允许的。好在 UC3842 驱动的是电荷性负载，到低电压时的放电电流也随之降低，因此最后还是能使输出端保持在足够低的电压值，可以确保 MOSFET 彻底关断。

UC3842 的输出占空比不能达到 100% 的原因就是定时电容放电期间，输出为低电位，定时电容越大，最大占空比越小。

10.2.5　误差放大器参数

误差放大器参数见表 10-5。

表 10-5　误差放大器参数

参数及测试条件	符号	最小值	典型值	最大值	单位
反馈电压	V_{FB}	2.42	2.5	2.58	V
输入偏置电流	I_{IB}		−0.1	−0.2	μA
开环电压增益（误差放大器输出 2~4V）	A_{VOL}	65	90		dB
单位增益带宽	BW		0.7	1.0	MHz
电源电压抑制比（V_{CC}: 12~25V）	PSRR	60	70		dB
输出灌电流电流（V_o=1.1V，V_{FB}=2.7V）	I_{Sink}	2	12		mA
输出拉电流（V_o=5.0V，V_{FB}=2.3V）	I_{Source}	−0.5	−1.0		mA
输出高电压（R_L = 15k 对地，V_{FB}= 2.3V）	V_{OH}	5.0	6.2		V
输出低电压（R_L = 15k 对基准，V_{FB}=2.7V）	V_{OL}		0.8	1.2	V

从表中可以看到，UC3842 的误差放大器性能接近于通用型集成运算放大器的特性。UC3843 中误差放大器的幅频特性和相频特性如图 10-5 所示。

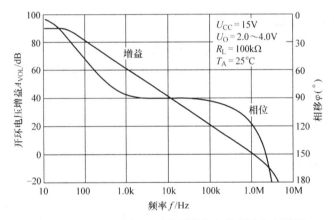

图 10-5　UC3843 中误差放大器的幅频特性和相频特性

10.2.6　电流检测环节参数

电流检测环节参数见表 10-6。

表 10-6　电流检测环节参数

参数及测试条件	符号	最小值	典型值	最大值	单位
电流检测输入端电压增益	A_V	2.85	3.0	3.15	V/V
最大电流检测输入阈值	V_{th}	0.9	1.0	1.1	V
电源电压抑制比（V_{CC}: 12~25V）	PSRR		70		dB
输入偏置电流	I_{IB}		−2.0	−10	μA
传播延迟（电流检测输入到输出）	$t_{PLH\,(In/out)}$		150	300	ns

误差放大器输出电压与电流检测端阈值电压的关系如图 10-6 所示。

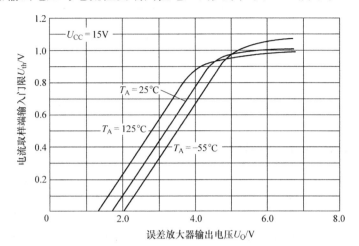

图 10-6　误差放大器输出电压与电流检测端阈值电压的关系

UC3842 误差放大器输出与电流比较器之间串联两只二极管，其原因为：任何双极型晶体管电路的集电极输出电压都不可能达到 0，如果需要 0 电压时，不仅需要串联二极管，而且要串联两只二极管才能保证最终电压为 0。

为了尽可能降低电流检测电压，需要将误差放大器输出电压进行分压，这就是 UC3842 原理图中 $2R_2$ 与 R_2 分压后送电流加侧比较器输入端的原因。

10.2.7　UC3842 系列中其他型号的特殊参数

UC3842 系列中还有 UC3844、UC3845，原理图如图 10-7 所示。

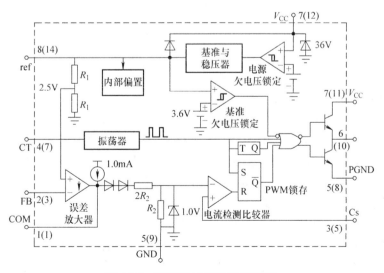

图 10-7　UC3844/UC3845 原理图

与 UC3842 不同的是，UC3844 和 UC3845 的输出最大占空比为"50%"，原因就是在原理图中多了一个 T 触发器。UC3844 和 UC3845 的 PWM 环节参数见表 10-7。

表 10-7   PWM 环节参数

参数及测试条件	符号	最小值	典型值	最大值	单位
输出占空比（最大）	DC_{max}	47	48	50	
输出占空比（最小）	DC_{min}			0	

10.3   UC3842 系列的一般特性

10.3.1   峰值电流型控制方式

反激式开关电源的电能传输方式是电源输入的电能转换成磁储能，再由磁储能向输出释放储能转换成电能，这样，反激式开关电源的输出功率就只与变压器一次侧的励磁电感、变压器一次侧的峰值电流以及开关频率相关。即

$$P_o = \frac{1}{2} L I_{PM}^2 f_{SW} \eta \tag{10-2}$$

式中，P_o、L、I_{PM}、f_{SW}、η 分别为输出功率、变压器一次侧励磁电感、变压器一次侧电流峰值、开关频率、电源效率。

其实，反激式开关电源输出功率还有一个表达式：

$$P_o = \frac{1}{2} U_{BUS} I_{PM} D \eta \tag{10-3}$$

式中，U_{BUS}、D 分别为反激式开关电源的直流母线电压、开关管占空比。

如果我们知道直流母线电压，知道占空比，还知道输出功率和预计效率，则变压器峰值电流就可以通过式（10-3）求得。

一般情况下，反激式开关电源中的变压器一次侧励磁电感的电感量是不变的；如果选用 UC3842 系列作为反激式开关电源驱动芯片，则开关频率也是不变的，电源各主要参数确定后，电源效率也是不变的。这样通过这些不变的参数，再根据式（10-2）就可以找出输出功率与变压器一次侧峰值电流的关系，即：输出功率与变压器一次侧峰值电流的二次方成正比，因此只要设法控制变压器一次侧电流，就可以轻松地控制反激式开关电源的输出功率。而且这是唯一对应的关系。

这样，在理论上，即使是输出短路、电源的上电过程以及负载突变过程，也不至于出现因误差放大器处于最高输出电平状态下而出现极度的过电流现象。这样就可以避免开关管因极度过电流而烧毁，也不会造成变压器磁路的饱和以及因变压器磁路饱和而导致的电流急剧增加而烧毁开关管的现象。

由于每个开关周期的变压器一次侧励磁电流峰值都被限制在限幅值，在没有特殊要求的应用中，甚至在某种意义下，软启动电路可以不需要。

10.3.2　UC3842 的其他特点

由于峰值电流型控制方式是将误差放大器输出信号与变压器一次侧励磁电流转换成电压信号相比较得到 PWM 控制信号。这样，像 SG3525A、TL494 那样的电压型控制模式的 PWM 控制电路的锯齿波发生电路就不再需要，仅仅需要开关频率所需要的时钟即可。这就大大地简化了 UC3842 的内部电路，同时也大大简化了 UC3842 外部电路。

1. 可以自启动

不需要专用电源启动。TL494、SG3525A 均不具备自启动功能，所以由这些控制芯片控制的开关电源的启动需要用自激式启动方式或外加辅助电源，不管怎样，自启动也好、辅助电源也好，均增加了电源电路的复杂性。而 UC3842 仅仅需要一个启动电阻和辅助绕组即可。因此 UC3842 绝大多数的应用是在变压器的一次侧。这样可以直接驱动开关管，而隔离驱动或悬浮驱动是 MOSFET 驱动比较麻烦的事情。

2. 推拉输出级

推拉输出级（国内有的工程师也直译为"图腾柱"输出级，按汉语准确的表达应为推拉输出）是直接驱动 MOSFET 最好、最简单的方式。是继 SG3525A 之后的第二款专用于 MOSFET 作为开关管的开关电源控制芯片。由此我们也看到了，随着 MOSFET 的飞速发展、进步，在开关电源领域，双极型晶体管基本上被 MOSFET 和 IGBT 所取代，除了小功率的 RCC 式反激式开关电源和极其廉价化的开关电源外，在开关电源中基本上不再用双极型晶体管作为开关管。

3. 峰值电流型控制方式

可以即时补偿因直流母线电压变化所带来的占空比调节的需求，而平均电压型控制芯片 TL494、SG3525A 是需要通过输出电压的变化后才能进行调节，因此峰值电流型控制方式的响应速度远快于平均电压型的控制速度。

峰值电流型属于有限能量传输模式，不会出现由于电路失控等因素导致输出过电压或高幅值电压过冲的现象。

峰值电流控制模式在理论上可以控制负载短路、变压器磁路饱和所产生的短路电流幅值，而不用担心元器件是否因此被烧毁。

4. 不再需要三角波、锯齿波信号

在电压型控制芯片中，为了实现脉冲宽度调制（英文缩写为 PWM），必须要有线性度比较好的锯齿波信号。而产生这种锯齿波信号，需要在 IC 内部附加若干的晶体管，致使 IC 变得复杂，如不需要锯齿波型号，则 IC 内部电路可以得到简化。

UC3842 系列是不需要锯齿波信号的。

10.4　UC3842 的工作状态分析

UC3842 是最常用的开关电源控制芯片，从问世到现在大约有 30 年的历史了，至今仍在大量的应用，UC3842 的应用寿命如此之长与其良好的性能和低廉的价格是分不开的。现在 UC3842 已形成一个系列：UC3842/3/4/5，甚至还出现了 BICMOS 的低功耗系列。不仅如此，UC3842 还是第一个具有自启动功能的开关电源控制芯片。

UC3842 系列的一般特性：UC3842 内部原理图如图 10-8 所示。UC3842 的最大特点是开创了峰值电流控制模式，使开关管的电流可以得到逐周电流控制。

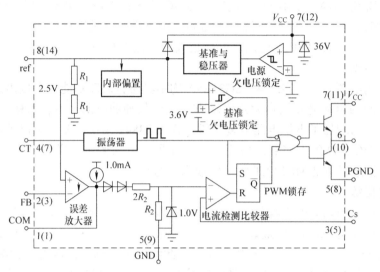

图 10-8   UC3842 内部原理图

10.5   UC3842 的工作状态分析

分析 PWM 控制 IC 的工作原理的基本方法是确定输出端在内部电路和外部条件处于什么状态下为高电位，什么状态下为低电位，也就是在什么状态条下开关管导通，什么状态下开关管不导通（阻断状态）。我们可以从输出端向前分析：

输出端为低电位状态，驱动输出级的或门的反相输出为低电位，同相输出为高电位，所需要的输入状态只要有一个高电位即可。我们再分析或门的三个输入（基准电压锁定、振荡器输出、PWM 锁存器输出）的高电位状态都是在电路的什么状态下出现的。首先看基准电压锁定部分的输出，当 UC3842 的电源电压还没上升到 16V 电源欠电压解锁值前，内置电压基准与稳压器输出低于 3.6V，内置电压基准锁定输出低电位。经反相后为高电位。由此可见，在电路正常工作时，基准电压锁定对 UC3842 的输出是不起作用的。再看振荡器输出端，定时电容充电时振荡器输出低电位，定时电容放电时，振荡器输出高电位。因此，定时电容充电时允许 UC3842 输出高电位（控制开关管导通），而定时电容放电时，则 UC3842 的输出端被锁定在低电位，不允许开关管导通。最后看 PWM 锁存器，当振荡器输出高电位时，将 PWM 锁存器置位，其反相输出端为低电位，当电流检测比较器输出高电位，PWM 锁存器被"清零"，其反相输出端为高电位。也就是说，电流反馈电压低于误差放大器送至电流检测比较器输入端的电压时，电流检测比较器输出低电位，UC3842 的输出端在正常状态下为高电位，允许开关管开通。而电流反馈电压一旦高于误差放大器送至电流检测比较器输入端的电压时，电流检测比较器输出高电位，PWM 锁存器被"清零"，其反相输出端为低电位。UC3842 的输出端在正常状态下为低电位，迫使开关管关断。

10.6　逐周电流控制原理

逐周电流控制原理示意图如图 10-9 所示。

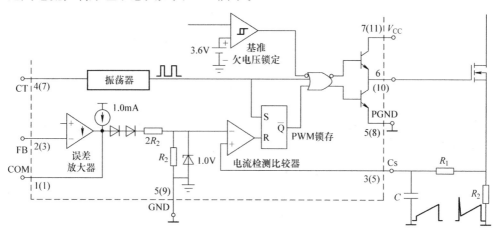

图 10-9　逐周电流控制原理

UC3842 正常工作时，仅受误差放大器的输出、电流检测反馈信号控制，在振荡器的定时电容在充电状态时，振荡器输出低电位，对或门也不起控制作用。这时或门的输出状态仅取决于 PWM 锁存器的输出。而 PWM 锁存器的输出是通过误差放大器的输出电压与电流反馈电压经电流比较器比较后送 PWM 锁存器的 R 端。这样，电流检测比较器输出决定了 UC3842 的输出状态，当电流反馈电压低于误差放大器送到电流比较器反相端电压时，电流检测比较器输出低电位，UC3842 输出高电位驱动开关管导通。这表明变换器所传输的能量还不够，还要通过开关管的导通增加所传输的能量；一旦电流反馈电压高于误差放大器送到电流比较器反相端电压时，电流检测比较器输出高电位，UC3842 输出高电位驱动开关管关断。这表明变换器所传输的能量在本开关周期已达到要求，不需再增加所传输的能量。

当误差放大器输出最高电压时，电流检测比较器的反相输入端为最高电压，被钳位在 1V，当电流反馈电压达到并开始大于 1V 时，电流检测比较器的输出由低电压转变为高电压，迫使 UC3842 输出低电位，关断开关管。这样变换器的最大电流因此而被限制，即最大输入电流限制。无论变换器的输出正常工作还是"过电流"或短路，流过开关管的电流被限制在：

$$I_{\mathrm{DSMAX}} = \frac{1(\mathrm{V})}{R_2} \qquad (10\text{-}4)$$

接下来的问题是，除了可以最大电流限制外，是否可以随时控制正常电流？结论是可以的，这就是电流型控制的最大特点。

当 UC3842 控制的变换器工作在稳压状态时，选择输出电压反馈送到 UC3842 的 FB 端，形成电压闭环反馈。当反馈电压高于误差放大器同相输入端的基准电压（2.5V）时，误差放大器输出电压下降，送到电流检测比较器的"基准"随之下降。开关管电流的反馈电压达到这个下降的"基准"值也随之下降。这样，控制关断开关管的电流值也随之下降，如果当反馈电压低于误差放大器同相输入端的基准电压（2.5V）时，误差放大器的调解过程正好相反，形成了逐周电流控制的目的。由于每个开关周期的电流都受到控制，因此每个开关周期输入向变换器输出传递的能量也受到控制，形成逐周能量控制（有限能量传输）。误差放大器输出、电流检测与输出脉冲宽度的关系如图 10-10 所示。

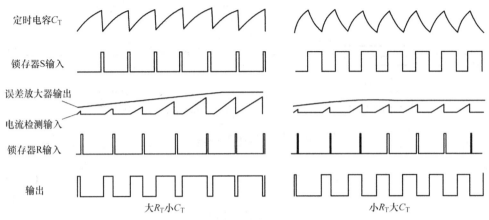

图 10-10 定时电容、锁存器输入、误差放大器输出、电流检测输入、输出波形

10.7 定时电容的电容量对输出脉冲占空比的影响

UC3842 定时电容的充电是利用外接定时电阻实现，充电过程的长短取决于定时电容、电阻的时间常数，放电则是靠 UC3842 内部电路，放电速度不受外界的定时电阻的影响，同时，放电期间输出为低电位。这样，在定时电阻大、定时电容小的状态下，放电时间相对很短，占开关周期的很小部分，占空比较大或很大；而当定时电阻小、定时电容大，则放电时间将占有开关周期较大的比例，如 50%，占空比也随之对应的减小。定时电容、定时电阻与输出的占空比的关系如图 10-10 所示。

10.8 UC3842 的其他性能

10.8.1 同步的实现

振荡器的参数对电路工作的影响。从图 10-10 中可以看到定时电容、定时电阻的参数直接影响输出的最大占空比，在大定时电阻、小定时电容时输出最大占空比可以达到 90%，而采用小定时电阻、大定时电容时输出最大占空比则下降，甚至可以低于 50%。

当多只 UC3842 同时工作时，往往需要它们的同步，UC3842 的同步方式如图 10-11 所示。

第一种同步方法是利用外同步脉冲同步，外同步脉冲通过 0.01μF 电容和 47Ω 构成的微分电路将方波或矩形波信号转换成微分尖脉冲。这个送到定时电容下端，将定时电容电压抬高，使电路提前达到放电电压阈值，进入放电状态，从而实现同步。

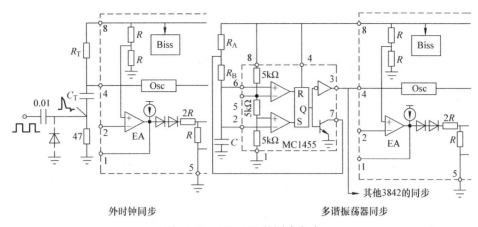

图 10-11　UC3842 的同步方式

第二种同步方式是利用外设的多谐振荡器给 UC3842 的定时端（4 脚）施加矩形波信号。当所施加的信号高电位时，UC3842 输出低电位，关断开关管；当所施加的信号低电位时，允许 UC3842 输出高电位，使开关管导通。

10.8.2　误差放大器

UC3842 中的误差放大器输出是单向拉动电路，即放大器仅有下拉能力，而上拉则靠上拉恒流源实现，这个上拉恒流源的典型值为 0.5mA，放大器的下拉能力典型值为 2mA。当多个 UC3842 的误差放大器输出端连接到一起，就可以实现多个变换器受同一控制方式控制，如果这些变换器的输入、输出端为并联状态，则可以实现均流工作模式，即各变换器的输出电流是"相同"的。这就为多路并联提供了方便条件。

10.9　电流型控制 IC 的升级

UC3842 的工作电流约 15mA，待机电流约 1mA。这使得在 220V 标称电压下，需要约 100kΩ 启动电阻，将产生约 0.9W 的固定损耗。UC3842 损耗约 200mW。两者加起来约 1W 的损耗。这对于 100W 输入功率的开关电源，将损失 1% 的效率；对于 30W 输入功率的开关电源，将损失 3.3% 的效率；如果是输入功率为 10W 的开关电源，则会损失 10% 的效率。这个损失在高效率开关电源的时代是不能容忍的。需要有更低的启动损耗和工作损耗。随着 BICMOS 技术的出现，低功耗电流型控制 IC 应运而生。

10.9.1　可以直接替代 UC3842 系列的低工作电流的 UCC38C×× 系列

对 UC3842 的低功耗改造最简单的办法就是将 IC 中的双极性晶体管能用 CMOS 替代的就用 MOS 替代，构成 BJT 与 CMOS 构成 BICMOS 的 UCC38C×× 系列。

UCC38C×× 系列可以直接替代 UC3842 系列，引脚功能完全兼容，内部原理图相同。

相对于 UC3842 系列，UCC38C×× 系列的启动电流从 1mA 降低到 0.1mA，工作电流从 15mA 降低到 2.3mA。启动电流的降低，可以使得启动电阻从约 100kΩ 增加到 500kΩ 甚至 1MΩ，可以有效地降低启动电阻的功耗；工作电流的降低有效地降低了控制 IC 的损耗。从损耗降低的角度看，两个损耗加起来可以降低约 1W。对于 30W 以下的反激式开关电源，仅此一项可以提高效率 2%~3%。

UCC38C×× 系列内部原理图与 UC3842 系列相同，这里不再赘述。需要注意的是 UCC38C×× 系列的最高电源电压 20V，与 4000 系列 CMOS 最高工作电压相同。而 UC3842 系列为 300V，为运算放大器工作电压范围。因此，在应用 UCC38C×× 系列时需要注意，电源电压一定不能超过 18V。

UCC38C×× 系列的输出电流能力相同，均为峰值电流 1A。

由于 UCC38C×× 系列的原理图、各对应的引脚功能、性能参数相同，不再赘述 UCC38C×× 系列特性、参数与原理图。

10.9.2　带有内置软启动的低启动工作电流的 UCC3800 系列

UC3842 系列和 UCC38C×× 系列均不带有软启动功能。为了防止开关电源上电过程可能出现的输出电压过冲问题，需要设置软启动功能。如果应用 UC3842 系列或 UCC38C×× 系列作为开关电源控制芯片，需要附加软启动电路。

UC3842 系列或 UCC38C×× 系列的电流检测端需要附加 RC 低通滤波器，以消除开关管开通过程由于寄生参数引起的电流尖峰，这使得电流检测响应速度减慢，增加外置电路元器件。

上述两个因素将使得 UC3842 系列或 UCC38C×× 系列的外围电路变得复杂。为电源工程师的开关电源设计带来麻烦。为此，TI 推出与 UC3842 系列或 UCC38C×× 系列引脚兼容，具有内置软启动功能、内置开关管开通消隐功能、过电流后重新软启动功能的 UC3800 系列。

UCC3800 系列的极限电压为 12V，与 UC3842 系列的 30V 和 UCC38C×× 系列的 20V 不同，这一点需要注意。随之而来的还有启动阈值电压、关断阈值电压的不同。因此尽管引脚兼容，功能相同，还需要注意其工作电压的差异。

UCC3800 系列内部原理图如图 10-12 所示。

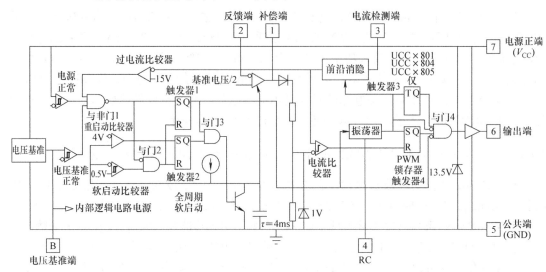

图 10-12　UCC3800 原理图

1. 软启动功能

UC3800 系列正常工作需要 REF OK 比较器输出高电位，也就是说需要电压基准达到正确电压值，内部逻辑电路才能获得电压基准的供电，才能工作。需要 VCC OK 比较器输出高电位，表明 UCC3800 可以工作在正常的输出电平。需要过电流比较器输出高电平，也就是没有过电流发生。只有上述三个比较器输出均为高电平，与非门 1 才能输出低电平，触发器 1 置位端才能不起作用。电路才可能进入软启动状态。

电路进入软启动状态后，恒流源对软启动电容充电。同时，软启动比较器反相输入端为低电平，软启动比较器输出高电平，使得触发器 2 输出低电平，与非门 3 输出低电平，封锁放电晶体管对软启动电容的放电。

与此同时，触发器 1 输出低电平开放对振荡器的封锁，开放对与非门 4 的封锁，这时起才能有输出驱动信号高电平的可能。

当电压达到并超过 0.5V 时，软启动比较器输出低电平，迫使与非门 2 输出低电平，使得触发器 1 和触发器 2 的 R 端不再起作用，为下一次的重新软启动对触发器（S 端）置位做好准备。

在软启动过程中，软启动电容电压送误差放大器，对误差放大器输出电压钳位，与软启动电容电压一同上升。以达到软启动的目标。由于误差放大器输出端软启动方式的上升，使得电流比较器的"给定电压"随着软启动电容电压变化，逐渐升高，实现了开关管（变压器励磁）电流随软启动电容电压的由低变高，实现了软启动的目标。

2. 电流检测前沿消隐功能

在反激式开关电源中，开关管的开通过程总要伴随寄生电容（如变压器绕组的寄生电容、输出整流器的寄生电容以及电路中的寄生电容）的充放电过程，形成开关管开通过程的电流尖峰。这个电流尖峰将在检测电阻上产生尖峰电压，通常会超过 1V，如图 10-13 所示。

如果这个电压尖峰直接送 UCC3800 的电流检测端，电流比较器就会翻转。而这时的变压器励磁电感电流几乎为零，并没有达到设定值。如果这时电流比较器翻转就会使得反激式开关电源不能正常工作，没有电压、功率输出。

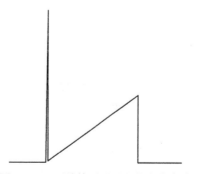

图 10-13　开关管开通过程的电流尖峰

在 UC3842 系列中为消除这个电压尖峰，采用了 RC 低通滤波器的方式，也就是在开关管电流检测电阻与 UC3842 的电流检测端串接一个约 1kΩ 电阻，在电流检测端对地接一个约 1nF 的电容。这样，电流检测端的电压波形将如图 10-14 所示。不会引起电流比较器的误动作。

RC 低通滤波器会引起电流检测信号的延迟。如果能避开开关管开通过程出现的电流尖峰，待电流尖峰过去后，再将电流检测信号送电流比较器，就可以避免开关管开通过程的电流尖峰引起的电流比较器的误动作。同时也不会引起电流检测型号的延迟。

图 10-14　通过 RC 低通滤波器后的
电流检测波形

UCC3800 系列内置电流检测前沿消隐功能，经过电流检测电阻检测的电流信号不再需要 *RC* 低通滤波电路，减少了外围元器件，控制电路得到简化。

3. 过电流重启动功能

一旦电流检测出现过电流（如变压器磁路饱和等），并且电流检测端电压经过前沿消隐后达到并超过 1.5V，过电流比较器输出电压翻转为低电平，迫使启动电路回到软启动状态。这样可以有效的保护开关管和相关电路。

过电流重启动相关电路如图 10-15 所示。

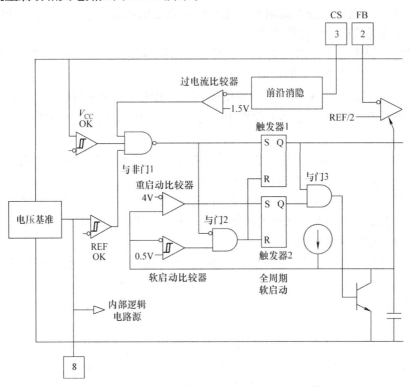

图 10-15   UCC3800 系列过电流重启动原理图

过电流重启动功能如下：电流检测信号通过前沿消隐后送到过电流比较器反相输入端，电流检测信号低于 1.5V 时，过电流比较器输出高电平，在正常工作条件下，电源正常和电压基准正常均为高电平，与非门 1 输出低电平，触发器 1 输出为低电平，PWM 正常工作，整个芯片处于正常工作状态；一旦这个信号超过 1.5V，过电流比较器输出低电平，迫使与非门 1 输出高电平，这个高电平送触发器 1 的 S 端，迫使触发器 1 输出高电平，这个高电平关闭振荡器。

触发器 1 输出的高电平通过与门 3 使得软启动开关（晶体管）导通，将软启动电容放电，迫使电路进入软启动状态。

10.10   反激式开关电源存在的问题与准谐振开关电源

反激式开关电源是最简单的开关电源电路形式，但是相对其他电路形式的开关电源效率低。其原因在于电路工作模式为电流断续状态（如果 220V 电源电压下不是电流断续状态，反激式开关电源电路形式的价值将大大降低）。这使得输入整流滤波电容、开关管、输出整流器导通损耗相对其他电路拓扑为最大，流过输入整流滤波电容、输出整流滤波电容的纹波电流有效值也是最大，造成电容的损耗也是相对最大的；由于电流工作在电流断续状态，开关管的峰值电流也相对最大。

与线性电源相比，开关电源不可忽视的一大缺点就是输出电压尖峰高，如果不加以处理，会达到不可容忍的水平，特别是小信号、微弱信号处理电路供电电源尤为突出。在过去的电视机中，不得不选择比较大的吸收电路和损耗比较大的自激工作模式的反激式开关电源，是电视机电源效率低下根本原因。当电视机屏幕尺寸越来越大，如此低下的效率将不可容忍。然而，从电路的简单性角度考虑，反激式开关电源还是首选，剩下的问题就是如何大幅度提高效率。

10.10.1　输入、输出整流滤波电容损耗的降低

输入整流滤波电容损耗的减小可以通过选择 ESR 比较低的电解电容实现，现在的高压电解电容的 ESR 仅相当于 2005 年的同类型电解电容的约一半，这就是说在相同应用条件下，电解电容的损耗降低一半。以 100μF/400V 电解电容为例，2005 年产品的纹波电流为 0.5~0.7A，现在的相同电压、电容量的电解电容的纹波电流约为 1A。在相同温升条件下，损耗应基本相同，可承受纹波电流增加了 1.4~2 倍，表明其 ESR 降低一半才行。也可以理解为，在相同的工作纹波电流条件下，后者的损耗为前者损耗的一般甚至更低。因此电解电容的选择需要选择近年来生产的型号，而不能选择十年前的型号。对于一个 60~70W 的反激式开关电源，可以通过选择整流输入电解电容降低损耗约 1W，对应提高效率近 1%。

输出整流滤波电容也可以通过如此方法降低损耗，也可以提高 1%~2% 的效率。

也可以通过选择多只电容量比较低的电解电容并联，相同电容量的条件下，多只电解电容并联的 ESR 低于单只相同等效电容量电解电容的 ESR。一般情况下，三只电解电容并联的 ESR 约为单只相同等效电容量电解电容的一半。通过这样的方法就可以使得输入整流滤波电容的损耗降低一半。

10.10.2　开关管开关损耗与缓冲电路损耗的降低

反激式开关电源中，为了降低输出电压尖峰，有时不得不通过缓冲电路。而 RC 或 RCD 缓冲电路将产生损耗；同时开关管也是在峰值电流条件下关断，关断损耗不可忽视，在高电压下开通，其开通损耗也需要考虑。为了降低缓冲电路损耗和开关管的开关损耗，最简单的办法就是让开关管"零电压"开关或软开关，即使不能完全实现，也要实现"低电压"开关。

比较简单的办法是采用"无源无损耗"缓冲电路，如图 10-16 所示。

这种方式在 1994 年已经提出，仅此一项就可以提高效率 3%~5%，但并没有得到应用，其原因是需要两只超快速反向恢复二极管、一个电感、一个缓冲电容。当时的超快速反向恢复二极管相对比较贵，相对于效率的提高所造成的成本提

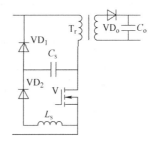

图 10-16　无源无损耗缓冲电路

高变得没有实用价值。

如果将无源无损耗缓冲电路中的两只二极管、电感省去，仅仅留一个电容，就可以进一步减少损耗；如果能实现开关管的低电压开通，甚至零电压开通还会进一步减少损耗。为了使得缓冲电容能够复位，必须采用 RC 中的电阻释放电容电荷，或者采用 LC 谐振通过谐振使得电容电压复位。

如果将无源无损耗缓冲电路的电感也省略就需要另寻电感让缓冲电容电压复位，在反激式开关电源中，可以利用变压器励磁电感作为缓冲电容复位的元件。同时，还可以在缓冲电容电压最低时开通开关管，以获得低电压甚至零电压开通。这种电路拓扑和控制模式就是反激式开关电源的准谐振电路和工作模式。

图 10-17　准谐振工作方式的反激式开关电源主电路

10.10.3　准谐振控制模式反激式变换器的工作原理

准谐振工作方式反激式开关电源主电路如图 10-17 所示。

主要波形如图 10-18 所示，电路工作过程分为 4 个期间：开关管关断及缓冲电路作用期间，变压器释放储能期间，缓冲电路复位期间，开关管导通期间。

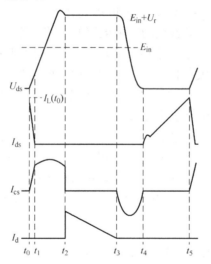

图 10-18　准谐振工作方式的反激式开关电源的主要波形

1. 开关管关断及缓冲电路作用期间

在图 10-18 波形中，$t_0 \sim t_1$ 期间为开关管关断及缓冲电路作用期间，等效电路如图 10-19 所示，在 t_0 时刻控制电路将开关管关断，变压器一次电流由开关管向缓冲电容转移，开关管电流下降，缓冲电容电流上升。

当开关管的电流下降到零，变压器一次电流全部转移到缓冲电容，开关管的关断过程结束，开关管关断过程的长短取决于开关管自身特性和控制电路，一般为开关周期的 $1/100 \sim 1/200$ 或百纳秒左右。由于缓冲电容上的电压不能跃变，使开关管关断过程中漏、源电压很低，接近于零，实现了"零电压"关断。为确保"零电压"关断，缓冲电

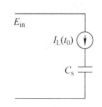

图 10-19　$t_0 \sim t_1$ 期间的等效电路

容应取较大值，这样开关管在关断过程结束时缓冲电容电压仍为很小值，变压器一次电压极性没有改变，输出整流二极管阳极反向电压不能导通，变压器一次电流仍需流过缓冲电容，直到缓冲过程结束。缓冲过程的持续时间约为开关周期的 1/20 左右，与开关周期相比相对很短，变压器一次电流变化很小，为分析方便可以认为变压器一次电流不变，这样缓冲电容电压为

$$u_{CS} = \frac{I_{lm}t}{C_s} \qquad (10\text{-}5)$$

其中，I_{lm} 为 t_1 时刻变压器一次电流值，可近似为 t_0 时刻值。

当缓冲电容电压上升到 $u_{CS} = E_{in} + U_R$（U_R 为稳压电源输出电压反射到变压器一次侧电压值）后，即 t_2 时刻，输出整流二极管导通，变压器储能经输出整流二极管向输出端释放，变压器一次电流为零。电路进入变压器释放储能期间。

2. 变压器释放储能期间

当 u_{CS} 上升到 $E_{in} + U_R$ 后，输出整流二极管导通，电路进入变压器释放储能期间，对应 $t_2 \sim t_3$ 期间，等效电路如图 10-20 所示。

变压器通过二次绕组、输出整流二极管向输出端释放储能。变压器二次侧电流为

$$i_s = I_{s(0)} - \frac{U_o t}{L_s} \qquad (10\text{-}6)$$

其中，$I_{s(0)}$ 为开关管关断时变压器一次电流反射到二次侧电流值，L_s 为变压器二次侧电感，U_o 为输出电压。

当 $t = t_2$ 时

$$\frac{U_o t}{L_s} = I_{s(0)} \qquad (10\text{-}7)$$

变压器二次侧电流降到零，变压器储能全部释放，输出整流二极管自然关断，电路进入缓冲电路复位期间。

3. 缓冲电路复位期间

缓冲电路复位期间（对应 $t_3 \sim t_4$ 期间）为使缓冲电容在下一个开关周期能起到缓冲作用，保证开关管"零电压"关断和"零电压"开通，需将缓冲电容放电，将电荷全部泄放，即复位。与有损耗缓冲电路不同，无损耗缓冲电路采用 LC 谐振方式将缓冲电容复位，本文电路的复位电感为变压器一次侧电感。电路如图 10-21 所示。

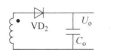

图 10-20　$t_2 \sim t_3$ 期间的等效电路

图 10-21　$t_3 \sim t_4$ 期间的等效电路

当变压器储能释放尽，由于缓冲电容上电压 U_{CS} 高于电源电压 E_{in}，缓冲电容通过变压器二次侧电感以 LC 谐振方式将缓冲电容电压复位，由于复位过程缓冲电容电压将低于 $E_{in} + V_R$，输出整流二极管自然关断。缓冲电容电压为

$$U_{CS} = E_{in} - U_R \cos \omega t \qquad (10\text{-}8)$$

当选择 $E_{in} = U_R$ 时，式（10.8）为

$$U_{CS} = (1 - \cos \omega t)E_{in} \qquad (10\text{-}9)$$

其中，$\omega = (L_p C_s)^{-1/2}$

由此可见，本文提出的零电压开关电路，除关断缓冲、缓冲电路复位外，变压器均处于增加或释放储能状态，没有间歇状态，与常规 PWM 控制方式不同。

当 $t = t_4$ 时，$\cos \omega t = 1$，这时缓冲电容电压为零或最低，复位过程应结束，使复位过程结束的唯一办法是开关管导通。开关管导通后，电路进入开关管导通期间。

4. 开关管导通期间

开关管导通期间为 $t_4 \sim t_5$ 期间，当缓冲电容上电压降到零或最低时，开关管在零电压或最低电压导通，变压器电流上升，等效电路如图 10-22 所示。

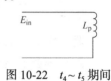

图 10-22　$t_4 \sim t_5$ 期间的等效电路

其中变压器一次电流为

$$i_p = \frac{E_{in} t}{L_p} \qquad (10\text{-}10)$$

变压器的电流初始值为零。当变压器一次电流上升到 I_{pm} 时，满足

$$P_o = \frac{L_p I_p^2 \eta f}{2} \qquad (10\text{-}11)$$

$$I_p = \frac{E_{in} t_{on}}{L_p} \qquad (10\text{-}12)$$

其中，η 为电源效率。这时控制电路应将开关管关断。

10.11　缓冲电容电压极小值的检测与实际控制模式

与常规 PWM 控制模式不同，准谐振控制模式必须寻求缓冲电容（开关管）电压最低点，或者称为"谷点"电压。由于直流母线电压会由于各种因素的影响而变化，因此开关管的谷点电压也是变化的，因此无法用电压比较器这种简单的方法来检测开关管谷点电压。需要另辟蹊径。

不能直接检测开关管的谷点电压，可以通过下面的方法：

10.11.1　准谐振工作模式的谷点电压检测方式

方法 1：间接检测变压器一次侧电压过零点

由电路原理可以知道，LC 谐振电路一旦参数确定，谐振周期也将是唯一的。通过这一特点，可以检测变压器一次侧电压（也就是变压器励磁电感电压）过零方法。变压器一次侧电压过零也就是变压器励磁电感电流与缓冲电容谐振的峰值电流，缓冲电容电压与直流

母线电压相等，可以等效为缓冲电容电压"过零"，即缓冲电容将"储能"完全释放到变压器一次侧励磁电感中，再经过 1/4 谐振周期变压器一次侧励磁电感释放储能到缓冲电容中，迫使缓冲电容电压相对直流母线电压变负峰值，也就是开关管谷点电压。

综上所述，只要检测出变压器一次侧电压过零，再经过缓冲电路与变压器一次侧励磁电感的 1/4 谐振周期就可以获得开关管谷点电压，实现准谐振工作模式。在实际应用中，直流母线电压会相对很高，检测会有比较大的损耗，可以通过变压器二次侧电压过零来间接地获得变压器一次侧电压过零，这种方式是最实用的。应用这种方式的而另一个原因是可以检测变压器失磁（磁路饱和）和开关管过电压（如反馈失效）；第三个原因是控制芯片供电需要一个变压器辅助绕组提供。因此，在准谐振控制模式下，变压器辅助绕组是不可或缺的。检测变压器辅助绕组电压过零和延迟 1/4 所用的电路仅仅需要附加一个电阻、一个电容而已。

方法 2：检测开关管栅极电流

如果觉得变压器辅助绕组会增加变压器绕制的复杂程度，想去掉变压器辅助绕组，同时应用内置高压恒流源供电，低功耗、微功耗控制芯片用可以简化整机电路，也有利于降低成本。所付出的代价是无法检测变压器失磁和开关管过电压。因此，这种方式仅适用于小功率电路，如图 10-23 所示。

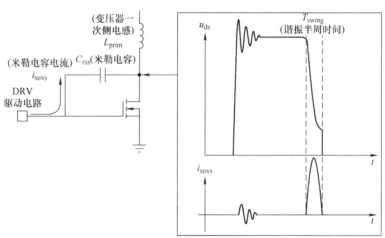

图 10-23　通过检测开关管栅极电流检测开关管谷点电压

10.11.2　轻载问题的处理

准谐振模式下，如果空载，则开关频率将处于缓冲电容、变压器一次侧励磁电感的谐振频率下，如图 10-24 所示。

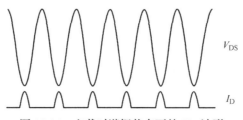

图 10-24　空载时谐振状态下的 V_{DS} 波形

　　这时的缓冲电容的额定容量为开关管寄生电容、变压器一次侧绕组寄生电容、附加的缓冲电容器，3个电容的电容量之和为缓冲电容的等效电容量。一般情况下，这个谐振频率将达到准谐振反激式开关电源最低开关频率的10倍！与此同时，开关管从开启到关闭的时间很短，由于开关管栅极电荷和驱动电路串联的电阻构成一个等效的 RC 低通电路，将窄脉冲矩形波"积分"，变成 RC 充放电波形。当 RC 时间常数长于驱动信号脉冲宽度时，施加到开关管栅极电压幅值将很低，仅仅能够使得开关管导通在"放大"状态，而不是开关状态，这时的开关管漏源极电压必将很高，加上高的开关频率，使得开关管在开关电源空载时损耗高于满载时的损耗，造成准谐振反激式开关电源空载损耗居高不下。

　　为解决准谐振反激式开关电源轻载损耗大的问题需要考虑：降低开关频率，让开关管栅极驱动脉冲足够宽，使得开关管在大多数时间处于"导通"状态而不是"放大"状态。

　　具体处理方式是根据负载轻重的不同，在重载状态下让开关管在第一个谷点电压时开通；随着负载的减轻，分别在第二个、第三个……谷点电压开通，通过这种方法延长开关电源不工作的时间，避免开关周期过短。如图 10-25 ~ 图 10-28 所示。

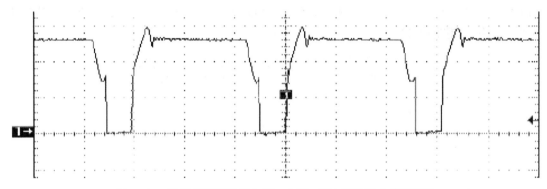

图 10-25　重负载时开关管在第一个漏 - 源电压的极小值处开通

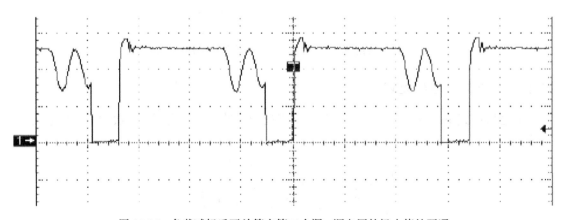

图 10-26　负载减轻后开关管在第二个漏 - 源电压的极小值处开通

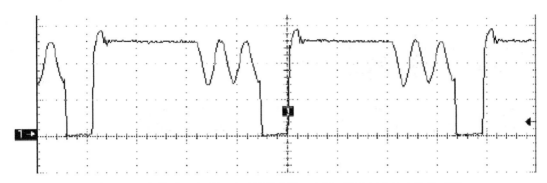

图 10-27　负载进一步减轻时开关管在第三个漏 - 源电压的极小值处开通

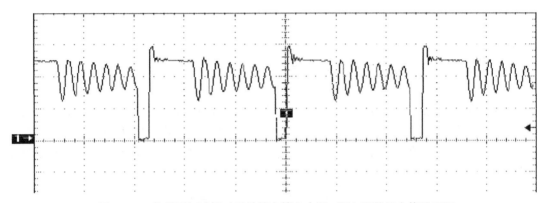

图 10-28　负载更加减轻时开关管在第七个漏 - 源电压的极小值处开通

在轻载条件下采用"猝发"工作模式来降低开关频率。

第11章

开关电源主要元器件参数的选择

11.1 影响元器件选择参数的几个指标

首先是输入电压（AC还是DC）及变化范围、输出电压、输出功率、电路拓扑。除此之外还有变换器的工作环境温度与散热条件、寿命要求，这些技术要求确定后才能选择元器件。

接下来是选择整流器、输入整流滤波电容、开关管、变压器、输出整流器和输出整流二极管。

对于电容，需要关注的是额定电压、电容量、纹波电流承受能力、最高工作温度、寿命。输入电压范围和电路拓扑决定输入整流滤波电容的额定电压，输入电压范围、电路拓扑和输出功率以及工作温度、散热条件影响电容纹波电流能力的要求，最高工作温度和预期寿命决定电容的最高工作温度和寿命。

对于半导体器件，需要关注的是额定电压、额定电流、散热条件。输入电压范围、输出电压和电路拓扑决定了半导体器件的额定电压、额定电流。

对于变压器，需要关注的磁性的选择，各个绕组、磁路的设计以及损耗评估。

11.2 输入整流器的选择

大多数文献对整流器的选择仅仅考虑输出电流平均值，然后将这个平均值除以2就是每个整流器件的电流，并以此选择整流器件的额定电流。但是在实际上，整流器件承受的有效值电流是平均值电流的1.5倍以上，而整流器件发热确实取决于流过的有效值电流。这就使得简单地用平均值电流除以2的选择造成实际的整流器件电流承受能力不足问题。

在实际选择整流器件时需要考虑整流器件可以长期承受的电流能力和散热能力。图11-1是额定电流为3A的1N5400系列能够承受的平均值电流曲线。

从图中可以看到，当距管芯12.7mm处的温度限制在105℃以下时，直流平均值电流为3A，对应的正弦半波电流波形则为1.875A，而带有电容滤波的（峰值与平均值之比为10）条件下仅仅约1.3A。如果距管芯12.7mm处的温度不能限制在105℃，则允许流过的直流平均值更低，175℃时为零。

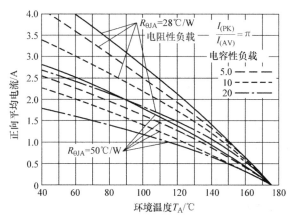

图 11-1　1N5400 系列能够承受的平均值电流曲线

如果降低管芯到环境的热阻，还可以允许流过更大的电流。图 11-2 可见距管芯 3/8in（8.3mm）处限制温度在 75℃时的允许耗散功率，对应热阻为 28℃ /W，在 105℃时允许散功率可达 3W。对应的带有滤波电容的整流电路允许流过的平均值电流为 2.1A。

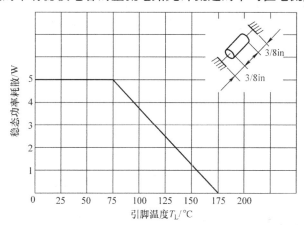

图 11-2　距管芯 3/8in（8.3mm）处限制温度与允许耗散功率关系

为了更清楚一些，图 11-3 为 1N5400 在不同电流波形下的损耗曲线。

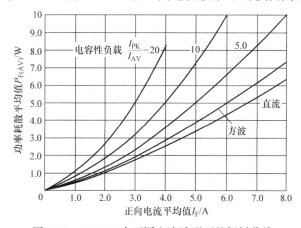

图 11-3　1N5400 在不同电流波形下的损耗曲线

在 3A 直流电流条件下，1N5400 系列二极管的损耗大约 1.7W，而峰值为平均值 10 倍条件下，流过 3A 平均值电流时耗散功率约 3.3W，大约为直流电流的 2 倍。

接下来看如何获得 28℃/W 的热阻，如图 11-4 所示。

图 11-4 中，二极管的管芯要尽可能地接近大平面地，用大平面地散热，这个大平面地需要 38mm×38mm 厚度为 70μm 以上的铜箔。在大多数的应用中这种条件比较难以满足，通常连 50℃/W 热阻都容易满足。

因此，在实际应用中，整流器的额定电流通常为输出平均值电流的 3~10 倍。也就是说输出平均值电流为 1A，需要 3A 以上额定电流的整流器。

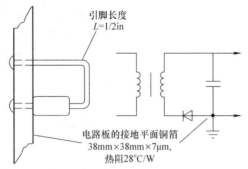

图 11-4 热阻为 28℃/W 的安装方式

整流器的额定电压：为变压器空载时二次侧电压峰值的 2 倍以上。如果用一般用途的整流器，耐压是可以满足要求的。如果是肖特基二极管，则选择额定电压时一定要满足要求。

11.3 输入整流滤波电容的选择

11.3.1 整流滤波电容额定电压的选择

开关电源中，大多数整流滤波电路均采用交流电源直接整流方式，以获得最简单的电路和最低的成本。

对于交流 220V 电压等级或 85~265V 全球通用电压等级，直接整流滤波需要滤波电容耐压 400V，如果是功率因数校正，则需要耐压 450V。

寿命至少选择 85℃/2000h，或 105℃/2000h，如果要求长寿命，可以选择更长的小时数产品。

11.3.2 整流滤波电容需要的最低电容量

滤波电容，为限制整流滤波输出电压纹波，正确选择电容量是非常重要的。通常滤波电容的电容量在输入电压 220（1±20%）V 时按输出功率选择为：不低于每瓦 1μF（即 ≥ 1μF/W）。输入电压 85~265V[110（1-20%）V~220（1+20%）V] 输入时按输出功率选择为：不低于每瓦 3μF（即 ≥ 3μF/W）。滤波电容电容量的取值依据为：在 220（1±20%）V 交流输入及 85~265V 交流输入的最低值时，整流输出电压最低值分别不低于 200V 和 90V，在同一输入电压下的整流滤波输出电压分别约为：240V 和 115V，电压差分别为：40V 和 25V。每半个电源周波（10ms），整流器导电时间约 2ms，其余 8ms 为滤波电容放电时间，承担向负载提供全部电流，即：

$$C = \frac{I_o t}{\Delta U} \tag{11-1}$$

220（1 ± 20%）V 交流输入时：

$$C = \frac{I_o \cdot 8\text{ms}}{40} = I_o \cdot 8\text{ms} \cdot 0.025 = 200 I_o \times 10^{-6} \tag{11-2}$$

$$P_o = U_o I_o = 200 I_o \tag{11-3}$$

$$I_o = \frac{P_o}{U_o} = \frac{P_o}{200} \tag{11-4}$$

$$C = P_o \times 10^{-6} (\text{F}) \tag{11-5}$$

即 1μF/W。

85~265V 交流输入时：

$$C = \frac{I_o \cdot 8\text{ms}}{25} = I_o \cdot 8\text{ms} \cdot 0.04 = 320 I_o \times 10^{-6} \tag{11-6}$$

$$P_o = U_o I_o = 90 I_o \tag{11-7}$$

$$I_o = \frac{P_o}{U_o} = \frac{P_o}{90} \tag{11-8}$$

$$C = 3.6 P_o \times 10^{-6} (\text{F}) \tag{11-9}$$

即 3.6μF/W。

每半个电源周波（10ms），整流器导电时间约 3ms，其余 7ms 为滤波电容放电时间，承担向负载提供全部电流，则滤波电容容量为：0.88μF/W 和 3.15μF/W。

11.3.3　整流滤波电容的选择

承担整流滤波和旁路功能的电容选择：

对于承担整流滤波和旁路功能的电容来说，需要相对很大的电容量，因此电解电容成为"唯一"的选择。在实际应用中，电解电容的承载电流能力比较低，根据整流滤波电容的最低电容量选择依据选择的电容量，电容将不能承受电路整流电路和反激式变换器所产生的交流电流分量。

85~265V 国际通用电压等级交流电输入状态下，整流滤波电容经承约 27mA/W 的纹波电流有效值。

220V 交流电压等级在最低输入电压状态下，整流滤波电容经承约 9.3mA/W 的纹波电流有效值。

因此，在大多数的应用中开关电源中的滤波用电解电容的选择需要根据电解电容可以承受的电流选择。

例如：输出功率为 24W 的反激式开关电源，如果输入电压为 85~265V 国际通用电压等级，则整流滤波电容将承受约 0.65A 有效值电流，至少需要选择 100μF/400V 的电解电容。通常 100μF/400V 的电解电容可以承受 0.5~0.7A 有效值电流。这个电容也超过了 72μF 的最低电容量。

如果同样的 24W 的反激式开关电源，采用 220V 电压等级交流电供电，则整流滤波电容流过的纹波电流为 0.32~0.33A，33μF/400V 电解电容是可以承受这个幅值的有效值电流的。

由于电解电容的可承受纹波电流能力并不是随电容量线性增长的，因此随着开关电源输出功率的增大，所需要的电容量将更大。

如输出功率为 100W 的反激式开关电源，在 85~265V 国际通用电压等级供电条件下，整流滤波电容将承受 2.7A 有效值电流，220μF/400V 的电解电容最大电流承受能力（chemi-con 的 SMQ 系列 85℃ /2000 小时产品）最大不过 1.4A，即便是 470μF/400V 的电解电容的承受电流能力也不过 2.39A，需要选用 560μF/400V 的电解电容（2.69A）。

如果选用 220V 电源电压等级供电，则电容量可以减小到 220μF/400V。

11.4　开关管的选择

开关管耐压的选择主要可以从两个角度考虑：现有的开关管本身的耐压和由电路参数决定开关管耐压。前者是一个无奈的选择，而后者则可以使得反激式开关电源的参数得到优化。

在这里需要清楚的是作为主开关的双极型晶体管、MOSFET、IGBT 或晶闸管的性能均随耐压的上升而下降，因此，在选择耐压时并不是越高越好，而是适可而止。

上述的各类半导体开关中，双极型晶体管需要比较大的电流驱动，为了快速开关还需要反向驱动，这会使得驱动电路变得复杂。不仅如此，双极型晶体管的退饱和时间（存储时间）相对太长，而且还受负载条件变化，这就使得电路很难工作在全范围的最佳工作状态。在没有其他性能更好的器件问世前，双极型晶体管也可以应用。

晶闸管导通后无法用门极信号关断，这在开关电源中是无法应用的。

IGBT 虽然可以很容易地用栅极电压控制其导通或关断，但是其关断过程的拖尾电流将使得 IGBT 工作在 50kHz 以上的开关频率时的开关损耗很大，大约占开关管损耗的 2/3。

20 世纪 80 年代后问世的功率 MOSFET 是一种电压型控制器件，其开关的转换仅需要将栅极电荷充入或泄放即可，因此驱动电路很容易实现，而且在各种半导体器件中 MOFET 的开关速度是最快的。

综上所述，开关电源中的开关管大多选择 MOS-FET。

合理的选择主开关管的额定电压直接影响着变换器的性能。通过了解主开关的电压波形就可以比较准确地预计出主开关的电压峰值。通常的单端变换器主开关的电压波形如图 11-5 所示。主开关的电压包含电源电压部分、复位电压部分、尖峰电压部分。其中电源电压部分、复位电压部分是每个开关管上必然存

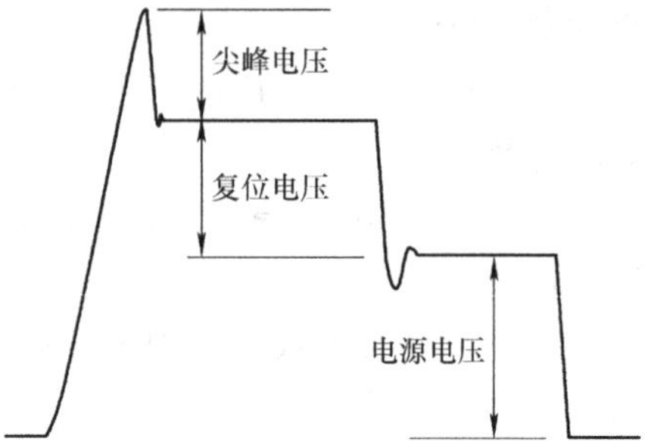

图 11-5　主开关的电压波形与组成部分

在的，而尖峰电压部分则可以通过良好的电路与工艺设计来降低到最小。

影响主开关电压的最主要的因素是占空比，其原因是根据变压器和电感的磁通复位原则，开关管的导通时间与电源电压乘积应不大于开关管的关断时间与复位电压的乘积。占空比越大，开关管的关断时间越短，需要的复位电压越高。

11.4.1 电压部分

电源电压部分可分为国际通用电压等级整流后直接滤波、220V 电压等级整流后直接滤波、带有功率因数校正的整流滤波电路、直流电压供电电源。

国际通用电压等级为 85~265V，整流滤波后的最高电压为 370V，220V 电压等级的最高电源电压为 264V，整流滤波后最高电压约为 370V。

带有功率因数校正的整流滤波电路的整流输出电压至少要高于交流输入最高电压峰值（370V），一般选择 380V。

直流电源供电电压时需要考虑直流供电电压的最高值。如 48V 蓄电池电压等级的最高电压为 65V，甚至选择 70V。

11.4.2 复位电压部分

1. 国际通用电压等级整流后直接滤波

在国际通用电压等级整流后电容直接滤波条件下反激式开关电源的复位电压分为：220V 电压等级电流连续；110V 电压等级电流连续；110V 电压等级、220V 电压等级均工作在电流断续状态。

为了使得反激式开关电源工作在比较高的工作状态，需要将占空比选得大一些，因此，在国际通用 220V 电压等级一般选择电流断续、110V 电压等级选择电流连续。

如果 110V 电压等级选择电流断续，即使在整流输出电压为 100V 选择电流临界时占空比为 0.5，那么在最高电源电压（370V）时开关管的占空比仅仅为 0.135，如此占空比相对太小了。

如果选择 220V 电压等级的最低电压时为电流临界状态，选择占空比 0.4，在最高电源电压（370V）则对应占空比为 0.216，相对 0.135 几乎是 2 倍，这就会大大地改善开关管的工作状态。

如选择 110V 电流断续时选择复位电压可以选择 90~100V，对应的最大占空比为 0.5。

如果选择 220V 电流断续时复位电压可以选择 120~130V，对应的最大占空比在 0.37~0.4。

2. 220V 电压等级整流后直接滤波

如果选择 220V 电压等级的最低电压时为电流临界状态，选择占空比 0.4，在最高电源电压（370V）则对应占空比为 0.216，相对 0.135 几乎是 2 倍，这就会大大地改善开关管的工作状态，对应的最大占空比在 0.37~0.4。

3. 带有功率因数校正的整流滤波

随着世界各国对功率因数的限制，开关电源的功率因数校正将成为必须。即使采用功率因数校正，开关管的最大占空比也要在 0.3~0.4 之间。对应的复位电压对应为 163~253V，如果耐压不成问题，最好是选择 253V 复位电压。

4. 直流供电电压

在直流供电电源条件下，可以选择复位电压为最低电源电压的 2/3，对应的开关管的最大占空比为 0.4。

11.4.3 尖峰电压的选择

开关管电压波形中的峰值电压部分产生的原因是变压器的漏感释放储能过程在开关管上产生尖峰电压，这个尖峰电压的幅值取决于变压器的漏感、钳位电路的钳位能力。在折中各种条件的状态下，开关管电压波形的尖峰电压部分如下：

1）国际通用电压在 110V 电流断续条件下的尖峰电压：在这种条件下，开关管的峰值电压部分约 100~150V。

2）220V 电流断续条件下的尖峰电压：在这种条件下，尖峰电压大概 100~150V。

3）带有功率因数校正时的峰值电压：在这种工作状态下，变压器产生的尖峰电压并不一定就按比例增加，达到 200V 甚至更高，有可能在 150V 或稍多一点。

11.4.4 电压裕量

在选择开关管的耐压时除了上述 3 个参数外，还要留有一个电压裕量，对于 220V 交流电压供电的反激式开关电源，需要留约 50V 的安全裕量。

综合上述因素，在不同的供电条件下反激式开关电源的开关管耐压见表 11-1、表 11-3、表 11-4、表 11-5、表 11-6。

表 11-1　220V 交流电压等级供电条件下反激式开关电源的开关管耐压

开关管耐压	DC_{BUSmax}	DC_{BUSmin}	D_{max}/D_{min}	复位电压	尖峰电压	安全裕量
500V	370V	200V	0.2/0.12	50V	50V	30V
600V	370V	200V	0.33/0.21	100V	80V	50V
650V	370V	200V	0.37/0.245	120V	110V	50V
700V	370V	200V	0.4/0.26	130V	150V	50V
800V	370V	200V	0.5/0.35	200V	200V	50V

从表 11-1 中看到，尽管可以选择耐压为 500V 的 MOSFET，但是复位电压仅能选择 50V 左右，而且对尖峰电压的要求也是很严格的，仅仅为 50V，所能留下的安全裕量仅剩下 30V。在 220V 的电压下限（176V）时的整流输出电压可能为 200V，对应的最大占空比仅仅为 0.2，然而在最高电源电压时，由于复位电压不变，对应的占空比仅为 0.12，如此小的占空比肯定不是一个成功的设计方案。因此，选择价格相对便宜的耐压为 500V 的 MOSFET 虽然可以，但是设计制作出来的电源效率相对较低；选择 600V 耐压的结果会好得多，最高电源电压时的占空比可以达到 0.21。

如果选择耐压为 800V 的 MOSFET，可以得到一个相对最好的结果。这时，即使在最高电源电压下，占空比仍可以达到 0.35，这将是一个很好的结果。

如果是 85~265V 交流电压等级（110V 电流连续）的工作条件下，在最高电源电压下的占空比与表 11-1 相同。表 11-1 中的最大占空比为电流临界状态的数据，即交流电压 176V。在交流电源电压为 85V 时对应的占空比将会更大，见表 11-2。

表 11-2 85~265V 交流电压等级在最低电源电压下的最大占空比

开关管耐压	DC_{BUSmin}	D_{max}	复位电压
500V	100V	0.33	50V
600V	100V	0.5	100V
650V	100V	0.52	120V
700V	100V	0.57	130V
800V	100V	0.67	200V

很显然，开关管的耐压超过 600V 时，优化的选择会使得最低交流电源电压时的占空比大于 50%，如果选用峰值电流型控制 IC，则需要斜波补偿，或者选用电压控制型 IC，在辅之以峰值电流限制功能。

表 11-3 85~265V 交流电压等级（电流断续）供电条件下反激式开关电源的开关管耐压

开关管耐压	DC_{BUSmax}	DC_{BUSmin}	D_{max}/D_{min}	复位电压	尖峰电压	安全裕量
500V	370V	100V	0.33/0.12	50V	50V	30V
600V	370V	100V	0.5/0.21	100V	80V	50V
650V	370V	100V	0.55/0.245	120V	110V	50V
700V	370V	100V	0.57/0.26	130V	150V	50V
800V	370V	100V	0.67/0.35	200V	200V	50V

表 11-4 带有 PFC 功能的反激式开关电源的开关管耐压

开关管耐压	DC_{BUSmax}	DC_{BUSmin}	D_{max}/D_{min}	复位电压	尖峰电压	安全裕量
500V	380V	380V	0.116/0.116	50V	50V	20V
600V	380V	380V	0.208/0.208	100V	80V	50V
650V	380V	380V	0.24/0.24	120V	110V	50V
700V	380V	380V	0.255/0.255	130V	150V	50V
800V	380V	380V	0.345/0.345	200V	200V	50V
900V	380V	380V	0.415/0.415	270V	200V	50V

表 11-5 48VDC 蓄电池电压等级供电条件下反激式开关电源的开关管耐压

开关管耐压	DC_{BUSmax}	DC_{BUSmin}	D_{max}/D_{min}	复位电压	尖峰电压	安全裕量
200V	75V	35V	0.5/0.25	35V	50V	40V
200V	65V	40V	0.5/0.25	40V	55V	40V

表 11-6 在不同的供电条件下反激式开关电源的开关管耐压

开关管耐压	DC_{BUSmax}	DC_{BUSmin}	D_{max}/D_{min}	复位电压	尖峰电压	安全裕量
220V 交流电压等级或 85~265V 交流电压等级（110V 电流连续）						
500V	370V	200V	0.2/0.12	50V	50V	30V
600V	370V	200V	0.33/0.21	100V	80V	50V
650V	370V	200V	0.37/0.245	120V	110V	50V
700V	370V	200V	0.4/0.26	130V	150V	50V
800V	370V	200V	0.5/0.35	200V	200V	50V

11.4.5　MOSFET 的耐压对性能参数的影响

功率比较小的单端变换器的主开关通常采用 MOSFET，其优点是电压型控制，所需要的驱动功率低，低电压器件中 MOSFET 的导通压降和开关速度是最佳的。

MOSFET 的耐压对导通电阻的影响：MOSFET 的耐压水平由芯片的电阻率和厚度决定，而 MOSFET 是多数载流子导电器件，芯片电阻率直接影响器件的导通电阻。通常 MOSFET 的导通电阻随耐压的 2.4~2.6 次方增加。如 1000V 耐压是 30V 耐压的 33.3 倍，而同样大的芯片的导通电阻将变成 $33.3^{2.4~2.6}$，大约为 6400 倍！如果还想保持导通电阻的基本不变就需要更大的管芯面积，这样不仅增加了封装尺寸，而且价格也将明显上升。如 TO.220 封装的耐压为 400V 的 IRF740 的导通电阻为 0.55Ω，而导通电阻相近的耐压为 500V 的 IRF450（导通电阻为 0.4Ω）则需要 TO247 封装。耐压仅仅相差 100V，封装尺寸增加近 1 倍。同样以 TO220 封装的 IRF 系列 MOSFET 为例，IRF640、IRF740、IRF840、IRFBC40 的耐压分别为 200V、400V、500V、600V，导通电阻为 0.18Ω、0.55Ω、0.8Ω、1.2Ω；25℃时的额定电流为 28A、18A、10A、8A、6.2A。由此可见，耐压对导通电阻的影响是很大的。

11.4.6　MOSFET 的耐压对栅极电荷的影响

在一般应用中，MOSFET 的开关速度实际上是受驱动电路的驱动能力影响，极少会出现驱动电路的驱动能力过剩而 MOSFET 的速度或自身特性限制了开关速度。MOSFET 的电荷量是影响开关速度的最主要因素。最简单的理解是：例如：100nC 的栅极电荷用 100mA 的电流将其充满或放尽，需要的时间为 1μs，而 30nC 的电荷则仅需要 300ns 的时间。或者是在相同的驱动时间，则驱动电流可以下降为 30mA。实际上决定 MOSFET 的开关速度的因素是栅-漏电荷（Q_{gd}），也就是 MOSFET 从导通转换到阻断或从阻断转换到导通过程中越过"放大区"所需要的电荷"密勒电荷"。以 IRF740 系列为例，740 米勒电荷：32nC，740A 米勒电荷：16nC。可以看到即使是同一型号，经过改进后栅极电荷可以减小。但是如果不是一代的 MOSFET，则栅极电荷较小的更明显，以 IRFP450 和 ST 公司的 STW14N50 相比，结果是前者的栅极电荷 75nC，而后者则为 28nC，几乎是 1/3！这样或者对驱动能力的要求随之降低到 1/3 或开关速度快 2 倍。由此可见，在选择主开关时，应尽可能选择新品。

11.5　开关管额定电流的选择

11.5.1　壳温对额定电流的影响

通过对常用的 IRFBC40 的壳温与额定电流的关系曲线，分析在不同的应用条件下对 MOSFET 额定电流的选择影响。

开关管额定电流的选择应根据 MOSFET 特性。MOSFET 的额定电流是在 MOSFET 的外壳温度为 25℃条件下确定的。然而，随着 MOSFET 外壳温度的上升，MOSFET 的额定电流随之降低，图 11-6 为 IRFBC40 的额定电流与外壳温度关系。

通常，开关管工作的温度大概在 100℃是合理的水平，对应的实际额定电流为 25℃的 60%。

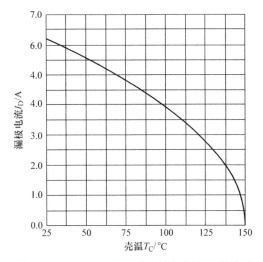

图 11-6　IRFBC40 的额定电流与外壳温度关系

11.5.2　高结温对 MOSFET 导通电阻的影响

MOSFET 的导通电阻的损耗约占高压 MOSFET 整个损耗的 2/3。评估高压 MOSFET 损耗时，需要考虑高压 MOSFET 的导通电阻随结温升高的因素，MOSFET 导通电阻与结温的关系如图 11-7 所示。

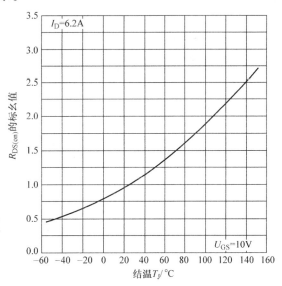

图 11-7　MOSFET 导通电阻与结温的关系

图中可以看到，最高结温（如 150℃）时的导通电阻（$R_{DS(on)}$）是 25℃（室温）导通电阻的 2.2~2.8 倍。

11.5.3　开关管额定电流的选择

开关管额定电流的选择需要对额定电流与壳温的关系、导通电阻与结温的关系、导通电阻产生的电压降是否能够超出预期设计目标等因素进行综合考虑。

从额定电流与壳温的关系，应选择开关管的额定电流为开关管实际峰值电流的 2 倍。因高压 MOSFET 的导通电阻比较高，所以产生的电压降也会比较高。如 IRFBC40 在最高结温时流过额定电流一半的状态下导通电压降为

$$U = R_{\text{DS(on)max}} \cdot \frac{1}{2} I_{\text{D}} = 2.7(\Omega) \times \frac{1}{2} \times 6.2(\text{A}) = 8.37(\text{V})$$

如此高的导通电压接近直流母线电压的 3%，也就是说仅仅开关管的导通电压就可以造成开关电源 3% 效率的丢失。这是不能忍受的，因此需要进一步降额，也就是说至少要将开关管的额定电流增大至开关管实际的峰值电流的 4 倍，这样可以将导通电压峰值降低到 4.2V。

通过以上分析可以看出，开关管额定电流的选择并不是单纯地直接选择额定电流就可以了，而是需要大幅度的降额，要降额到 25% 或更低才能保证开关管的导通损耗不至于过高。

11.6　开关管封装的选择

开关管的封装有多种多样，对于 220V 或 85~265V 交流输入的反激式开关电源，常用的是 TO-220 和 TO-247 两种主要封装。在 TO-220 或 TO-247 封装中也有不同的封装形式，如 TO-220 就有绝缘（TO-220F）和非绝缘（TO-220）的两种形式；同样 TO-247 也有绝缘和非绝缘的两种形式，如图 11-8、图 11-9 所示。

图 11-8 中的 TO-220 FULLPAK 为绝缘型封装，管芯对外壳具有绝缘能力，TO-220AB 则为非绝缘封装。

图 11-8　TO-220 封装的外形图

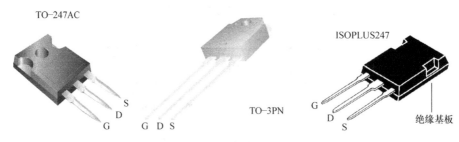

图 11-9　TO-247 封装的外形图

图 11-9 中的 TO-247AC 和 TO-3PN 为非绝缘封装，TO-247A 二极管为绝缘型封装，管芯对外壳具有绝缘能力，同时 TO-247A 二极管不像 TO-247AC 那样具有安装孔，装配时需要用卡子固定。

TO-220FULLPAK、ISOPLUS247 封装的绝缘能力为 2500V、60Hz、60s，可以满足一

般应用的绝缘要求。

对于散热，最好的办法就是将开关管产生的热量直接带到金属（通常为铝）外壳上，这样，带电的开关管就需要与散热器或散热板电气隔离，如果选用非绝缘的封装形式，需要在开关管与散热板之间设置绝缘，而绝缘封装在一般情况下可以直接装配在散热板上不需要另加绝缘（除非有特殊要求）。

在开关电源中，开关管通常安装在与外壳等电位的散热器或导热板上，如图 11-10所示。

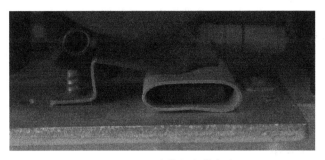

图 11-10　开关管的安装方式

对于工作电压比较低的反激式开关电源，开关管的封装方式还可以有其他的封装形式，特别是直接装配在铝基电路板的反激式开关电源。这时的封装形式最好是可以直接焊接在铝基电路板上，如图 11-11 所示。

图 11-11 的漏极就是封装的金属基板，直接焊接到电路板上时不再需要漏极引脚，因此，该封装没有漏极引脚。

图 11-11　可以直接焊接在铝基电路板上的封装形式

11.7　钳位电路的选择

反激式变换器多数为单管模式，这样开关管上的电压就是直流母线电压、变压器复位电压（反冲电压）和变压器漏感的感应电压。前两者的电压都是确定值，也是必须计算在内的。而变压器漏感产生的感应电势则是不希望出现的，特别是开关管的关断速度极快时，变压器漏感的感应电势将非常高！即

$$e = L\frac{\mathrm{d}i}{\mathrm{d}t}$$

对于 MOSFET 来说，在 100ns 内关断峰值电流绝对是正常的。如果反激式开关电源的输出功率为 24W、开关频率为 63kHz、交流电源电压范围 85~262V，对应的变压器漏感将达到 20~50μH，开关管峰值电流 1.5~2A。这时变压器漏感所产生的感应电势为 300V~1kV。在最高直流母线电压（370V）、变压器复位电压（80V），开关管将承受 750~1450V。如果采用耐压 1500V 的 MOSFET 作为开关管在工程上是不允许的，需要将开关管的耐压降低到 600~700V。这样就需要对开关管的电压进行钳位，以限制开关管的实际工作电压峰值。

最常见的钳位电路是 RCD 钳位电路、电压瞬变二极管钳位电路、绕组式钳位电路。

11.8　RCD 钳位电路

RCD 钳位电路如图 11-12 所示。

其基本原理：将变压器漏感储能转移到钳位电容中，即

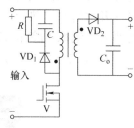

$$\frac{1}{2}L_r I_M^2 = \frac{1}{2}C\left(U_2^2 - U_1^2\right) \qquad (11\text{-}10)$$

式中的 L_r、I_M、U_2、U_1 分别为变压器漏感、开关管峰值电流、钳位后钳位电容电压、钳位前钳位电容电压。对应的钳位电容的电容量应为

图 11-12　RCD 钳位电路

$$C = \frac{L_r I_M^2}{\left(U_2^2 - U_1^2\right)} \qquad (11\text{-}11)$$

11.8.1　钳位电容的选择

如果反激式开关电源的输出功率为 24W、开关频率为 63kHz、交流电源电压范围 85~262V，对应的变压器漏感将达到 50μH，开关管峰值电流 2A，钳位电容器的钳位前电压为 80V，钳位后电压为 200V。则钳位电容器的电容量为

$$C = \frac{L_r I_M^2}{\left(U_2^2 - U_1^2\right)} = \frac{50\times10^{-6}\times 2^2}{\left(200^2 - 80^2\right)} = 0.00595\times10^{-6}\mu F \approx 6nF \qquad (11\text{-}12)$$

一般选择 6.8nF 电容量，耐压选择 $400V_{DC}$。

应注意的是钳位电容器需要流过比较大的峰值电流，需要具有比较大的 du/dt。对于 400V 耐压的电容可以选择聚酯电容器或陶瓷电容器。但是陶瓷电容器需要选择 COG 或 NPO 介质，否则损耗因数过大可导致电容过热。

11.8.2　钳位电路放电电阻的选择

在钳位电容器的钳位过程中，钳位电容器电压上升，这个升高的电容电压如果不在下一个钳位过程释放，则下一个钳位过程就会失效，导致开关管关断过程的电压可能超过额定电压值，从而被过电压击穿。因此，需要将钳位电容在钳位过程中升高的电压通过电阻放电的方式泄放到钳位过程前的数值。

为了尽可能地减小放电电阻的损耗，放电电阻应在开关管再次关断前将钳位电容的电压泄放到变压器复位电压值。

为什么要这样？原因很简单，就是要尽可能地降低放电电阻的损耗。也就是说，电阻上的电压有效值的二次方除以电阻值，为 RCD 钳位电路的损耗功率。如果放电电阻大，放电电流小，放电功率也小。但是有可能在下一次钳位初期的钳位电容的初始电压高于前一次钳位初始电压，迫使钳位电压上升，最后还是以增加放电电阻的损耗而告终；如果放电电阻小，则放电电流大，放电功率随之增大。综合以上因素，放电电阻应选择能使得钳位电容电压在下一次钳位作用前的初始电压与本次钳位作用前电压相等。即

$$U = U_1\left(1 - e^{\frac{1}{RC}T}\right) \qquad\qquad (11\text{-}13)$$

假设，U 等于 U_1 一半时对应的 RC 值，与开关周期 T 的关系为

$$R = 0.693\frac{T}{C} \qquad\qquad (11\text{-}14)$$

式中，T 为开关周期。

放电电阻的功率近似为

$$P_R \approx \frac{\left(\dfrac{U_1 - U}{2}\right)^2}{R} \qquad\qquad (11\text{-}15)$$

11.8.3　钳位电路阻断二极管的选择

最后是选择 RCD 钳位电路的阻断二极管，通常选择超快反向恢复二极管，额定电流至少为开关管实际工作电流峰值一半，额定电压需要不低于直流母线电压。

11.8.4　RCD 钳位电路付出的代价

RCD 钳位是最简单的钳位方式，由于放电电阻的电压高于变压器复位电压，因此放电电阻所消耗的功率不仅仅是变压器漏感的储能，还有变压器励磁电感释放的储能部分，而这一部分是应该输送到输出的功率，在放电电阻上消耗掉，电源的效率自然会降低。

11.9　钳位二极管的钳位电路

反激式开关电源的另外一种钳位方式是采用类似于稳压二极管的"电压瞬变抑制二极管"来钳位开关管漏 - 源极电压峰值，在理论上，采用电压瞬变抑制二极管可以使得钳位时间大大缩短，所消耗的钳位功率也会比 RCD 钳位低一些。

过去电压瞬变抑制二极管钳位之所以没有被普遍应用的最主要的原因是这类二极管价格昂贵。20 年前，一个连续功耗 2.5W、瞬时功率 1500W 的电压瞬变抑制二极管的零售价接近每只 10 元人民币！这是一般的反激式开关电源绝不会采用的。

近年来，随着电压瞬变抑制二极管的国产化和大量的应用，电压瞬变抑制二极管的价格已经可以比较轻松地应用在反激式开关电源中。采用电压瞬变抑制二极管的钳位电路如图 11-13 所示。

图中，VD_1 为电压瞬变抑制二极管。

需要注意的是，采用电压瞬变抑制二极管钳位希望变压器和开关管的寄生电容越小越好。

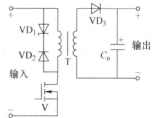

图 11-13　电压瞬变抑制二极管作为钳位电路

11.10   绕组钳位方式

早期反激式开关电源还有采用绕组钳位方式，如图 11-14 所示。

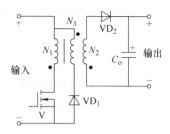

这种方式似乎合乎理论，但是实际上变压器一次侧绕组与复位绕组之间还是存在漏感，无法将这一部分漏感钳位，因此采用绕组钳位在实际上是无效的，在正激式开关电源中作为磁通复位的钳位有效，但是反激式开关电源的磁通复位是通过变压器二次侧绕组通过输出整流二极管向输出端释放储能实现的，也就是说，反激式开关电源的磁通复位电压由输出端电压决定。

图 11-14   采用绕组钳位方式的反激式开关电源主电路

11.11   输出整流器的选择

在最高输入电压时，输出整流器所承受的反向电压最高。这是输出整流器的最高反向电压，根据主电路拓扑结构的不同而不同。

为了分析方便，反激变换器的工作状态大多在电流临界工作状态下（最低输入电源电压、最大占空比状态下工作在电流临界状态，其他状态下为电流断续状态）分析，输出整流器的反向峰值电压为

$$U_{\mathrm{R}} = U_{\mathrm{in\,min}} \frac{U_{\mathrm{in\,max}}}{U_{\mathrm{in\,min}}} \cdot \frac{D_{\mathrm{max}}}{1 - D_{\mathrm{max}}} \cdot \frac{1}{n} \qquad (11\text{-}16)$$

其中，$U_{\mathrm{in\,min}}$、$U_{\mathrm{in\,max}}$、D_{max}、n 分别为最低输入电压、最高输入电压、最大占空比、变压器电压比。

在最大占空比为 0.4、电流临界状态下，输入电压变化范围为 1.5 倍时，输出整流器的反向电压峰值为输出电压的 3.25 倍，这样对于输出 5V 电压的开关电源，理论上仅需要 16.25V 耐压的输出整流二极管。但是在实际设计中，参数不会那么理想，而且还可能存在这样、那样的过电压和寄生振荡。因此，需要考虑裕量。

在实际应用时一般选择 5 倍或更高一些。如 5V 输出电压的整流器耐压可以选用额定电压为 25V，可以选择导通电压低的肖特基二极管；而对于 12V 输出，实际上可以选用额定电压 60V 的肖特基二极管（但是现在谁也不敢这么用，宁可牺牲效率）。

问题在哪？问题的关键是大多数开关电源的输入电压为全电压范围，也就是 85~265V。

当输入电压为全电压范围，即 85~264VAC 时，输入电压变化范围将达到 3.1 倍，输出整流器的反向电压峰值为输出电压的 4.65 倍，留 1.5 倍裕量就是 7 倍输出电压，这样对于输出 5V 电压，可选用额定电压为 40V 以上的肖特基二极管，这里还算上输出整流器的正向电压。如果输出电压为 12V，就得用 91V 耐压的，也就是说 60V 的肖特基二极管不好用，只能选择 100V 耐压的二极管，这时肖特基二极管的优势不大，关键是漏电流损耗问题。

在电流断续与连续的混合工作状态下，可以以电流连续的临界点为参考点，找出在这

一点的占空比和最高输入这一点的输入电压比，按电流断续状态的计算方法求得整流器的反向电压峰值和额定电压。

对于反激变换器，在电流完全连续工作状态下，可以按正激变换器的计算方法求得整流器的反向电压峰值和额定电压。

如果是功率因数校正作为反激式变换器的输入电源，主流母线电压可以"稳定"在380~420V，在开关管最大占空比为 0.4 的状态下仅仅需要 2 倍多一点的耐压即可，如果开关管最大占空比为 0.5，需要输出整流器的耐压更低！甚至 24V 输出也可以选用肖特基二极管，效率就会大大提高。

电流参数：反激变换器，在电流断续工作状态下，流过整流器的电流峰值为输出电流平均值的 4 倍或更高，因此在选择输出整流器时，应以输出电流平均值的 3~5 倍作为输出整流器的额定电流。

第12章

反激式开关电源变压器的设计

反激式开关电源能否工作、性能如何？在很大程度上取决于变压器的设计，可以说变压器设计是开关电源设计中非常重要的一个环节。由于反激式开关电源设计足可以写成一本书，因此，本章仅能用简介来描述。

12.1 磁性材料的选择

开关电源变压器所用的磁性材料大多为铁氧体材料，并将铁氧体材料压制、烧结成磁心。铁氧体材料中的功率铁氧体的特点为磁心损耗随温度上升而降低，这样就可以有效地防止烧毁变压器的"热奔"现象，保持磁心温度在合适范围内。这种磁心损耗的负温度特性如图 12-1 所示。

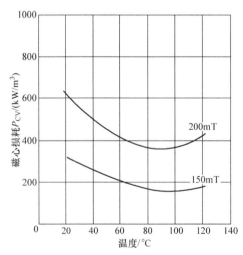

图 12-1　功率铁氧体磁心损耗曲线

从图中可以看到，磁心的损耗随温度的升高而降低，这种趋势一直延伸到 80~100℃，这个温度足可以满足开关电源工作的要求。

非功率铁氧体材料的损耗则随温度上升而增加，如图 12-2 所示。

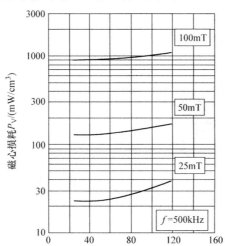

图 12-2　非功率铁氧体材料的损耗与温度的关系

开关电源变压器设计中磁性材料曾以 TDK 为指标，例如：现在普遍应用的 PC40 牌号，是大多数开关电源工程师所认可的，国内磁心制造商也能够制造出性能相同的产品。这就是说国内有很多牌号磁心可以替代 TDK 的 PC40 牌号磁心。

12.2　磁心外形的选择

选择磁性材料后就是选择磁心外形尺寸。现在的变压器磁心外形尺寸丰富多彩，各有各的特点。应用比较多的有 EE 型或 EI 型磁心、EER 型磁心、PQ 型磁心、RM 型磁心和 EPC 型磁心等。

EE 型或 EI 型磁心是最早的磁心外形之一，其特点是制造容易，因此相对价格较低。EE 型或 EI 型磁心外形如图 12-3 所示。

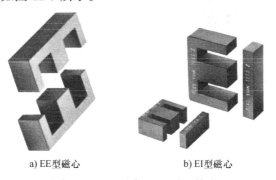

a) EE型磁心　　　　　　　b) EI型磁心

图 12-3　EE 型或 EI 型磁心外形

EE 型或 EI 型磁心的缺点是芯柱为矩形，绕线不方便，特别是绕大直径线时尤为不方便。还有就是漏磁相对大一些。针对这些问题，将 EE 型磁心的芯柱改为圆形，边柱内侧改为弧形，不仅绕线方便，磁路的漏磁也得到减少。这种磁心如 EER（或称为 EC、ETD）型磁心，外形如图 12-4 所示。

为了进一步减小磁路的漏磁，还可以将边柱加大，形成 PQ 型磁心，如图 12-5 所示。

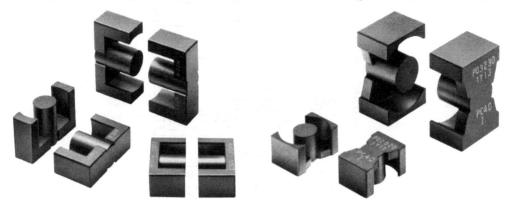

图 12-4　EER（或 EC、ETD）型磁心　　　　图 12-5　PQ 型磁心

很显然，变压器线圈包围磁心的面积比 EE 型和 EER 型磁心大得多。为了减小磁心相对体积，将 PQ 型磁心四边削掉，即构成 RM 型磁心，如图 12-6 所示。

如果想得到较低安装高度（米）变压器，可以选择 EPC 型磁心，选择卧式置放，如图 12-7 所示。

图 12-6　RM 型磁心　　　　　　　　　图 12-7　EPC 型磁心

可以根据设计指标与成本要求恰当选用磁心外形，应用最多的是 EE、EI 和 EER 型磁心。

12.3　磁心规格的选择

接下来内容是许多文献中所没有的，也是变压器设计最关键的一步——磁心规格的选择。

以往的磁心选择大多是凭经验或者是摸索，其理论依据不完整。为什么这样说？原因是变压器设计不仅仅是功率、开关频率、电路拓扑、占空比等参数。还有一个非常重要的参数，那就是变压器的温升，不同的变压器的温升，磁心规格选择不同。因此，在变压器磁心选择时不仅要考虑功率等参数，还要考虑温升对变压器磁心选择的影响。

如何根据温升、功率、开关频率、电路拓扑、占空比等参数选择磁心？在这里可以借鉴由北京凯利特科技股份有限公司总经理毕建玉先生（原国营 798 厂五分厂厂长）在 1994 年总结出最常见的 PQ 型和 EI 系列磁心作为桥式、正激变换器变压器磁心的选用和设计依据。本书作者根据其选择依据整理出 PQ 型和 EI 系列磁心规格与反激式开关电源输出功率之间的关系，见表 12-1。

表 12-1　反激式开关电源变压器应用 PQ、EI 型磁心的输出功率及相关数据

磁心规格	变压器温升 $\Delta T/℃$	工作频率 / kHz	输出功率 /W	最大磁通 B_m/mT	磁心损耗 /W	最大占空比 D	窗口使用面积 /mm²
PQ20/16	10	50	13.3	187.7	0.118	0.3	8.058
		100	21	145	0.118	0.3	8.058
	20	50	22.6	228	0.235	0.3	8.508
		100	37.6	186.8	0.235	0.3	8.058
	30	50	28	228.0	0.352	0.3	8.058
		100	52.9	216.6	0.352	0.3	8.058
	40	50	32	228.0	0.471	0.3	8.058
		100	64	228.0	0.471	0.3	8.058
PQ20/20	10	50	18	187.5	0.139	0.3	12.502
		100	28	142.2	0.139	0.3	12.502
	20	50	30.6	228.0	0.278	0.3	12.502
		100	50	183.2	0.278	0.3	12.502
	30	50	37.5	228.0	0.417	0.3	12.502
		100	70	212.4	0.417	0.3	12.502
	40	50	43.3	228.0	0.556	0.3	12.502
		100	86.6	228.0	0.556	0.3	12.502
PQ26/20	10	50	30	166.6	0.204	0.3	10.872
		100	47.5	119.4	0.204	0.3	10.872
	20	50	54.4	217.9	0.409	0.3	10.872
		100	80.9	157.8	0.409	0.3	10.872
	30	50	69.5	228.0	0.612	0.3	10.872
		100	115	185.7	0.612	0.3	10.872
	40	50	80.2	228.0	0.816	0.3	10.872
		100	147.9	208.5	0.816	0.3	10.872
PQ26/25	10	50	33.4	150.9	0.205	0.3	16.055
		100	48.8	106.0	0.205	0.3	16.055
	20	50	60.4	197.0	0.410	0.3	16.055
		100	95.4	140.1	0.410	0.3	16.055
	30	50	84.7	228.0	0.615	0.3	16.055
		100	125.6	165.0	0.615	0.3	16.055
	40	50	79.7	228.0	0.820	0.3	16.055
		100	161.2	185.2	0.820	0.3	16.055

（续）

磁心规格	变压器温升 ΔT/℃	工作频率 / kHz	输出功率 /W	最大磁通 B_m/mT	磁心损耗 /W	最大占空比 D	窗口使用 面积 /mm²
PQ32/20	10	50	37.1	138.9	0.220	0.3	16.16
		100	47.4	83.2	0.220	0.3	16.16
	20	50	68.8	163.0	0.440	0.3	16.16
		100	90.7	107.4	0.440	0.3	16.16
	30	50	99.1	191.6	0.660	0.3	16.16
		100	133.4	128.7	0.660	0.3	16.16
	40	50	117	195.9	0.880	0.3	16.16
		100	175.3	146.8	0.880	0.3	16.16
PQ32/30	10	50	56.5	128.8	0.275	0.3	34.14
		100	76.8	82.6	0.275	0.3	34.14
	20	50	104.3	172.8	0.550	0.3	34.14
		100	143.5	114.1	0.550	0.3	34.14
	30	50	149.8	205.2	0.824	0.3	34.14
		100	208.8	137.8	0.824	0.3	34.14
	40	50	191.3	228.0	1.099	0.3	34.14
		100	217.3	157.6	1.099	0.3	34.14
PQ35/35	10	50	84.8	127.6	0.325	0.3	57.36
		100	120.5	86.1	0.325	0.3	57.36
	20	50	153.5	167.7	0.649	0.3	57.36
		100	219.3	115.3	0.649	0.3	57.36
	30	50	217.8	170.9	0.974	0.3	57.36
		100	312.8	122.7	0.974	0.3	57.36
	40	50	279.5	189.9	1.299	0.3	57.36
		100	403.6	136.9	1.299	0.3	57.36
PQ40/40	10	50	127.4	133.0	0.413	0.3	91.28
		100	176.4	88.6	0.413	0.3	91.28
	20	50	229.6	173.8	0.826	0.3	91.28
		100	313.8	118.5	0.826	0.3	91.28
	30	50	317.8	203.3	1.240	0.3	91.28
		100	463.4	140.5	1.240	0.3	91.28
	40	50	416.5	227.2	1.653	0.3	91.28
		100	596.4	158.5	1.653	0.3	91.28
PQ50/50	10	50	227	109.0	0.556	0.3	116.91
		100	277.2	60.4	0.556	0.3	116.91
	20	50	409.5	143.3	1.111	0.3	116.91
		100	492.8	80.0	1.111	0.3	116.91
	30	50	580.3	168.1	1.667	0.3	116.91
		100	693.7	94.3	1.667	0.3	116.91
	40	50	743.4	188.4	2.222	0.3	116.91
		100	886.2	105.9	2.222	0.3	116.91

（续）

磁心规格	变压器温升 ΔT/℃	工作频率 /kHz	输出功率 /W	最大磁通 B_m/mT	磁心损耗 /W	最大占空比 D	窗口使用 面积 /mm²
EI12	10	50	1.82	228.0	0.096	0.3	2.249
		100	3.71	228	0.096	0.3	2.249
	20	50	2.59	228	0.192	0.3	2.249
		100	5.23	228	0.192	0.3	2.249
	30	50	3.22	228	0.288	0.3	2.249
		100	6.37	228	0.288	0.3	2.249
	40	50	3.71	228	0.385	0.3	2.249
		100	7.35	228	0.385	0.3	2.249
EI16	10	50	5.74	228	0.112	0.3	8.06
		100	10.64	211.1	0.112	0.3	8.06
	20	50	8.12	228	0.225	0.3	8.06
		100	16.24	228	0.225	0.3	8.06
	30	50	9.8	228	0.337	0.3	8.06
		100	19.6	228	0.337	0.3	8.06
	40	50	11.2	228	0.449	0.3	8.06
		100	23.1	228	0.449	0.3	8.06
EI19	10	50	8.4	228	0.132	0.3	11.1
		100	14	197.5	0.132	0.3	11.1
	20	50	11.2	228	0.263	0.3	11.1
		100	23.1	228	0.263	0.3	11.1
	30	50	14	228	0.395	0.3	11.1
		100	28	228	0.395	0.3	11.1
	40	50	16.1	228	0.526	0.3	11.1
		100	32.2	228	0.526	0.3	11.1
EI25	10	50	15.4	211.1	0.156	0.3	13.896
		100	23.1	155.2	0.156	0.3	13.896
	20	50	23.1	228	0.313	0.3	13.896
		100	42.1	209.3	0.313	0.3	13.896
	30	50	28.7	228	0.469	0.3	13.896
		100	56.7	228	0.469	0.3	13.896
	40	50	32.9	228	0.625	0.3	13.896
		100	65.8	228	0.625	0.3	13.896
EI28	10	50	16.1	150.2	0.128	0.3	13.96
		100	23.8	106.5	0.128	0.3	13.96
	20	50	30.1	201.4	0.256	0.3	13.96
		100	44.1	143.1	0.256	0.3	13.96
	30	50	41.3	228	0.384	0.3	13.96
		100	63.7	170.2	0.384	0.3	13.96
	40	50	47.6	228	0.513	0.3	13.96
		100	81.9	192.4	0.513	0.3	13.96

（续）

磁心规格	变压器温升 ΔT/℃	工作频率/kHz	输出功率/W	最大磁通 B_m/mT	磁心损耗/W	最大占空比 D	窗口使用面积/mm²
EI30	10	50	35	163.6	0.227	0.3	14.364
		100	50.4	114.2	0.227	0.3	14.364
	20	50	63	213.5	0.454	0.3	14.364
		100	91.7	152.3	0.454	0.3	14.364
	30	50	81.9	228	0.682	0.3	14.364
		100	131.6	180.3	0.682	0.3	14.364
	40	50	94.5	228	0.909	0.3	14.364
		100	169	203.2	0.909	0.3	14.364
EI33	10	50	44.1	151.1	0.278	0.3	22.176
		100	65.8	109.4	0.278	0.3	22.176
	20	50	81.2	202.4	0.556	0.3	22.176
		100	121.4	146.7	0.556	0.3	22.176
	30	50	111.3	228	0.833	0.3	22.176
		100	173.6	174.2	0.833	0.3	22.176
	40	50	128.8	228	1.111	0.3	22.176
		100	224	196.7	1.111	0.3	22.176
EI35	10	50	47.6	170.5	0.303	0.3	27.636
		100	68.6	117.3	0.303	0.3	27.636
	20	50	88.2	228	0.606	0.3	27.636
		100	126	158.6	0.606	0.3	27.636
	30	50	108.5	228	0.909	0.3	27.636
		100	182	189.2	0.909	0.3	27.636
	40	50	125.3	228	1.212	0.3	27.636
		100	236.6	214.4	1.212	0.3	27.636
EI40	10	50	66.5	151.2	0.345	0.3	35.31
		100	96.6	106.2	0.345	0.3	35.31
	20	50	118.3	195	0.690	0.3	35.31
		100	175	140.5	0.690	0.3	35.31
	30	50	166.6	226.3	1.034	0.3	35.31
		100	249.2	165.6	1.034	0.3	35.31
	40	50	193.2	228	1.379	0.3	35.31
		100	305.9	186	1.379	0.3	35.31
EI50	10	50	121	128.9	0.455	0.3	58.112
		100	178.5	91	0.455	0.3	58.112
	20	50	218.4	169	0.909	0.3	58.112
		100	319.2	119.2	0.909	0.3	58.112
	30	50	309.4	198.1	1.364	0.3	58.112
		100	450.1	139.6	1.364	0.3	58.112
	40	50	396.9	221.7	1.818	0.3	58.112
		100	574.7	156.2	1.818	0.3	58.112

（续）

磁心规格	变压器温升 $\Delta T/℃$	工作频率 / kHz	输出功率 /W	最大磁通 B_m/mT	磁心损耗 /W	最大占空比 D	窗口使用面积 /mm²
EI60	10	50	152.6	112.6	0.5	0.3	100.6
	10	100	225.4	79	0.5	0.3	100.6
	20	50	273.7	130.8	1	0.3	100.6
	20	100	399.7	95.5	1	0.3	100.6
	30	50	386.4	171.6	1.5	0.3	100.6
	30	100	560.7	120.3	1.5	0.3	100.6
	40	50	494.2	191.7	2	0.3	100.6
	40	100	714.7	134.4	2	0.3	100.6

表 12-1 所给的数据是最简单的绕组结构，如果是相对比较复杂的绕组结构或引出线占据了一些磁心绕组空间，则磁心对应输出功率还要有所降低才行。特别是大电流输出的绕组尤为如此。

表 12-1 中给出了相同的磁心在不同的温升要求条件下，不同的输出功率和不同的最大磁感应强度。

磁心尺寸越小，相对能耗散掉的单位功率越大，所以小尺寸磁心的磁感应强度一般很高。而尺寸大的磁心的单位耗散功率相对低，故需要相对低的磁感应强度。

同样，在表中也可以看到，无论是大磁心还是小磁心，磁感应强度均明显低于饱和磁感应强度，也低于高温（如100℃）条件下的饱和磁感应强度。因此，按照表 12-1 选择的磁感应强度，不必担心磁心会出现饱和现象，除非电路异常。

还可以大致推导出其他系列磁心规格对应的反激式开关电源输出功率的参数，见表 12-2。

表 12-2　EER 型磁心对应的输出功率

磁心规格	变压器温升 $\Delta T/℃$	输出功率 /W（工作频率 100kHz）	输出功率 /W（工作频率 50kHz）
EER25	12~15	29	18
EER28	12~15	68	44
EER28L	12~15	76	49
EER35	12~15	108	70
EER40	12~15	140	91
EER42	12~15	144	93
EER42/42/20	12~15	170	110
ETD19	12~15	26	15
ETD24	12~15	38	24
ETD29	12~15	56	36
ETD34	12~15	90	58
ETD39	12~15	127	82

（续）

磁心规格	变压器温升 ΔT/℃	输出功率 /W （工作频率 /100kHz）	输出功率 /W （工作频率 /50kHz）
ETD44	12~15	174	113
ETD49	12~15	209	135
LP23/8	12~15	17	9
LP22/13	12~15	40	26
LP32/13	12~15	51	35
RM4	12~15	2.3	1.3
RM5	12~15	5	2.7
RM6	12~15	9	5
RM8	12~15	22	13
RM10	12~15	43	27
RM12	12~15	111	72
RM14	12~15	125	81
EPC10	12~15	1.8	1
EPC13	12~15	2.7	1.5
EPC17	12~15	6.7	4
EPC19	12~15	9	6
EPC25	12~15	21	14
EPC27	12~15	27	19
EPC30	12~15	28	20

磁感应强度参照表 12-1 中功率相近的磁心选取。

12.4　骨架的选择

选定磁心后，接下来就是选择磁心骨架。磁心骨架的作用是：有利于绕组的绕制与装配；固定磁心与绕组，使得绕组与磁心牢固地构成变压器组件；利用骨架的引脚，将变压器焊接在电路板上，并固定。

磁心骨架分立式和卧式两种，如图 12-8 所示。立式骨架占电路板面积小，但是高度高，如 EER28L 磁心，选用立式骨架时，变压器的高度为 35mm 左右；卧式骨架可以有效地降低变压器的高度，同样是 EER28L 磁心，选用卧式骨架的高度仅仅为 25mm 左右，可以有效地降低开关电源的高（厚）度。

图 12-8　立式骨架与卧式骨架

12.5　绕组引出端的设计

为了方便变压器绕组的绕制和 PCB 设计时的考虑，变压器的同名端一定要与 PCB 一致，PCB 设计时要考虑变压器同名端在变压器绕制时具有科学性和方便性。

12.5.1　立式骨架的同名端

立式骨架各绕组同名端如图 12-9 所示。

图中的箭头为绕线方向，这样做的目的就是防止同层绕组的始、末端在骨架中重叠，增加了绕组的高度，占据了绕组窗口高度，是骨架绕线利用率降低。同时，由于始、末端在骨架中重叠还会引起绕线的不平整，如图 12-11 所示。

立式骨架的同侧绕组的同名端的排列方向是一样的，在对面的引出端的同名端要根据绕线方向确定，如图 12-9 所示。

12.5.2　卧式骨架的同名端

卧式骨架的绕线方向与立式骨架不同，卧式骨架各绕组同名端如图 12-10 所示。

卧式骨架的同侧引出端的各绕组同名端的相应位置与立式骨架相同。

但是卧式骨架的对侧引出端的同名端则由于绕组的绕线方向所决定，与立式骨架对侧引出端同名端的排列正好相反，如图 12-10 所示。

12.5.3　绕组的绕制方向

变压器绕组的绕制方向决定着变压器的性能和绕制质量。一般来说要求绕组的始端与末端不能重叠，以确保绕组的平整性，如图 12-11 所示。

图 12-11 中绕线错误的原因是绕组起始端占据了绕组引出测的整段，造成侧面的绕线是斜的，在绕制第二层、第三层等后面的各层时会由于绕线的空档导致塌线问题，如图 12-11b 所示。

正确的引出端设计应为绕组正面的绕线排列是斜的，侧面是直的，这样就不会出现塌线现象，如图 12-12 所示。

通过图 12-11 和图 12-12 可以看到，图 12-11 引出端设计会导致绕组的塌线、不平整。而选择正确的引出端设计会使得绕组的侧面很平整，也可以做到正面比较平整。

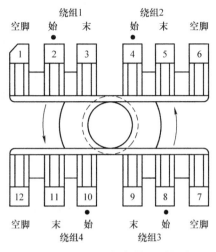

图 12-9　立式骨架各绕组同名端

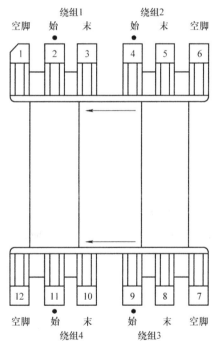

图 12-10　卧式骨架各绕组同名端

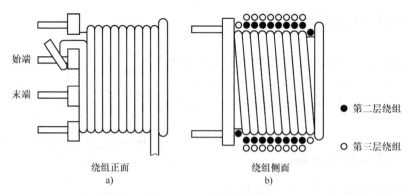

图 12-11　引出端错误

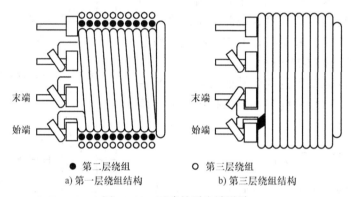

图 12-12　正确的引出端设计

12.6　绕组结构的设计

变压器是隔离型变换器的主要元件之一，其性能指标的好与坏将直接影响整个电路的性能，因此，在设计变压器时应该细心设计为好。

当变压器磁心和各个绕组匝数和线径确定后，变压器绕组结构对变压器性能有着很大的影响，主要体现在：绝缘边距与漆包线的种类对变压器性能的影响；变压器的绕线方法对变压器性能的影响。

12.6.1　绝缘边距与漆包线种类对变压器性能的影响

变压器的最主要作用是隔离，电气隔离性能应符合电气安全规则的要求。为了满足电气安全规则的要求，通常要在变压器的一、二次侧之间留有不小于 3mm 的绝缘边距（爬电距离），通常采用的方法是如图 12-13 所示的变压器骨架边沿设置挡墙的方法。

变压器骨架边沿设置挡墙的方法是在骨架边沿留有不绕线的挡墙，以提供所需的绝缘边距要求。这种方法一直得到比较普遍的应用，其主要原因是绕变压器的漆包线的绝缘强度不能满足电气安全规则的要求，特别是漆包线漆皮的针孔。这种方法的最大缺点是变压器的绕线空间的浪费和漏感的增加，小变压器尤为严重，如 EE16 磁心绕线框架仅有约

8mm 的绕线宽度，如果扣除 3mm 的挡墙，则有效的绕线宽度仅剩下 5mm，变压器的绕线窗口的利用率大大下降，同时变压器的漏感也随之增加。不仅如此，在变压器的一、二次侧间通常还要能承受 50Hz、1500V 有效值电压，这往往需要 3~5 层变压器绝缘胶带，势必要求一次绕组与二次绕组之间的耦合变差，在电气性能上的表现为变压器的漏感增加。对于 50Hz 变压器，漏感增加一点似乎不会出现多大问题，但是高频开关电源变压器的漏感增加一点所付出的代价将是开关管的损耗明显增加甚至是变压器的漏感所产生的电压尖峰将开关管击穿！要么就是缓冲电路的损耗增加。

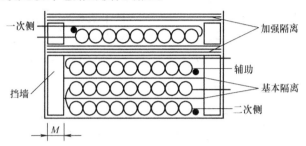

图 12-13　变压器骨架的边沿设计挡墙的绕制方式结构示意

　　怎样才能取消令人深恶痛绝的变压器绕组中挡墙和一次绕组与二次绕组之间厚厚的绝缘层？问题的关键就是改进漆包线的质量，单层绝缘的漆包线的最主要的缺陷是针孔（当然也不可否认绝缘电压可能还不够），那么在制造漆包线时可以在漆包线上多涂几次绝缘漆，这样不仅提高了绝缘电压，最主要的是彻底地消除了漆包线的漆皮上的针孔，这就是三重绝缘的漆包线。

　　三重绝缘漆包线绕制法——二次绕组的导线采用三重绝缘漆包线，以便任意两层结合都满足电气强度要求。

　　图 12-14 给出三重绝缘法结构。可以看出一次侧充满整个骨架宽度，和辅助绕组之间仅有一层胶带，在辅助绕组上缠一层胶带，以防止损坏二次绕组导线的三重绝缘层。二次绕组缠在其上，最后缠一层胶带进行保护。注意绕线和焊接时绝缘不被损坏。

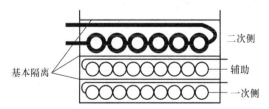

图 12-14　三重绝缘漆包线绕制变压器的结构

　　实际上，用三重绝缘漆包线绕制变压器时，一、二次侧之间可以不附加任何绝缘物（如绝缘胶带）同样可以保证绝缘强度。这样，变压器的绕线窗口将得到有效的利用，同时变压器的漏感也可以减小。

12.6.2　变压器绕线方式对变压器性能的影响

　　C 型绕线方式：这是最常用的绕线方式。图 12-15 所示为有 2 层一次绕组的 C 型绕线。C 型绕线容易实现且成本低，但是导致一次绕组间电容增加。可以看出一次侧从骨架的一边绕到另一边再绕回到起始边，这是一个简单的绕线方法。

Z 型绕线如图 12-16 所示，有 2 层一次绕组的 Z 型绕线方式。可以看出这种方法比 C 型绕线复杂，但是减少了绕组的寄生电容。

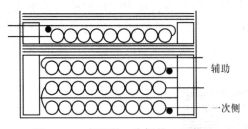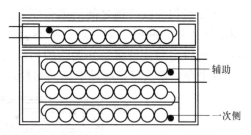

图 12-15　变压器一次侧的 C 型绕法　　　　图 12-16　变压器一次侧的 Z 型绕法

一、二次侧内外绕制方法：图 12-15 和图 12-16 均为变压器的一次侧绕在内侧、二次侧绕在外侧的绕制方式，这种绕制方式的优点是简单，而且通常变压器的一次绕组的线径细、二次绕组线径粗，细线绕在里边绕制起来比较容易。但是，这种绕法的最大缺点是变压器的漏感大，变压器在开关过程中需要将漏感中的储能完全释放，通常会产生比较高的尖峰电压，对开关管的冲击比较大。这个冲击在反激式开关电源中尤为明显。这个变压器漏感的储能必然消耗在缓冲电路或钳位电路，漏感越大，需要的缓冲电路越大，所产生的损耗越大，降低了开关电源的效率。因此，应该选择变压器漏感比较小的绕制方法。

最常见的是一次侧分成两段，分别绕在二次侧的内测和外侧，如图 12-17 所示。另一方面把一次侧绕组分开绕制的方法也可以减少漏电感。分开的一次侧绕组是最里边第一层绕组，第二层一次侧绕在外边。这需要骨架有空余引脚让一次侧绕组的中心点连接其上，这对改善耦合有意义。由于需要多次一次侧、二次侧的电气隔离，因此磁心窗口利用率相对简单绕制方式低。

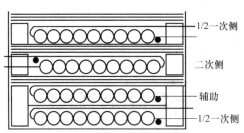

图 12-17　变压器一次侧分开绕制示意图

12.7　变压器的制作工艺

12.7.1　绕线方式

根据变压器要求不同，绕线的方式大致可分为以下几种：

1. 一层密绕

布线只占一层，紧密的线与线间没有空隙，整齐地绕线，如图 12-18 所示。

2. 均等绕

在绕线范围内以相等的间隔进行绕线，间隔误差在 ±20% 以内可以允许，如图 12-19 所示。

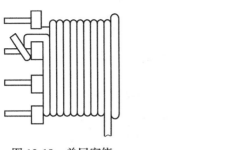

图 12-18　单层密绕　　　　　　　　图 12-19　单层间绕

3. 多层密绕

在一个绕组 1 层无法绕完，必须绕至第二层或二层以上时，分为 3 种情况：

1）任意绕：在一定程度上整齐排列，达到最上层时，布线已零乱，呈凹凸不平状况，这是最粗略的绕线方法。

2）整列密绕：几乎所有的布线都整齐排列，但有若干的布线零乱（约占全体 30%，圈数少的约占磁心框架窗口宽度的 5%）。

3）完全整列密绕：绕线至最上层也不零乱，一直很整齐地排列着，这是最难的绕线方法。

4. 定位绕线

布线指定在固定的位置，一般分 5 种情况，如图 12-20 所示。

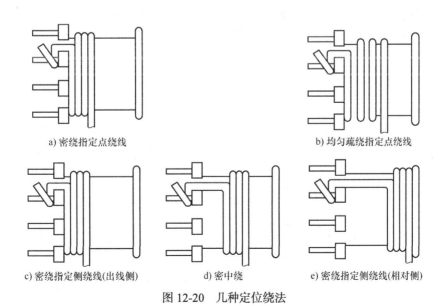

a) 密绕指定点绕线　　　　　　　　b) 均匀疏绕指定点绕线

c) 密绕指定侧绕线(出线侧)　　　d) 密中绕　　　e) 密绕指定侧绕线(相对侧)

图 12-20　几种定位绕法

5. 并绕

两根以上的导线同时平行地绕同一组线，各自平行地绕，不可交叉。此绕法大致可分为 4 种情况，如图 12-21 所示。

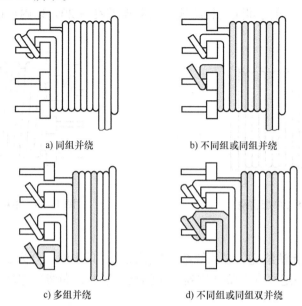

a) 同组并绕　　　　　　　　　b) 不同组或同组并绕

c) 多组并绕　　　　　　　　　d) 不同组或同组双并绕

图 12-21　几种并绕

6. 注意事项

当始端和末端出入线在骨架同一侧时，末端引出前须在引出线上下贴一块胶布作隔离。

引出线在骨架的凹槽引出时，原则上以一线一凹槽方式出线，若同一引脚有多组可使用同一凹槽或相邻的凹槽出线，需要在焊锡及装套管时注意避免短路。

绕线时需均匀整齐绕满骨架绕线区，除工程图面上有特别规定绕法外，应以图面为准。

变压器中有加绝缘套管且有折回线时，其出入线所加的绝缘套管需与骨架凹槽口齐平（或至少达 2/3 高），并自骨架凹槽出线，以防止因套管过长造成拉力将线扯断，如图 12-22 所示。

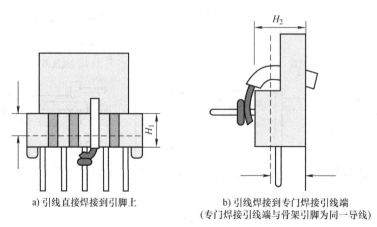

a) 引线直接焊接到引脚上　　　　　b) 引线焊接到专门焊接引线端
　　　　　　　　　　　　　　　　　（专门焊接引线端与骨架引脚为同一导线）

图 12-22　引出线套管

变压器中需加聚酯绝缘胶带作为挡墙胶带时，其挡墙胶带必须紧靠模型两边，为避免线包过胖及影响漏感过高，故要求 2 匝以上之聚酯绝缘胶带重叠不可超过 5mm，包 1 圈的聚酯绝缘胶带只需包 0.9 匝，留缺口以利于绝缘清漆良好地渗入底层。聚酯绝缘胶带宽度选择与变压器安规要求有关。

12.7.2　引线要领

飞线是绕组引出端，不焊接在变压器骨架引脚上，而是从变压器骨架的非引脚侧直接引出，并直接焊接到电路板上的方式。飞线产生的原因是变压器引脚不够用或以飞线形式引出更有利。

引线、长度按工程图要求控制，如需绞线，长度需多预留 10%。套管需深入挡墙 3mm 以上，如图 12-23 所示。

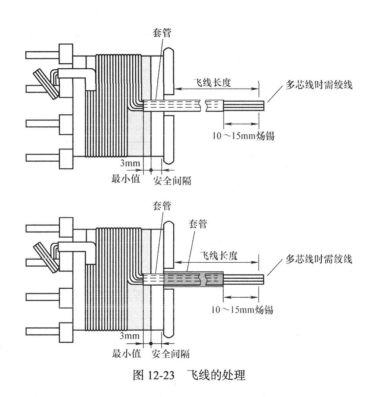

图 12-23　飞线的处理

12.7.3　包铜箔

1. 铜箔绕制方法

铜箔按外形分有裸铜各背胶带两种：背胶铜箔表面覆盖有一层绝缘胶带，反之为裸铜；按在变压器中的位置不同分为内铜和外铜。裸铜一般用于变压器磁心外部的铜箔，用途为在屏蔽变压器散发的磁场，同时减小变压器漏感；所谓内铜则是变压器绕组，当变压器绕组所通过的电流过高时，可以用铜箔取代漆包线，可以简化变压器绕组的绕制过程。

2. 铜箔的加工

作为变压器绕组的铜箔一般加工方法：

（1）绕组电极引出线焊接

作为绕组的铜箔一般无法直接将绕组电极引出，需要将电极引出线焊接到铜箔上。具体方法为：利用焊锡将电极引出线与铜箔焊接起来，电极引出想焊接在铜箔端头，为方便引出和绕组平整，电极引出线需要与铜箔垂直，如图 12-24 所示。

（2）焊接引线的铜箔端头处理

电极引出线与铜箔焊接后为了保证绝缘，需要将铜箔端头与电极引出线部分做绝缘处理。其方法如下：

铜箔两端平贴于聚酯绝缘胶带中央，折回聚酯绝缘胶带（聚酯绝缘胶带须完全覆盖住焊点），剪断聚酯绝缘胶带（铜箔两边需留 1mm 以上），如图 12-24 所示。

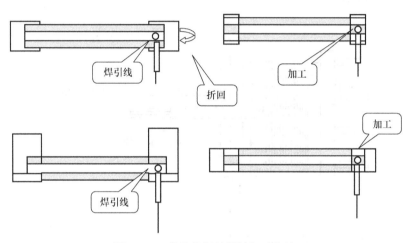

图 12-24　作为绕组的铜箔加工方法

3. 变压器外部屏蔽的铜箔的加工方法

用于变压器外部屏蔽的铜箔加工方法如图 12-25 所示。

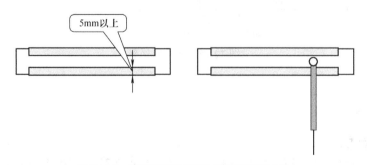

图 12-25　变压器外部屏蔽的铜箔加工方法

4. 变压器中使用铜箔的工艺要求

铜箔绕法除焊点处必须压平，外铜箔的起绕边应避免压在骨架转角处，需自骨架的中央处起绕，以防止第二层铜箔与第一层间因挤压刺破胶布而形成短路，如图 12-26 所示。

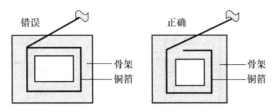

图 12-26　作为绕组的铜箔绕制方法（侧视）

内铜片于层间作屏蔽绕组时，其宽度应尽可能涵盖该层的绕线区域面积，厚度在 0.025mm 以下的铜箔，两端可免倒圆角；厚度在 0.05mm 及以上的铜箔，两端则需以倒圆角方式处理。

铜箔需包正、包平，不可偏向一边或越上挡墙，如图 12-27 所示。

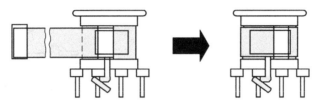

图 12-27　作为绕组的铜箔绕制方法（平视）

5. 变压器外屏蔽的焊接

变压器外屏蔽的焊接如图 12-28 所示。

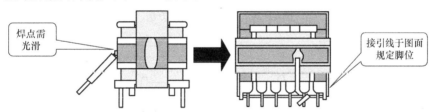

图 12-28　变压器外屏蔽的焊接

注意事项：

1）铜箔焊点依工程图，铜箔需拉紧包平，不可偏向一侧。

2）焊锡量适量，焊点需光滑，不可带刺，焊接时间不可太长，以免烧坏胶带。

3）变压器外屏蔽的铜箔的厚度为 0.5mm，而铜箔宽度只需骨架绕线宽度的一半即可。

12.7.4　包胶带

1. 一般包胶带的方法

包胶带的方法如图 12-29 所示。

注意事项：

胶带需拉紧包平，不可翻起刺破，不可露铜线。最外层胶带不宜包得太紧，以免影响产品美观。

2. 压线胶带的贴法

压线胶带的贴法如图 12-30 所示。

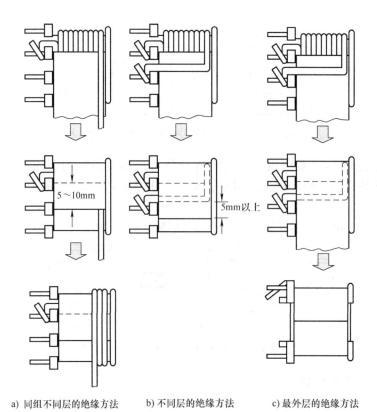

a) 同组不同层的绝缘方法　　　　b) 不同层的绝缘方法　　　c) 最外层的绝缘方法

图 12-29　绕组包胶带的方法

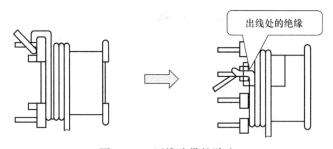

图 12-30　压线胶带的贴法

12.7.5　如何在引脚处焊接绕组引出端

基本方法如下：

1）将铜线理直、理顺并缠在相应的引脚上。

2）压脚：用斜口钳将铜线缠紧，并压至引脚底紧靠挡墙。

3）剪除多余线头。

4）缠线圈数依线径根数而定，如图 12-31 所示。

注意事项：

铜线需紧贴脚根，预计焊锡后高度不会超过墩点；不可留线头，不可压伤脚，不可压断铜线，不能损坏骨架。

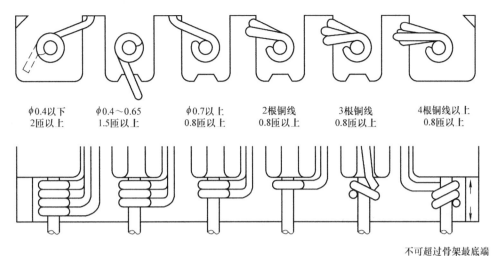

$\phi 0.4$以下　　$\phi 0.4 \sim 0.65$　　$\phi 0.7$以上　　2根铜线　　3根铜线　　4根铜线以上
2匝以上　　1.5匝以上　　0.8匝以上　　0.8匝以上　　0.8匝以上　　0.8匝以上

不可超过骨架最底端

图 12-31　将绕组引出端焊接在引脚上

多股线在骨架引脚上的焊接：当绕组的导线股数很多时，可以采用铰接的方式，如图 12-32 所示。

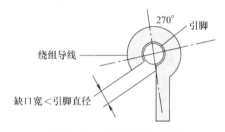

图 12-32　多股铰接的方式

12.8　电流断续型变换器的变压器设计

变压器是隔离型变换器的重要部件，其性能直接影响变换器性能。在绝大多数情况下，变压器由设计者自行设计。在各种变换器的变压器设计中，正激变换器的变压器设计有一套简洁、公认的设计方法和设计公式；而反激式变换器的变压器设计尽管有几种设计方法和设计公式，但使用复杂。如果找到像正激变换器的变压器设计那样简洁、实用的设计方法和设计公式，将给反激式变换器的设计带来极大方便。

12.8.1　一次电流峰值 I_P

由于单端变换器（正激型变换器或反激型变换器）输入为直流电，其电能由直流电源提供，单端变换器的输入电压和电流直流分量（或称为平均值）乘积构成变换器的输入 功率，其输入电压为直流，输入电流为电流断续的锯齿波电流（反激式变换器），则输出功率为

$$P_o = \frac{1}{2} U_{in} I_P D \eta \tag{12-1}$$

式中，P_o、U_in、I_P、D、η 分别为输出功率、直流输入电压、开关管峰值电流、占空比、电源效率，通过式（12-1）可以整理为

$$I_\text{P} = \frac{2P_\text{o}}{U_\text{in}D\eta} \tag{12-2}$$

当电源效率（η）为 80%、交流输入电压为 220（1±20%）V（相当于 $U_\text{in}=200$V）时，将效率和直流输入电压代入式（12-2）可得到一次侧峰值电流为

$$I_\text{P} = \frac{P_\text{o}}{32} \tag{12-3}$$

当交流输入电压为 85~265V 时，对应的一次侧峰值电流为

$$I_\text{P} = \frac{P_\text{o}}{16} \tag{12-4}$$

12.8.2 一次匝数

$$N_\text{P} = \frac{U_\text{in min}t_\text{on max}\times10}{\Delta B_\text{m}A_\text{e}} \tag{12-5}$$

式中，N_P、$U_\text{in min}$、$t_\text{on max}$、ΔB_m、A_e 分别为变压器一次绕组匝数、最低直流输入电压（V）、最长导通时间（μs）、变压器磁路中最大磁感应强度（mT）、磁心有效截面积（cm²）。

12.8.3 二次匝数

$$N_\text{S} = \frac{N_\text{P}(U_\text{o}+U_\text{F})}{U_\text{R}} \tag{12-6}$$

其中

$$U_\text{R} = U_\text{in min}\frac{D_\text{max}}{1-D_\text{max}} \tag{12-7}$$

式（12.6）、式（12.7）中，N_S、U_o、U_F、U_R、D_max 分别为变压器二次绕组匝数、输出电压、输出整流二极管导通电压、变压器一次侧的反冲电压（相当于非隔离 flyback 变换器的输出电压）、最大占空比。

12.8.4 磁路气隙

$$l_\text{g} = \frac{\frac{4}{\pi}I_\text{P}N_\text{P}}{\Delta B_\text{m}} \tag{12-8}$$

式中，l_g 为磁路气隙（mm）；ΔB_m 单位为 mT。

12.8.5 一次侧电流有效值

$$I_{\mathrm{Prms}} = I_{\mathrm{P}}\sqrt{\frac{D_{\max}}{3}} \tag{12-9}$$

式中，I_{Prms} 为变压器一次电流。

12.8.6 二次侧电流有效值

$$I_{\mathrm{Srms}} = \frac{2I_{\mathrm{o}}}{1-D_{\max}}\sqrt{\frac{D_{\max}}{3}} \tag{12-10}$$

式中，I_{Srms} 为变压器二次电流。

12.9 电流连续型变换器的变压器设计

在输入电压为 58~264V 时，如果变换器仅仅工作在电流断续状态，那么在交流输入电压为 220V 的电压等级时变换器的占空比将会很小，导致变换器的效率无法提高。因此，在一些 85~264V 的输入电压范围时，多采用变换器工作在 220V 的电压等级时，为电流断续状态，而在 110V 的电压等级时，则变换器工作在电流连续状态。

那么这类变换器的变压器将如何设计？首先确定电流临界工作状态对应的直流输入电压。通常选择为 220V 电压等级的下限，即 220（1-20%）V，176V 为临界点。

在 220V 电压等级时，变压器一次侧电流峰值为

$$I_{\mathrm{P}} = \frac{2P_{\mathrm{o}}}{U_{\mathrm{DC200}}D_{200}\eta} \tag{12-11}$$

变压器一次电流有效值：
$$I_{\mathrm{Prms}} = I_{\mathrm{P}}\sqrt{\frac{D_{200}}{3}} \tag{12-12}$$

变压器一次电感：
$$L_{\mathrm{P}} = \frac{U_{\mathrm{DC200}}}{I_{\mathrm{P}}}t_{\mathrm{on}} \tag{12-13}$$

变压器一次匝数：
$$N_{1\mathrm{P}} = \frac{U_{\mathrm{DC200}}t_{\mathrm{on}}\times100}{\Delta B_{\mathrm{m}}A_{\mathrm{e}}} \tag{12-14}$$

气隙
$$l_{\mathrm{g}} = \frac{\frac{4}{\pi}I_{\mathrm{P}}N_{\mathrm{P}}}{\Delta B_{\mathrm{m}}} \tag{12-15}$$

导线按 3A/mm² 电流密度。

线径（单位：mm）：
$$\Phi = \sqrt{\frac{4}{\pi}S} \tag{12-16}$$

二次侧匝数：

$$N_S = N_P \frac{U_S + U_o}{U_R} \qquad (12\text{-}17)$$

二次电流峰值：

$$I_{Sm} = \frac{2P_o}{U_o(1-D)\eta} \qquad (12\text{-}18)$$

二次电流有效值：

$$I_{Srms} = I_{Sm}\sqrt{\frac{1-D_{max}}{3}} \qquad (12\text{-}19)$$

二次侧导线截面积：可按 3A/mm^2 或稍高一些电流密度选取。

　　由于电流连续，最低输入电压（AC85V 对应整流输出电压为 90V）下的占空比可按反激式变换器的原理计算，即

$$U_R = \frac{D_{90}}{1-D_{90}}U_{90} \qquad (12\text{-}20)$$

将 U_R=133V 代入得：$133 = \dfrac{D_{max}}{1-D_{max}} \times 90$，$D_{max} = 0.591$，取 0.6。

变压器一次电流变化为

$$\Delta i = \frac{U_{90}}{L_P} t_{on\,max} \qquad (12\text{-}21)$$

$$P_o = \frac{1}{2}U_{90}D_{max}(i_1 + i_2) = \frac{1}{2}U_{90}D_{max}(2i_1 - \Delta i) \qquad (12\text{-}22)$$

$$i_1 = \frac{1}{2}\left(\frac{2P_o}{U_{90}D_{max}\eta} + \Delta i\right) \qquad (12\text{-}23)$$

式中，U_{90}、i_1、i_2、Δi 分别为 AC85V 对应整流输出电压为 90V、变压器一次电流峰值、开关管开通时的变压器一次电流、变压器一次电流的变化值。

　　接下来的问题就是核对在这种工作状态下变压器一次电流峰值与电流断续时的变压器一次电流峰值之间的量值比。在 85~264V 输入范围时，最低输入电压时的变压器一次电流约为电流断续时的 107%。这在选择变压器的最大磁感应强度是有用的。如果仅仅就是这 107%，而且最大磁感应强度选得又不是很高时，可以不考虑这个 107% 的影响。

　　在最低输入电压时，由于工作在电流连续状态，变压器的一次电流变化将小于电流断续状态。这样就不用担心在 220V 输入电压等级时的设计参数在 85V 输入电压等级时不适用。

第13章

反激式开关电源入门设计实例

为了减少元器件型号，本章设计实例中的整流器选择 6A/800V 整流桥，适用于 220V 市电和 36V 安全电压的应用。输入整流滤波电容，220V 市电选择 150μF/450V 电解电容。36V 安全电压选择 3900μF/63V 电解电容。作为评估电路板，也可以选择国产品牌电解电容。

13.1　UC3842 系列构成的反激式开关电源评估电路

UC3842 是初学者设计、调试反激式开关电源的最好入门级解决方案。

对于初学者来说，应用 UC3842 的反激式开关电源的测试是设计反激式开关电源最基础的入门。为什么这样说？

在众多反激式开关电源控制模式中，唯有 UC3842 系列可以检测到整个电路工作的每一个环节。因此，如果电路的工作状态不正常，可以通过 UC3842 系列对应的监测点检测得一清二楚，通过所检测到的状态分析问题出现在电路的哪个环节也就一清二楚了。通过这样的测试过程，可以很好地对初学者的入门进行完整的培训，使他们在反激式开关电源理论基础上一步一步地学会反激式开关电源的设计，学会反激式开关电源的调试，学会如何解决反激式开关电源出现的问题。

由于 UC3842 系列与 UCC38C2 系列、UCC2800 系列具有相同的功能，可以引脚对引脚直接代换，因此 UC3842 构成的反激式开关电源电路评估板不仅可以适用于 UC3842、UC3843、UC3844、UC3845，在辅助电源不与芯片电源电压参数冲突的条件下，这个电路评估板也适用于 UC3842 系列低功耗版：UCC38C42、UCC38C43、UCC38C44、UCC38C45，也适用于 UC3842 系列的更高级升级版本：UCC3800、UCC3801、UCC3802、UCC3803、UCC3804、UCC3805。这样，同一块电路板就可以完成三个系列芯片的评估电路，而且除更换芯片外，无需更改电路其他参数。

13.1.1　电路设计

从初学者电气安全角度考虑，电路可以设计为交流输入电压为 36V 安全电压，为了适应日后真正的开关电源设计，这个评估电路还要适应于 220V 交流输入电压。因此，这个评估电路将设计为 220VAC、36VAC 兼容电路。仅仅需要更换电源滤波器、输入整流器、输入整流电解电容、开关管、钳位电路、电流检测电阻。

为了方便测试，在需要测试的点，需要留有测试点。这是商品电源中所没有的。

本评估电路考虑了初学者很难一步达到商品电源设计水平，需要从入门级开始。同时还要考虑入门级的电源评估电路设计尽可能地适应将来的商品电路设计。因此本评估电路将是介于商品电源与实验室电路之间的设计。

图 13-1 为应用 UC3842 系列、UCC38C42 系列和 UCC3800 系列电源控制芯片的评估电路。

电路参数设计：

输入：AC220V 或 AC36V。

输出：DC12V、3A、36W，最大输出电流 3.6A，对应 43W。

开关频率：44kHz ± 5kHz。

电路结构设计：反激式电路拓扑；输出电压反馈；峰值电流型控制；RCD 钳位电路；独立散热器；方便的测试点。

13.1.2　主要元器件参数的选择与设计

控制芯片的选择。对于初学者来说，UC3842/3/4/5 系列中，选择低启动电压芯片，实验电路比较容易调试和正常工作。可以选择 UC3843 或 UC3845，其中 UC3843 最大输出占空比可以达到 100%，UC3845 最大占空比为 50%。对于初学者来说，应用 UC3843 时开关管的栅极电压波形可能会很差，甚至测不到低电平，对初学者带来初始测试困难。因此，在 UC3843/3/4/5 中，选择 UC3845 相对更合适。

定时器件选择：定时电容需要选择温度系数低的电容，如复合膜电容、COG 或 NPO 介质的陶瓷贴片电容。电容量选择 1000pF，耐压没有要求；定时电阻则根据开关频率选择电阻值。

最大占空比选择：0.4。220V 交流输入电压等级为 176V 有效值，对应直流母线电压 200V；36V 交流输入电压等级为 29.8V，对应直流母线电压为 36V。

开关管选择：220V 交流输入电压等级，初学者选择开关管耐压应不低于 700V，最好选用低导通电阻的 COOL MOS，如 800V 耐压；在最大输出电流条件下，开关管将流过 1.2A，开关管应选择 4 倍额定电流，即 4.8A 左右，对于 COOL MOS 则可以选择 4A 或 6A。型号可以是全塑封装的 SPA04N80C3 或 SPA06N80C3。

钳位电路选择：采用最简单的 RCD 钳位电路，220V 输入电压的评估电路，钳位电容选择 10nF/1000V 陶瓷电容，36V 输入电压的评估电路，钳位电容选择 1μF/63V 聚酯电容；220V 输入电压的评估电路，放电电阻选择 3 只 100kΩ/2W 电阻并联。36V 输入电压的评估电路，放电电阻选择 3 只 15kΩ/2W 电阻并联；钳位电路中的二极管，220V 输入电压的评估电路选择耐压 700V/1A 超快反向恢复二极管，如 BYV26-C。36V 输入电压的评估电路则可以选择耐压不低于 100V、额定电流 3A 的超快反向恢复二极管。

随着肖特基二极管性能的进步，输出电压 12V 条件下的输出整流二极管可以选择肖特基二极管，耐压选择 100V，额定电流应接近输出电流平均值的 4 倍以上为好，可以选择 16A 或 20A 额定电流，如 MBR20100。

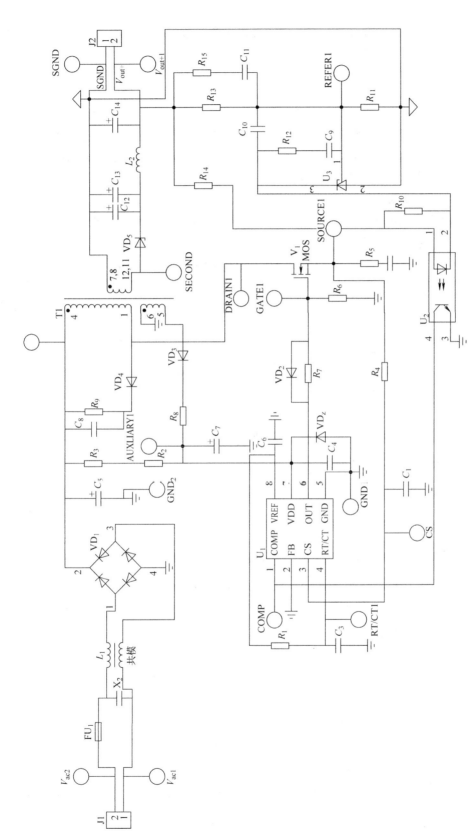

图 13-1 UC3842 系列、UCC38C42 系列和 UCC3800 系列电源控制芯片的评估电路

　　输出整流滤波电容的选择首先应以电容能够承受流过的纹波电流为依据。在额定输出电流条件下、二极管导通占空比不低于 0.5 状态下，电容流过的电流有效值约为输出电流平均值的 120%。输出电流平均值 3A 需要电容承受 3.6A 以上的有效值电流。一般需要 2 只以上电容并联。

　　由于输出整流滤波电容需要比较大的电容量。因此，输出整流滤波电容可以选择电解电容。由于开关电源的开关频率在数十千赫甚至更高，需要选用高频低阻电解电容或者部分选择铝聚合物电解电容，可以选择 2 只 1000μF/16V 电解电容或 1 只 1000μF/16V 电解电容与 330μF/16V 铝聚合物电解电容并联。

　　为了尽可能地降低输出电压纹波，需要在输出整流滤波电容后加 LC 滤波器，滤波电感可以选择 10μH，电流 4A，电容可以选择 330μF/16V 铝聚合物电解电容。

　　元器件明细表见表 13-1。

表 13-1　图 13-1 电路在 AC 220V 输入条件下元器件明细表

元器件序号	封装	元器件类型	参数	制造商或型号
C_1	1206	贴片电容	C0G，102/63V，消隐电容	
C_3	1206	贴片电容	C0G，102/63V，定时电容	
C_4	1206	贴片电容	X7R，106/25V，旁路电容	
C_6	1206	贴片电容	X7R，106/25V，旁路电容	
C_7	$\phi 6 \times 13$	电解电容	100μF/25V，CD287	江海电容器股份有限公司
C_9		薄膜电容	CH11，333/63V，校正电容	
C_{10}		聚酯电容	104/63V，校正电容	
C_{11}		聚酯电容	102/63V，校正电容	
C_{12}		电解电容	1000μF/25V，CD287	江海电容器股份有限公司
C_{13}		电解电容	1000μF/25V，CD287	江海电容器股份有限公司
C_{14}		电解电容	470μF/25V，CD287	江海电容器股份有限公司
VD_1		整流桥	US8K80R	
VD_2	SO 二极管 -123	二极管	500mA/75V，1N4148	
VD_3		二极管	1A/200V，MUR120	
VD_5	TO-220	肖特基二极管	$2 \times 10A/100V$，MBR20100	Onsemi 公司
FU_1	$\phi 3.6 \times 10$	熔丝	3A/250V	
L_2		电感	30μH/4A，$\phi 8mm$	
R_1	1206	贴片电阻	103	
R_4	1206	贴片电阻	102	
R_6	1206	贴片电阻	103	
R_7	1206	贴片电阻	220	
R_8		电阻	101Ω/1W，辅助电源电流限制	
R_{10}	1206	贴片电阻	102	
R_{11}	1206	贴片电阻	102	
R_{12}	1206	贴片电阻	103	
R_{13}	1206	贴片电阻	392	

（续）

元器件序号	封装	元器件类型	参数	制造商或型号
R_{14}	1206	贴片电阻	102	
R_{15}	1206	贴片电阻		
U_1	二极管 IP8	PWM IC	UC3845 UC38C45 UCC3801	TI 公司
U_2	二极管 IP4	光耦合器	PC817	
U_3	TO-92A	电压基准	TL431	TI 公司
229V 输入电压与 36V 输入电压需要更改的元器件				
C_5	$\phi\,25 \times 30$	电解电容	150μF/450V，CD294（220V）	江海电容器股份有限公司
	$\phi\,19 \times 30$		1200μF/63V，CD28L（36V）	
C_8		陶瓷电容	103/1kV，钳位电容	
		聚酯电容	105/63V，钳位电容	
VD_4		二极管	1A/700V，BYV26-C	
L_1		共模电感		
V_1	TO-220F	MOSFET	6A/800V，SPA06N80C3（220V）	Infineon 公司
			6A/800V，IRF640F（36V）	Vishay 公司
R_2、R_3		电阻	100kΩ/2W，启动电阻（220V）	
			472/0.125W，启动电阻（36V）	
R_5		电阻	1Ω/1W，电流检测（220V）	
			0.22Ω/1W，电流检测（36V）	
R_9		电阻	2×104/3W（并联），钳位电阻	（220V）
			2×2.2k/3W（并联），钳位电阻	（36V）
C_2		差模滤波电容	X2，0.22μF，安规电容	（220V）
			1μF/250V	（36V）

13.1.3　变压器参数

AC 220V 输入的变压器基本参数：

磁心选择：EER28L，卧式骨架，一次侧 0.55mm 线径，60 匝，二次侧 6 匝 0.1×20 利兹线 7 股并绕，辅助绕组 6 匝 0.35mm，气隙双 0.22mm。

AC 36V 输入的变压器基本参数：

磁心选择：EER28L，卧式骨架，一次侧为线径 0.55mm 漆包线 4 线并绕，匝数为 12 匝，二次侧绕组为 6 匝，用 0.1×20 利兹线 7 股并绕，辅助绕组为 6 匝，用线径 0.35mm 漆包线，磁路气隙为双 0.22mm。

13.1.4　PCB 设计

任何电路的电路板都有其设计规则，以微弱信号、高频信号、开关电源、音频功率放大器的电路板设计对是否遵守设计规则要求最高，否则电路性能将达不到设计要求。

电路板设计规则如下：

为避免输入电源及变换器部分对输出端的干扰，最好将电路从输入到输出按顺序排布。

按电气安全规则，隔离型开关电源的变压器一次侧电路与二次侧电路的爬电距离不小于7.62mm，不足的地方需要在电路板上挖槽来保证。

高电位差的两条走线或焊点之间要有足够的绝缘间距，一般为100V/mm。

大电流走线需要有足够的宽度，至少要保证1A/mm的宽度，如果不能保证，需要在走线上敷焊锡，甚至贴足够面积的铜线或铜条。

检测电路和误差放大器走线需要远离高电流、高电流变化率、高电压变化率的走线。

电路板上直插元件的引脚的孔径大小要合适，需要略大于引脚直径。例如：TO-220器件需要1.0mm孔径；3A引线式二极管需要1.5mm孔径；插脚式电解电容需要1.8mm孔径；0.6mm引线需要1.0mm孔径；1.0mm引线需要1.2mm孔径；1.3~1.4mm引线需要1.5mm孔径。

焊盘大小要合适，小孔径焊盘尺寸至少要比孔径大1mm以上，大焊盘尺寸要比孔径大1.5mm以上；手工焊接时，贴片元器件焊盘需要比回流焊焊盘略大，例如：0805元件可以采用1005焊盘，以便手工焊接。

根据以上规则，图13-1电路的顶层元器件排布如图13-2所示，底层布线图为图13-3，底层元器件图为图13-4，打孔图为图13-5。

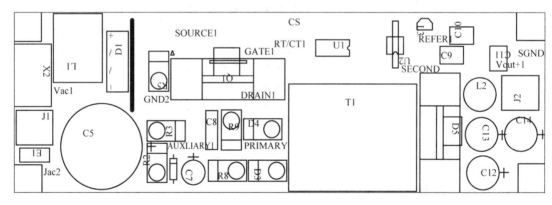

图13-2　顶层元器件排布图

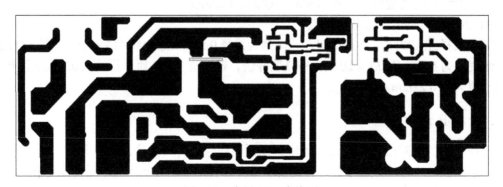

图13-3　底层PCB走线图

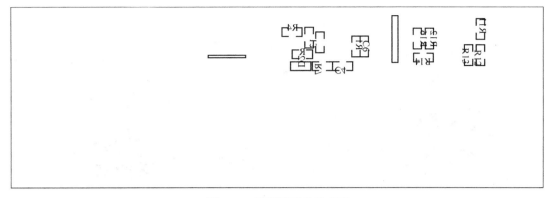

图 13-4　底层元器件排布图

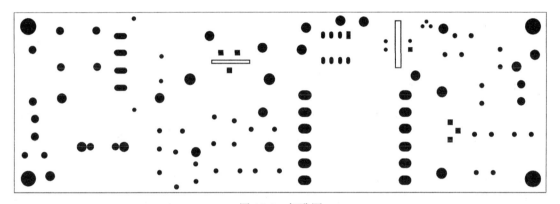

图 13-5　打孔图

13.1.5　评估电路板实物

电路板实物图如图 13-6 所示，电路实物图如图 13-7 所示。

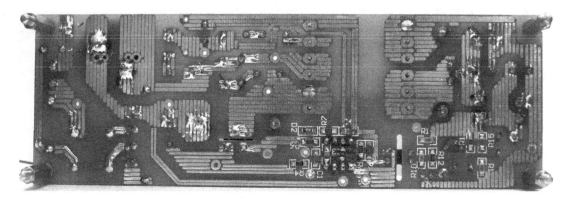

图 13-6　电路板实物

图 13-7　电路实物

13.2　测试入门

13.2.1　测试电源与测试设备

测试电源是必备的，特别是第一次测试过程尤为必要。测试电源可以是 0~30V 可调电源，最好是双路电源。一路作为芯片及附属电路测试供电，另一路作为整个电源测试用。

应用 UC3842 的反激式开关电源测试大概需要以下几个步骤：测试设备的选择与调试，测试芯片的启动电压和欠电压关闭电压，测试基准电压是否建立和振荡器是否起振，是否有驱动输出，峰值电流控制是否有效，变压器各绕组的同名端是否正确，输出电压反馈是否正常以及是否可以稳定输出电压。

13.2.2　测试芯片的启动电压和欠电压关闭电压

测试 UC3842 工作状态的第一步是测试 UC3842 在什么电源电压下能工作，什么电源状态下不工作。

在测试控制电路是否工作时，为防止初次设计电路所产生的失误在上电时将电源烧毁，可以在最初的测试时，电源仅为控制电路供电，不为整个电路供电。

电路接法，将测试芯片工作的供电电源串联一个二极管（主要为防止后续测试时辅助电源与外接测试电源相互干扰而不能正常工作），接到 UC3842 的 5 脚（COM）和 7 脚（V_{CC}），电源电压在 9~17V 之间调节就可以了。

判断 UC3842 是否开始工作和是否进入欠电压锁定状态，可以用示波器监测 UC3842 的 7 脚的 VCC 和第 4 脚锯齿波电压波形是否建立来判定。

13.2.3　测试 UC3842 的振荡器是否起振

在电路无误和确定 UC3842 是正常的情况下，只要是 UC3842 的第 4 引脚有锯齿波电压波形存在，UC3842 就是工作的，一旦 UC3842 的第 4 引脚有锯齿波电压波形消失，则表明 UC3842 已经欠电压锁定。如图 13-8~ 图 13-11 所示。

图中的 1 通道为 V_{CC}（7 引脚）电源电压，通道 3 为定时电容、定时电阻端（4 引脚）电压，通道 4 为基准电压（8 引脚）电压。所有的信号的公共端为 COM（5 引脚）。

图 13-8 中的 V_{CC} 没有达到启动电压值，因此 UC3842 不能工作，第 4 引脚（通道 3）没有锯齿波电压，第 8 引脚（通道 4）电压为零，无法为芯片内部电源供电，因此，这时的 UC3842 处于"待机"状态。

当 V_{CC} 上升到启动电压时，UC3842 得到启动，芯片开始工作，这时的电路状态为 8 引脚的基准电压从零上升到"5V"，4 引脚为锯齿波，如图 13-9 所示。

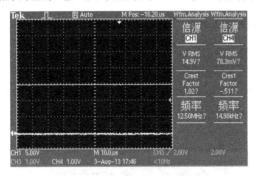

图 13-8　电源电压未上升到启动电压值的状态

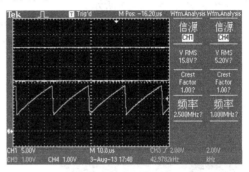

图 13-9　电源电压上升到启动电压后的状态

UC3842 的振荡频率约为 43kHz。

锯齿波从开始的 1V，通过外接定时电阻对定时电容充电，得到 RC 充电的上升电压波形。当定时电容电压上升到 2.8V 时开始放电，由 UC3842 内部电流源放电，呈近乎线性下降的波形。

降低 V_{CC} 供电电压，只要高于欠电压锁定电压就可以正常工作，如图 13-10 所示。

图中的 V_{CC} 电压已经下降到 11.6V，电路仍正常工作。

继续降低 V_{CC} 电压值，一旦 V_{CC} 电压降低到欠电压锁定值以下时，欠电压锁定功能开始起作用，这时的 UC3842 处于锁定或"待机"状态，基准电压消失，振荡器停振，如图 13-11 所示。

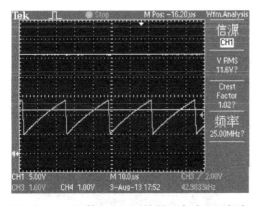

图 13-10　V_{CC} 供电电压开始低于启动电压但高于欠电压锁定电压的状态

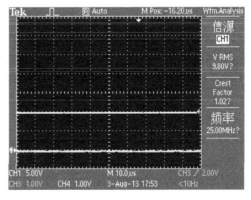

图 13-11　V_{CC} 供电电压低于欠电压锁定电压的状态

接下来是测试 UC3842 的 6 引脚是否有驱动 MOSFET 的输出。

13.2.4　驱动输出

UC3842 有输出驱动脉冲的前提条件是，1 引脚（补偿端）为高电压，不低于 1.4V，同时电流检测峰值电压低于 1V。

在仅仅测试芯片工作是否正常，直流母线没有供电条件下，电流检测电压应该很低，不会影响 UC3842 的驱动输出。

这样在电压、电流反馈均为"零"时，UC3842 的输出驱动与定时电容电压、补偿端电压发热关系如图 13-12 所示。

图中可以看到，在没有电压反馈和电流反馈的条件下，UC3842 的输出驱动脉冲为最大占空比状态，也就是与定时电容电压的放电过程同步。如果定时电容的电容量比较小，如 3000pF 或以下，其占空比可达 95%。由于 UC3842 的驱动输出端与 MOSFET 之间串联一个约 10Ω 电阻，与 MOSFET 的栅极电容构成 RC 低通滤波器，迫使 MOSFET 的栅极电压相对于 UC3842 的驱动输出波形发生变化，如图 13-13 所示。

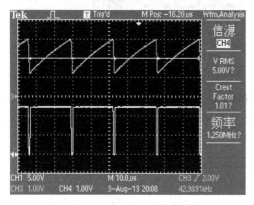

图 13-12　UC3842 的输出驱动

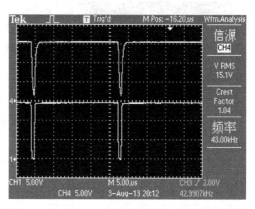

图 13-13　UC3842 的驱动输出与 MOSFET 栅极
电压波形的关系

图中上面的波形为 MOSFET 栅极电压波形，下面的波形为 UC3842 的输出驱动波形。这是在没有漏极电流状态下的栅极电压波形。如果漏极有电流状态下，栅极电压波形会变得更差，这就是说在这种状态下 MOSFET 的开关过程可能工作在线性放大区，使得 MOSFET 过分发热。

开关管的栅极电压与漏极电压的关系，如图 13-14 所示。

图中的上波形为 MOSFET 栅极电压波形，下波形为 MOSFET 漏极电压波形。从图中可以看到，MOSFET 的漏极电压波形比较好，但是 MOFET 栅极电压波形却变得很差，甚至整个关断与开通过程几乎处于线性放大状态，开关损耗很大。好在这是在很低的直流母线下测试。

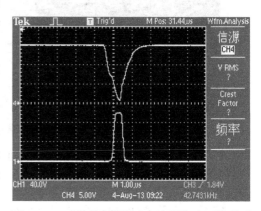

图 13-14　开关管的栅极电压与漏极电压的关系

13.2.5　变压器各绕组同名端是否正确

对于初学者来说，变压器绕制时对各个绕组的同名端可能不大清楚，需要确定各绕组的同名端是否正确。

图 13-15 为正确的变压器同名端条件下测得的开关管漏 - 源极电压（与变压器一次侧电压仅差一个直流母线电压的平均值）和变压器二次侧电压波形。

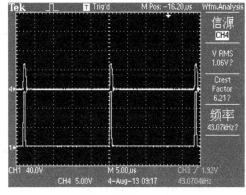

图 13-15　正确的变压器一次侧电压波形与输出绕组电压波形的关系

也就是说，变压器一次侧以直流母线正端为参考端（测试负端），变压器一次侧的正端为与开关管漏极的连接端；变压器二次侧以输出负端为参考端，接输出整流二极管正极端为正端在这种状态下测试的。

这样就可以在开关管关断期间，变压器一次侧励磁电感释放储能产生极性以直流母线端为负、开关管漏极端为正的感应电动势（由于与原来的电压极性相反，故过去经常被称为"反电动势"）。这个磁链的变化在变压器的二次侧也感应出感应电动势，极性为输出负端为负，输出整流二极管正极端为正。变压器励磁储能在变压器二次侧通过输出整流二极管向输出端释放。

如果变压器的一次绕组与二次绕组的连接方向错误，通常称为同名端连接错误，则变压器一次侧与二次侧的电压波形如图 13-16 所示。

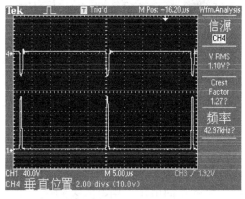

图 13-16　错误的变压器一次侧电压波形与输出绕组电压波形的关系

错误的波形会使得反激式开关电源工作在正激式，但是由于没有输出滤波电感，开关管的开通电流将极大，很可能会烧毁开关管，或者是输出被过电压。总之，反激式开关电源一定不能工作在这种状态下。如果是这样，或者改变电路板布线，或者改变变压器绕组的绕制方式，以获得正确的工作状态。

13.2.6　峰值电流控制是否有效

要想测试控制电流是否有效，在空载和低直流母线条件下可以采用将源极电流检测电阻更换成电阻值比较大的，这样就可以在不大的峰值电流条件下实现用峰值电流关断开关管的目标。可以通过更换漏极电流检测电阻的电阻值，例如：将 0.2Ω 换成 1Ω。

测试峰值电流控制的有效性如图 13-17 所示。

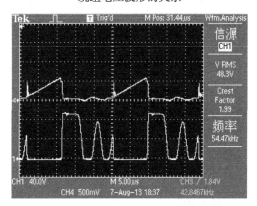

图 13-17　有效的峰值电流控制

从图中可以看到，上边的电流波形有效地控制在约为0.6V，折合成电流为0.6A。这就是说电路可以由电压反馈和误差放大器有效地控制变压器一次侧电流峰值。

考虑开关管导通占空比约为0.42，直流母线电压约为30V。对应的功率为

$$P = \frac{1}{2}UI_{\mathrm{M}}D = \frac{1}{2} \times 30 \times 0.6 \times 0.42 = 3.78\mathrm{W}$$

由于是输出开路测试，因此，这些损耗为电源自身损耗。

13.2.7 输出电压反馈是否有效

开关电源可以上电测试的最后一步，是输出电压反馈的有效性，也就是说不管电路工作在什么状态，必须要将输出电压稳定在预定值，除非电源电压不足所导致的输出电压没有达到预定值。

输出的电压反馈的有效性可以通过图13-18得到。

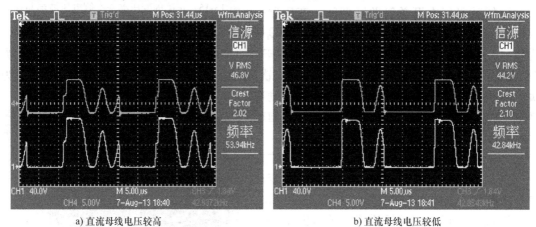

a) 直流母线电压较高   b) 直流母线电压较低

图13-18 通过电压反馈得到输出电压的稳定

从图中可以看到，图13-18a的输出电压波形已经达到了稳定值，也就是输出电压5V加二极管正向电压，用电压表测试开关电源输出电压，稳定在5V。这是在直流母线电压约33V状态下的空载开关管、变压器二次侧电压波形。

图13-18b为直流母线电压为28V状态下的空载开关管、变压器二次侧电压波形。可以很明显地看到变压器二次侧正极性电压波形仍然是稳定在预定值（输出电压5V加二极管正向电压），而且用电压表测试开关电源输出电压，稳定在5V。这表明输出电压反馈是有效的。至此这个反激式开关电源就可以上电测试了。

13.3 测试

13.3.1 输出电压的稳定性

输出电压见表13-2。

表 13-2 输出电压稳定性

输出电流 /A	0	0.5	1.0	1.5	2.0	2.5	3.0	3.5	4.0
输入电压 /V	输出电压 /V								
176	12.09	12.08	12.08	12.08	12.08	12.07	12.07	12.07	12.06
200	12.09	12.08	12.08	12.08	12.08	12.07	12.07	12.07	12.06
220	12.09	12.08	12.08	12.08	12.08	12.07	12.07	12.07	12.06
240	12.09	12.08	12.08	12.08	12.08	12.07	12.07	12.07	12.06
260	12.09	12.08	12.08	12.08	12.08	12.07	12.07	12.07	12.06

从表 13-2 的结果可以看到，所测试的电源输出电压具有良好的稳定性，在全电压、全负载范围，输出电压仅仅变化 30mV，为输出电压的 0.25%。

电源电压调整率几乎为零，负载调整率为 0.25%。

13.3.2 效率测试

输入、输出功率与效率测试结果见表 13-3~ 表 13-10。

表 13-3 输出电流 0.5A 的效率测试结果

输入电压 /V	输入功率 /W	输出电流 /A	输出电压 /V	输出功率 /W	输出效率
175.6	8.4	0.5	12.08	6.04	0.719047619
200.1	7.4	0.5	12.08	6.04	0.816216216
220.4	7.5	0.5	12.08	6.04	0.805333333
239.3	7.6	0.5	12.08	6.04	0.794736842
260	7.8	0.5	12.08	6.04	0.774358974

表 13-4 输出电流 1A 的效率测试结果

输入电压 /V	输入功率 /W	输出电流 /A	输出电压 /V	输出功率 /W	输出效率
175.5	15.2	1	12.08	12.08	0.794736842
200	14.3	1	12.08	12.08	0.844755245
220.4	14.2	1	12.08	12.08	0.850704225
240.5	14.2	1	12.08	12.08	0.850704225
259.6	14.3	1	12.08	12.08	0.844755245

表 13-5 输出电流 1.5A 的效率测试结果

输入电压 /V	输入功率 /W	输出电流 /A	输出电压 /V	输出功率 /W	输出效率
175.8	21.8	1.5	12.08	18.12	0.831192661
200.3	20.9	1.5	12.08	18.12	0.866985646
220	21	1.5	12.08	18.12	0.862857143
240.1	20.9	1.5	12.08	18.12	0.866985646
259.5	21	1.5	12.08	18.12	0.862857143

表 13-6　输出电流 2A 的效率测试结果

输入电压 /V	输入功率 /W	输出电流 /A	输出电压 /V	输出功率 /W	输出效率
176	28.6	2	12.08	24.16	0.844755245
200.4	27.7	2	12.08	24.16	0.872202166
219.9	27.7	2	12.08	24.16	0.872202166
239.2	27.7	2	12.08	24.16	0.872202166
260.2	27.7	2	12.08	24.16	0.872202166

表 13-7　输出电流 2.5A 的效率测试结果

输入电压 /V	输入功率 /W	输出电流 /A	输出电压 /V	输出功率 /W	输出效率
176.3	35.6	2.5	12.07	30.175	0.84761236
200.4	34.5	2.5	12.07	30.175	0.874637681
220.1	34.4	2.5	12.07	30.175	0.877180233
239.2	34.5	2.5	12.07	30.175	0.874637681
259.5	34.8	2.5	12.07	30.175	0.867097701

表 13-8　输出电流 3A 的效率测试结果

输入电压 /V	输入功率 /W	输出电流 /A	输出电压 /V	输出功率 /W	输出效率
176.6	42.4	3	12.07	36.21	0.854009434
200	41.2	3	12.07	36.21	0.878883495
220.3	41.2	3	12.07	36.21	0.878883495
240	41.4	3	12.07	36.21	0.874637681
259.7	41.4	3	12.07	36.21	0.874637681

表 13-9　输出电流 3.5A 的效率测试结果

输入电压 /V	输入功率 /W	输出电流 /A	输出电压 /V	输出功率 /W	输出效率
176.3	49.2	3.5	12.07	42.245	0.858638211
200.3	48.1	3.5	12.07	42.245	0.878274428
219.1	48	3.5	12.07	42.245	0.880104167
238.5	47.8	3.5	12.07	42.245	0.883786611
260.9	48	3.5	12.06	42.21	0.879375

表 13-10　输出电流 4A 的效率测试结果

输入电压 /V	输入功率 /W	输出电流 /A	输出电压 /V	输出功率 /W	输出效率
176	55.6	4	12.06	48.24	0.867625899
201	54.4	4	12.06	48.24	0.886764706
220	54.6	4	12.06	48.24	0.883516484
240.5	54.7	4	12.06	48.24	0.88190128
258.7	54.9	4	12.06	48.24	0.878688525

13.3.3　关键波形测试

损耗分析：主要损耗有启动电阻与控制芯片损耗、输入整流器损耗与滤波电容损耗、开关管损耗与电流检测电阻损耗、钳位电路损耗、变压器损耗、输出整流器损耗、其他损耗等。

测试波形：在最高输入电压和最重负载条件下，变压器漏感的储能最大，所产生的尖峰电压最高，因此需要考察开关管的峰值电压，如图 13-19 所示。

在最高电压和最大电流条件下，开关管的漏 - 源极电压峰值为 576V 电源电压与反冲电压之和约为 490V，变压器漏感造成的尖峰电压约为 90V。因此可以看到，一般采用 600V 耐压的开关管是可行的，如图 13-20 所示。

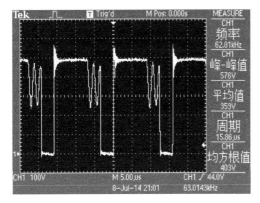

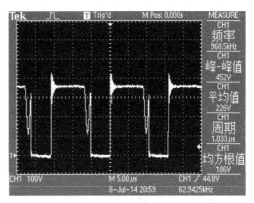

图 13-19　265V/3A 条件下的二极管 S 波形　　　图 13-20　176V/3A 条件下的二极管 S 波形

在最低电源电压状态下，开关管的最大导通占空比约为 0.38，接近于 0.4。这个差异主要由变压器绕组参数决定的。

应用 UC3845 的反激式开关电源全载状态下不能启动，原因是 UC3845 启动电压为 8.5V，关闭电压 7.5V，最终施加到开关管栅极电压将仅剩约 5V 的幅值，当开关管漏极电流达到一定值后开关管进入恒流状态，如图 13-21 中第二个波形所示。

更换低导通阈值电压的 MOSFET 或更换工作电压高的控制芯片，如将 UC3845 用 UC3844 替代，这样的问题就可以解决，如图 13-22 所示。

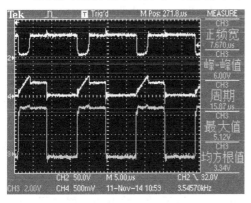

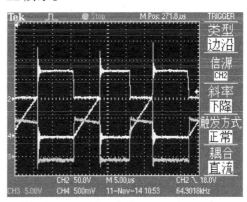

图 13-21　芯片电源电压过低导致开关管不能完全导通　　图 13-22　提高芯片电源电压后电路正常

第14章

商用开关电源设计实例解析

14.1 输入 28V，输出 5V/10A、12V/6A、−12V/1A 设计实例

14.1.1 设计方案分析

技术指标：输入 28V，输出 5V/10A、12V/6A、−12V/1A，满输出功率为 134W。这个技术指标应用反激式电路结构将不是一个好的选择。

首先是输出 10A 电流需要 40A 的输出整流器，滤波电容器需要能够耐受 12A 以上的纹波电流，变压器二次侧绕组需要承受 15.6A 有效值电流。如果是多输出电路，还要产生比较大的交差调整率。

除了反激式电路结构，还有推挽、半桥、全桥、单管正激电路结构。

推挽结构中控制芯片很容易选择。可以选用如 TL494、SG3525A 等双端控制芯片。推挽结构的问题在于变压器，变压器一次侧需要两个绕组，对于低压、较大功率输入时，绕组引出线是个很大问题。现在，低输入电压开关电源一般都不用推挽式电路结构。

半桥电路结构的电容将是最难以解决的问题。半桥电路结构需要能承受有效值为 2A 以上电流流过的耦合电容，可承受如此大电流的电容却很难找到廉价的。电容由于半桥结构施加在变压器一次侧电压折半，使得变压器、开关管峰值电流、有效值电流加倍，会导致电路布线损耗增加，因此也不是好的选择。

全桥电路结构通常需要 4 只开关管和 4 输出开关电源芯片，这样的电路相对较为麻烦，所以设计者会放弃这种方式。

最后一个就是比较简单并容易实现的单管正激式电路结构。可以选用简单的 UC3844 控制芯片，也可以采用准谐振控制芯片。

最容易实现的还是应用 UC3844 控制芯片。UC3843 控制芯片是一种峰值电流型、最大占空比 100% 的单端控制芯片。UC3843 芯片控制是单管反激开关电源最好选择，对于正激式开关电源来说，一般应用选择 UC3845 会比 UC3843 方便一些，这是因为因变压器磁通复位问题，常常要求开关管最大占空比低于 50%。UC3843 必须用大定时电容将占空比降低到 50% 以下才能应用。

从材料清单中可以看到，控制芯片选择的是 UC1843，很显然，这款电源是军用级电源，否则不会选择军用级的 UC1843。

复位电路是最简单的电压瞬变抑制二极管钳位复位方式，电路简单。

14.1.2　电路图和 PCB 图

电路图和 PCB 图如图 14-1 和图 14-2～图 14-4 所示。

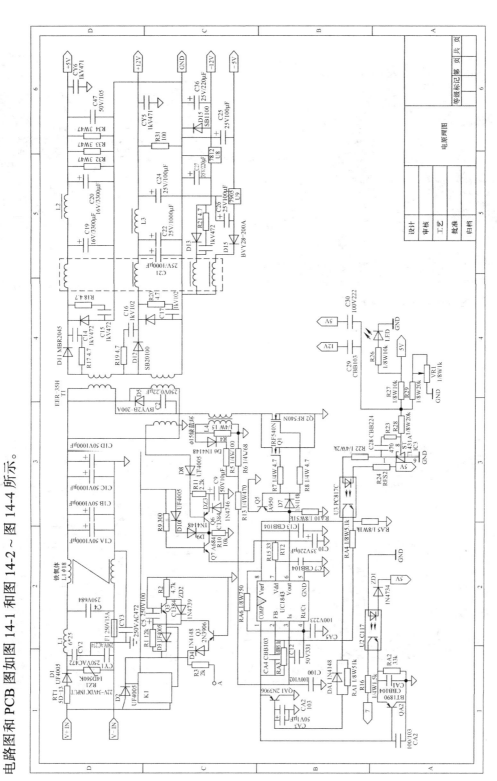

图 14-1　电路图

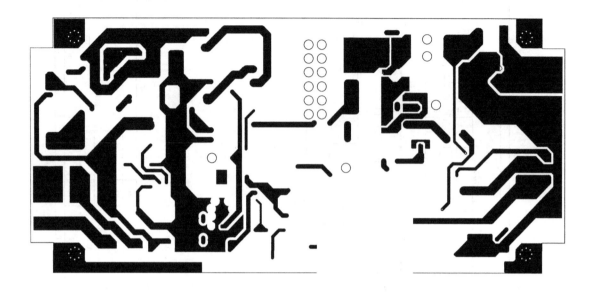

图 14-2　顶层 PCB

图 14-3　底层 PCB

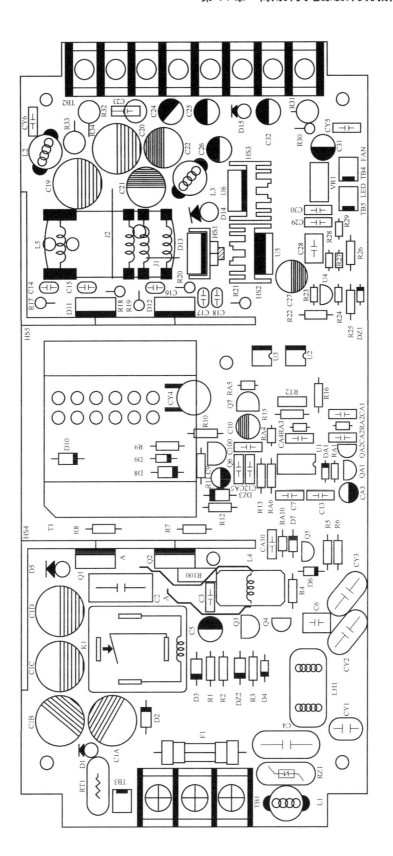

图 14-4　元器件排布图

14.1.3　原材料清单

原材料清单见表14-1。

表14-1　原材料清单

IN: DC 28V　OUT: 5V/10A、12V/6A、-12V/1A

序号	名称	类型	规格	原理图代号	数量	总数量	单价	金额	备注
一	短接线	φ0.8	10mm	J1	1	2			
		φ1.0	24mm	J2	1				
二	电阻	RJ1/8W	470Ω	R23 R28	2	10			
			1k	RA5	1				
			3.9k	R29	1				
			5.1k	R27 RA3 RA4	3				
			33k	RA2	1				
			51k	RA1 RA10	2				
		RJ1/4W	3.3Ω	R15	1	18			
			4.7Ω	R7 R8 R25	3				
			51Ω	R24	1				
			68Ω	R6	1				
			100Ω	R5	1				
			750Ω	RA6	1				
			300Ω	R9	1				
			470Ω	R13 R26	2				
			1.5k	R16	1				
			2k	R3 R22	2				
			2.2k	R11	1				
			4.7k	R2	1				
			10k	R10	1				
			12k	R1	1				
		RJ1/2W	4.7Ω	R17 R18 R19 R20 R21 R30 R100	7	8			
			15Ω	R4	1				
		RJ3W	47Ω	R32 R33 R34	3	4			
			100Ω	R31	1				
		电位器	202	VR1	1	1			3296立式顶调
		热敏	5D-13	RT1	1	1			
		压敏	14D-561k	RZ1	1	1			

（续）

序号	名称	类型	规格	原理图代号	数量	总数量	单价	金额	备注
三	电容	X 电容	250V/0.22μF	C2	1	1			
		聚酯	250V/684	C4	1	1			
		CBB 电容	63V/224	C6 C28	2	8			
			100V/103	CA2 CA4 C29	3				
			100V/104	C7 C13 CA1	3				
		Y 电容	400V/102	CY3 CY4	2	4			
			400V/472	CY1 CY2	2				
		涤纶	100V/102	C100	1	3			
			100V/222	C30	1				
			100V/223	CA5	1				
		瓷片	1kV/102	C16 C17	2	3			
			2kV/331	C12	1				
		瓷片	1kV/471	CY5 CY6	2	6			
			1kV/472	C3 C14 C15 C18	4				
		电解	16V/3300μF	C19 C20	2	18			$\phi 13 \times 21$　105℃
			25V/100μF	C5 C24 C25 C26 C31 C32	6				$\phi 6.5 \times 12$　105℃
			25V/1000μF	C21 C22	2				$\phi 10 \times 21$　105℃
			35V/220μF	C10 C27	2				$\phi 8 \times 13$　105℃
			50V/1μF	CA3	1				$\phi 5.5 \times 11$　105℃
			50V/10μF	C9	1				$\phi 5.5 \times 11$　105℃
			50V/100μF	C1A C1B C1C C1D	4				$\phi 13 \times 25$　105℃
四	电晶体	二极管	UF4005	D1 D2 D3 D8 D10	5	12			
			IN4148	DA1 D4 D6 D7 D9	5				
			BYV28-200A	D5 D14	2				
		稳压管	IN4734	DZ1	1	3			1W　5.6V
			IN4739	DZ2	1				1W　9.1V
			IN4746	DZ3	1				1W　18V
		肖特基	SB1100	D15	1	3			
			SB20100	D12	1				
			MBR2045	D11	1				TO-220
		快恢复	F12C20C	D13	1	1			
		晶体管	C1834	Q3 Q6	2	6			
			A950	Q4 Q5	2				
			A684	Q7	1				
			2N3906	QA1	1				
		晶闸管	BT169D	QA2	1	1			
		MOS 管	IRF540N	Q1 Q2	2	2			
		发光管	$\phi 3$	LED	1	1			绿色透明

（续）

序号	名称	类型	规格	原理图代号	数量	总数量	单价	金额	备注
五	集成电路	稳压器	SE TL431AI	U4	1	1			
		IC	UC3843	U1	1	1			
		光耦合器	PC817C	U3	1	2			
			C117	U2	1				
		三端稳压	LM7812	U5	1	2			
			KA7905	U6	1				
六	磁材	变压器	EC40 卧式	T1	1	1			0040CW014
		绿蓝环	$\phi 15 \times 8.5 \times 6.5$	L4	1	1			
		铁硅铝磁环	$\phi 27 \times 14 \times 11$	L5	1	1			
		铁氧体环	$\phi 18.5 \times 9.5 \times 7.5$	LH1	1	1			
		柱形电感	$\phi 6 \times 25$	L1	1	3			$\phi 2.0 \times 1 \times 11.5$
			$\phi 6 \times 25$	L2	1				$\phi 2.0 \times 1 \times 4.5$
			$\phi 6 \times 25$	L3	1				$\phi 1.2 \times 1 \times 14.5$
七	其他	保险	250V/15A	F1	1	1			带引脚 延时
		散热器		HS5	1	1			
				HS1	1	1			
			D78×30	HS2 HS3	2	2			
				HS4	1	1			
		小弹簧夹			1	1			
		外壳			1	1			
		插针	DG48C-13-03P-13	TB1	1	4			
			DG35C-B-08P-13	TB2	1				
			2.54×2	TB3 TB4	2				
		温控开关	100℃	RT2	1	1			
		继电器	CB1a-M24V	K1	1	1			松下
		电路板			1	1			
					1	1			
		引线	18# 黄线 32mm	后背	1	1			（见附图）
			18# 红线 90mm		1	1			
		飞机头			1	1			
		绝缘纸	UH 绝缘纸		1	1			
		绝缘布	TO-220		5	5			

（续）

序号	名称	类型	规格	原理图代号	数量	总数量	单价	金额	备注
八	紧固件	绝缘粒	TO-220A		4	4			
		平垫	ϕ 3.5		7	7			
		弹垫	ϕ 3.5		7	7			
		螺母	ϕ 3.5		1	1			
		半圆头钉	M3×8		7	7			
		盘头钉	M3×6		4	4			
		平头钉	M3×6		8	8			煮黑
九	辅料	锡丝							
		锡条							
		助焊剂							
		胶			1	1			
十	标签	I 标	ϕ 10		1	1			
		II 标	ϕ 10		1	1			
		高压标签			1	1			
		ATE/OK	ϕ 10		1	1			
		电源标签	42×29mm		1	1			
		条形码			1	1			
十一	包装	塑料袋							
		包装胶带			1	1			
		包装盒			1	1			
		包装箱							

设计：_____　审核：_____　工艺：_____
批准：_____　归档：_____

14.1.4 变压器设计参数

变压器数据见表14-2。

表 14-2 开关电源变压器参数表

编号№：

磁号：			试制数量：
磁心：EC40	骨架：卧式（8针+8针）	气隙：不开气隙	感量：$L \geq 90\mu H$

层次	绕线方向	线径×根数	线长/mm	匝数	绕线方式				尾长/mm	隔墙胶带/mm		
					正	反	散	并		双	初	次
N1	1→3	0.3mm厚×18mm宽铜皮，引脚用$\phi 0.65 \times 3$根线引出		5T	√							
N2	7→4	$\phi 0.6 \times 3$		5T	√							
N3	7→铜皮（屏蔽层）	0.05mm厚×16mm宽铜皮，首尾不相接		1.2T	√							
N4	14→12	0.3mm厚×18mm宽铜皮，引脚用$\phi 0.65 \times 3$根线引出		4T	√							
N5	9、10→15、16	$\phi 0.6 \times 6$		5T	√							
N6	8→7	$\phi 0.35 \times 1$（中间密绕）		4T	√							

注：包完磁心后在外层先裹三层黄胶带，再裹宽15mm，厚0.05mm铜皮，首尾搭焊，用$\phi 0.35$线1根引至7脚

柱形电感：$\phi 6 \times 25$ $\phi 2.0 \times 1 \times 11.5T$
　　　　　$\phi 6 \times 25$ $\phi 2.0 \times 1 \times 4.5T$
　　　　　$\phi 6 \times 25$ $\phi 1.2 \times 1 \times 14.5T$
$\phi 15$绿蓝环：$\phi 0.4 \times 1 \times 100T$
$\phi 18$铁氧体环：$\phi 0.6 \times 4 \times 5T$/边（双绞线）
$\phi 27$铁硅铝环 $\phi 1.0 \times 3 \times 7T$ 黄
　　　　　$\phi 1.0 \times 1 \times 17T$ 红
　　　　　$\phi 0.65 \times 1 \times 19T$ 红
　　　　　$\phi 0.65 \times 1 \times 10T$ 黄

（续）

电源型号：				电路板型号			功率 /W：150W
适用产品	输入：DC 22 ~ 34V						
	输出：DC 12V/6A　5V/10A　−12V/1A						
	其他：						
更改说明	更改记录				代号	更改人	时间
设计		审核				工艺	
批准		归档					

14.2　AC220V 输入、12V/8.5A 输出正激式开关电源

14.2.1　设计方案分析

技术指标：输入 AC100V ~ AC300V，输出 12V/8.5A，满输出功率为 100W。这是一款单管正激式开关电源。

由于正激式开关电源不适应变化范围大的输入电压，因此选用了输入电压检测控制切换整流电路结构方式。即在 100 ~ 150V 电压时采用倍压整流电路方式，以获得 260 ~ 450V 整流输出电压范围。180V 以上时采用桥式整流电路，整流输出电压 200 ~ 450V，这种电路属于 20 世纪 80 年代技术。现在采用了功率因数校正技术，可以将 85 ~ 265V 交流输入电压经过功率因数校正统一到输出 380 ~ 420V 之间的稳定值，或者通过有源钳位技术获得大范围电压变化的适应性。

变压器磁通复位采用辅助绕组加谐振钳位电容器方式，电路简单可靠，也属于 20 世纪 80 年代的先进技术。

14.2.2　电路图及 PCB 图

电路图及 PCB 图如图 14-5 ~ 图 14-8 所示。

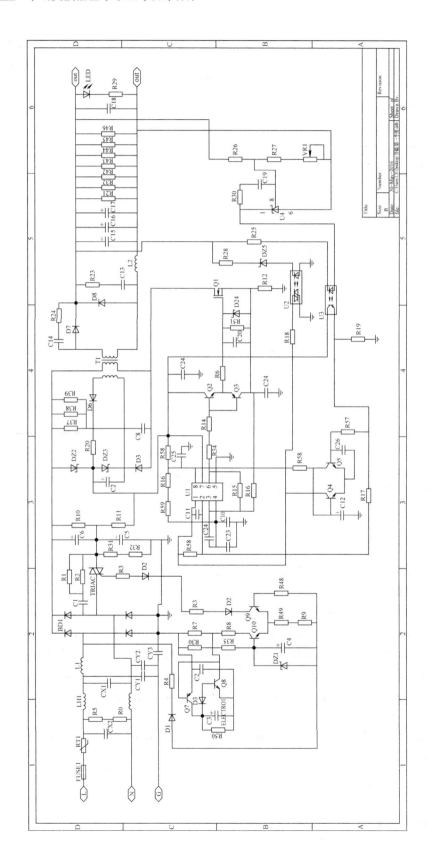

图 14-5 电路图

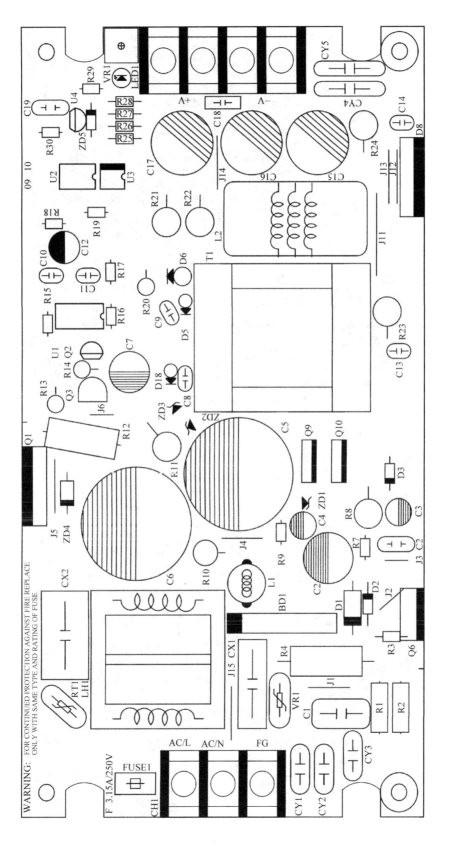

图 14-6 元器件排布图

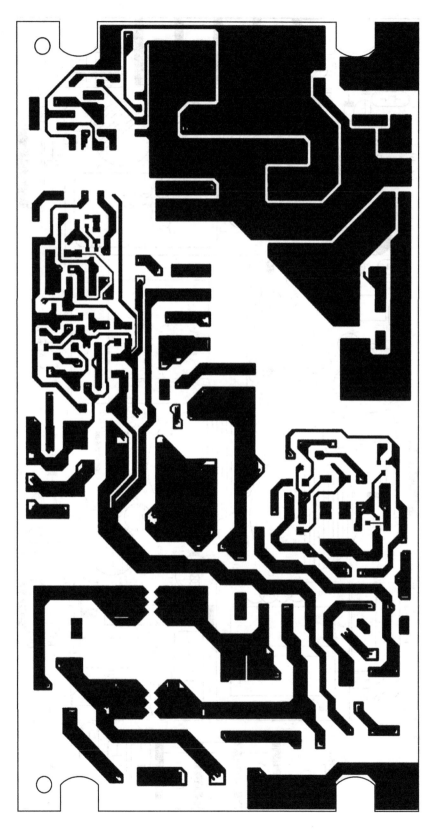

图 14-7 PCB 走线

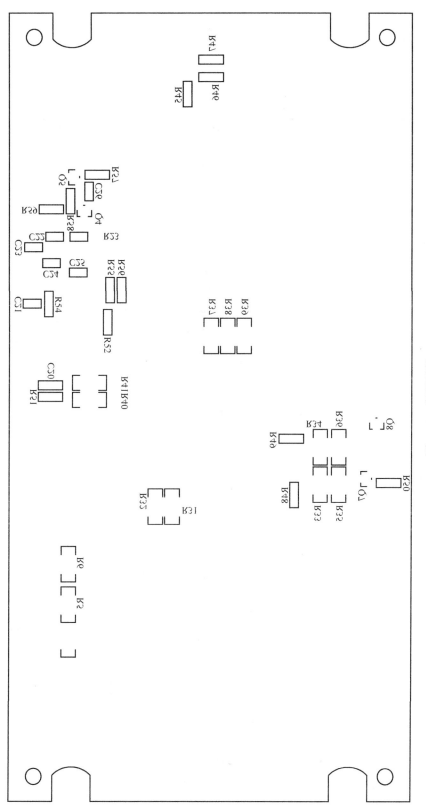

图 14-8　底层元件

14.2.3 元器件清单

元器件清单见表 14-3。

表 14-3 元器件清单

开关电源

IN: AC 220V   OUT: DC12V/8.5A

序号	名称	类型	规格	原理图代号	数量	总数量	单价	金额	备注
一	电阻	RJ1/8W	5.1k	R17 R29	2	12			
			6.8k	R26	1				
			62k	R15	1				
			51Ω	R28	2				
			36Ω	R3	1				
			2k	R7	1				
			1k	R19 R30	1				
			150Ω	R25	1				
			1.5k	R9 R27	2				
		RJ1/2W	4.7Ω	R1 R2 R20	3	5			
			22Ω	R13 R14	2				直插
		RJ3W	91k	R10	1	8			直插
			82k	R11	1				直插
			470Ω	R21 R22	2				直插
			200Ω	R4	1				卧插
			180k	R8	1				直插
			10Ω	R23 R24	1				直插
			0.33Ω	R12	1				卧插
		贴片 0805	10k	R53	1	1			
		贴片 1206	9.1k	R48	1	11			
			82k	R57	2				
			56k	R50	1				
			5.1k	R51	1				
			24k	R59	1				
			22k	R58	1				
			1k	R55	1				
			15k	R52	1				
			50V/104	R47	1				
			0Ω	R49 R54	1				
		贴片 2010	180k	R5 R6 R33 R34 R35 R36	6	9			
			200Ω	R37 R38 R39	3				
		压敏电阻	14D-471k	VR1	1	1			
		热敏电阻	5D-13	RT1	1	1			热缩

（续）

序号	名称	类型	规格	原理图代号	数量	总数量	单价	金额	备注
二	电容	贴片 1206	50V/472	C20	1	1			
		贴片 0805	50V/103	C21 C25	2	2			
			50V/220	C26	1	1			
			50V/680	C24	1	1			
		电解电容	400V/4.7μF	C2	1	10			ϕ10
			50V/4.7μF	C3 C4	2				ϕ6
			35V/100μF	C7	2				ϕ22
			25V/100μF	C12	1				ϕ8
			250V/330μF	C5 C6	3				ϕ13
			16V/2200μF	C15 C16 C17	1				ϕ6.5
		CBB 电容	63V/104	C18	1	2			
			63V/334	C19	1				
		聚酯	400V/473J	C1	1	1			
		涤纶	100V/683J	C2	1	1			
		瓷片电容	2kV/101	C8 C9	2	8			
			50V/331	C10	1				
			50V/223	C11	2				
			1kV/203	CY4 CY5	2				
			1kV/222	C13 C14	1				
		X 电容	275V/0.1μF	CX1	1	2			
			275V/0.22μF	CX2	1				
		Y 电容	400V/472	CY3	2	3			
			400V/222	CY1 CY2	1				
三	晶体管	二极管	HER206	D18	1	7			正极套磁珠
			HER204	D6	1				正极套磁珠
			1N4007	D1	1				卧插
			UF4007	D5	1				直插
			P6kE150A	ZD2 ZD3	2				直插
			ST DB3 DO-35	D2	1				双向
		晶体管	D1835	Q2	1	8			直插
			C3425	Q9 Q10	2				直插
			A1020	Q3	1				直插
			MMBT2907	Q7	1				贴装
			MMBT3904	Q4 Q5 Q8	3				贴装
		快恢复	S20LC20U	D8	1	1			
		稳压管	1N4750	ZD4	1	1			
			1/2W 5.1V	ZD1	1				
			1/2W 11V	D3	1				
			IN4148 13V 1/2W	ZD5	1	1			
		整流桥	GBU806	BD1	1	1			
		光耦合器	MOC 3022	U2	1	1			
			PC817B	U3	1	1			

（续）

序号	名称	类型	规格	原理图代号	数量	总数量	单价	金额	备注
四	磁材	变压器	0028CW320	T1	1	1			
		磁环	CS270125	L2	1	1			$\phi 0.8 \times 3 \times 17T$
		IC	UC3845BN	U1	1	1			
		晶闸管	BTA16	Q6	1	1			
		发光管	$\phi 3$ 绿	LED	1	1			透明
		稳压器	TL431AC	U4	1	1			
		MOS 管	9N90	Q1	1	1			
		柱形电感	$\phi 4 \times 20$	L1	1	1			$\phi 0.8 \times 1 \times 30.5T$
五	其他	保险	250V/3.15A	FUSE1	1	1			延时
		端子	DG38C-B-03P-13	CH1	1	2			
			DG38C-B-04P-13	CH2	1				
		短接线 $\phi 0.6$	间距 10mm	J1	1	17			背面
			间距 8mm	J2 J7 J8	3				背面
			间距 6mm	J3 J6 J16 J17	4				
			间距 18mm	J11	1				
			间距 12mm	J5 J9 J10 J12 J13 J14 J15	7				
			间距 10mm	J4	1				
		电路板			1	1			
六	紧固组件	绝缘纸	160×101×0.2mm						
		绝缘布							
		绝缘粒							
		平垫							
		弹垫							
		螺母							
		沉头钉	M3×12		6	6			
		盘头钉	M3×6		3	3			
		半圆头钉	M3×8		4	4			组合钉
		L 型压板			3	3			23×8mm
		线扣							

（续）

序号	名称	类型	规格	原理图代号	数量	总数量	单价	金额	备注
七	辅料	锡丝							
		锡条							
		助焊剂							
		胶							
八	标签	Ⅰ标							
		Ⅱ标							
		高压标签							
		ATE/OK							
		电源标签							
		条形码							
九	包装	塑料袋							
		包装胶带							
		包装盒							
		包装箱							

14.3　AC220V 输入、15V/5A 输出反激式开关电源

14.3.1　设计方案分析

这是一款输入电压 AC100V ~ 300V，输出 15V/5A 的工业级电源。体积要求比较小，电路板尺寸约为 200mm×92mm 并且有高度限制。

对该设计方案分析如下：

1）采用 UC2842，满足工业级要求。

2）为了尽可能简化电源电路结构，本设计实例选用反激式电路结构。

3）采用体积相对最小的 RM 型磁心使得变压器体积最小化。

4）选用两只 250V/470μF 串联，满足 AC300V 条件下耐压要求。

5）选用低导通电阻的 Infineon 的 Coolmos 作为主开关，导通电阻为"标准型"的 1/3。

6）带有限流 / 恒流控制功能，可以实现充电器功能。

14.3.2　电路图及 PCB 图

电路图及 PCB 图如图 14-9 ~ 图 14-14 所示。

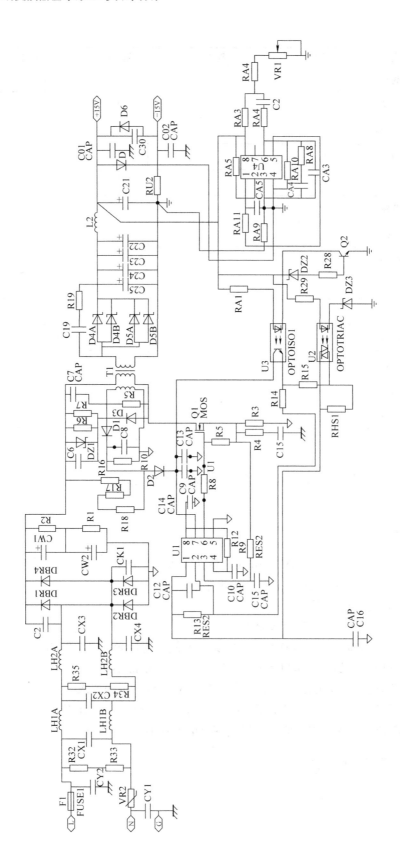

图 14-9　电路图

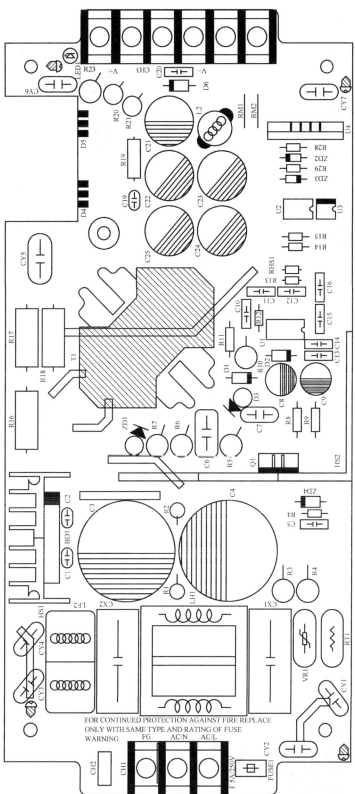

图 14-10　元器件排布图

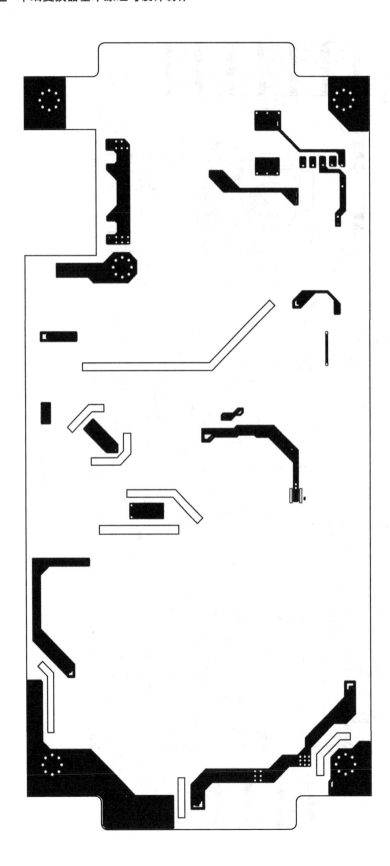

图 14-11   顶层 PCB 布线

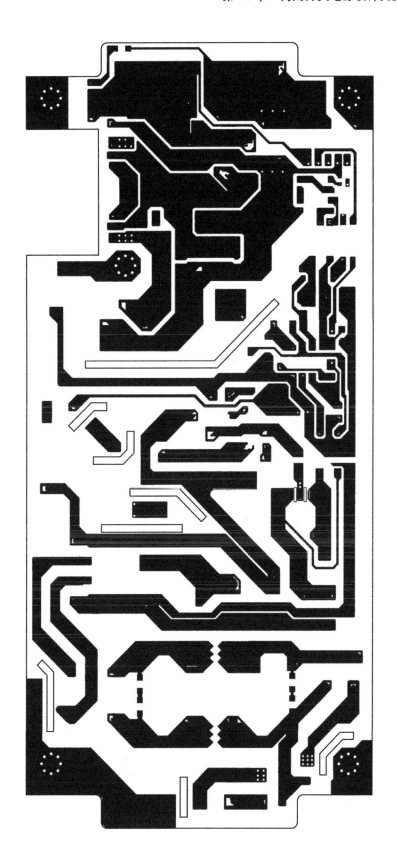

图 14-12　底层 PCB 布线

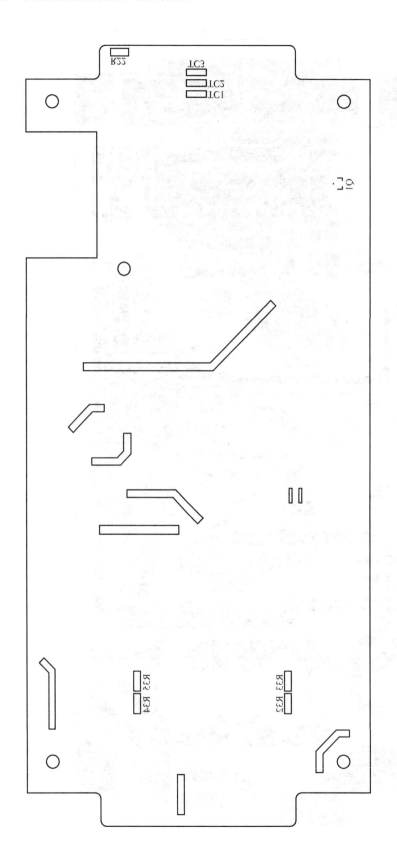

图 14-13 控槽图

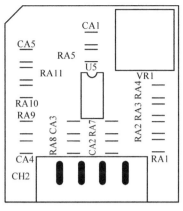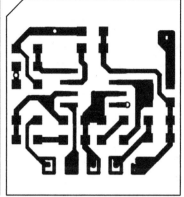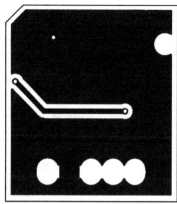

图 14-14　输出电压检测版

14.3.3　元器件清单

元器件清单见表 14-4、表 14-5，变压器设计参数见表 14-6。

表 14-4　元器件清单

材料清单							
（IN: AC 100~300V　　OUT: 15V5A）							
序号	名称	类型	规格	原理图代号	数量	总数	备注
一	电阻	RJ 1/8W	51Ω	R29	1	6	
			1k	R15	1		
			1.2k	R12	1		1% 准确度
			5.1k	R14	1		
			5.6k	R4	1		
			7.5k	R13	1		
		RJ 1/4W	22Ω	R8	1	2	
			820Ω	R9	1		
		RJ 1/2W	5.1Ω	D2	1	4	
			22Ω	R19	1		
			150k	R1 R2	2		
		RT 3W	0.36Ω	R3	1	7	
			1.5k	R20 R21	2		
			47k	R6 R16 R17 R18	4		1% 准确度
		压敏电阻	14k561	VR1	1	1	
		热敏电阻	5D-13	RT1	1	1	
		贴片 2512	8mΩ	RM1	1	4	SR251222R008F2
		贴片 1206	6.2k	R22	1		
			560k	R32 R33	2		

（续）

材料清单						
（IN：AC 100～300V　　OUT：15V5A）						
序号	名称	类型	规格	原理图代号	数量	总数	备注
二	电容	电解电容	250V/470μF	C3 C4	2	7	φ25×30 105℃
			50V/100μF	C8	1		φ8×12
			35V/470μF	C21 C22 C23 C25	4		φ12×21
		电解电容 50V/100μF 与 35V/470μF 采用高频低阻 105℃，						
		CBB 电容	100V/104	C13 C14 C20	3	3	
		涤纶	100V/153	C10	1	3	
			100V/222	C12	1		
			100V/223	C16	1		
		瓷片电容	1kV/102	C1 C2	2	5	
			1kV/221	C11	1		
			1kV/471	C15 C19	2		
		聚酯电容	630V/103	C6	1	1	体积：12×8×4.5mm
		X 电容	MPX474kAC300V	CX1 CX2	2	2	X1 体积：18×19×10.8mm
		Y 电容	400V/472	CY6 CY7	2	5	Y2
			400V/222	CY3 CY4	2		Y1
			400V/102	CY5	1		Y1

材料清单				图号：
批准	审核	设计	工艺	版本号
20 年 月 日	20 年 月 日	20 年 月 日	20 年 月 日	20 年 月 日

三	晶体管	二极管	FR204	D1	1	3	
			HER207	D3	1		
			1.5KE250A	ZD1	1		
		肖特基	MBR20150FCT	D4 D5	2	2	TO-220
		整流桥	GBU806	BD1	1	1	
		MOS 管	SPP17N80C3	Q1	1	1	TO-220，注：①③脚套 8mm 长高温乙烯管
		光耦合器	PC817C	U3	1	2	DIP-4
			MOC3022	U2	1		DIP-6
		稳压器	18V（1/2W）	ZD3 ZD4	2	2	18V
		IC	UC2842BN	U1	1	1	DIP-8
四	磁材	变压器	0014RM014	T1	1	1	磁心：RM14　材质：PC44
		滤波器	EE25	LH1	1	1	φ0.65×1×35T/边
		绿铁氧体环（10K 材质）	φ22×13×8	LF1	1	1	φ0.85×1×32T/边
		柱形电感	φ6×20	L2	1	1	φ1.0×1×7.5T

（续）

材料清单								
（IN：AC 100～300V　　OUT：15V5A）								
序号	名称	类型	规格	原理图代号	数量	总数	备注	
五	其他	发光管	$\phi3$	LED	1	1		
		保险	3.15A/250V	FUSE1	1	1		
		散热器		HS1	1	2		
				HS2	1			
		插针	DG38C-B-03P-13	CH1	1	2	宁波高正	
			DG38C-B-06P-13	CH2	1		宁波高正	
		外壳			1	1		
		电路板			1	1		
					1	1		
六	紧固组件	绝缘纸	35×60mm		1	3		
			50×50mm		1			
			200×102mm		1			
		绝缘护套	TO-220		3	3		
		平垫			5	5		
		弹垫			5	5		
		沉头钉	M3×4		5	7	黑色	
			M3×12		2		黑色	
		半圆头钉	M3×8		1	1		
		组合钉	M3×8		4	4		
		L 型压板			1	1		
		U 型压板			1	1		

材料清单				图号：	
批准	审核	设计	工艺	版本号	
20 年 月 日	20 年 月 日	20 年 月 日	20 年 月 日	20 年 月 日	

七	辅料	锡丝		
		锡条		
		助焊剂		
		胶		
八	标签	I 标		
		II 标		
		高压标签		
		ATE/OK		
		电源标签		
		条形码		
九	包装	塑料袋		
		包装胶带		
		包装盒		
		包装箱		

表 14-5 为反馈电路板的元器件明细。

表 14-5 反馈电路板的元器件明细

材料清单							
（IN：AC 100～300V OUT：15V5A）							
序号	名称	类型	规格	原理图代号	数量	总数	备注
一	电阻	贴片 0805	1k	RA7	1	9	
			1.2k	RA4	1		
			10k	RA5	1		
			15k	RA3	1		
			510Ω	RA1 RA8	2		
			100Ω	RA9 RA10	2		
			2.15k	RA11	1		准确度 1%
		电位器	102	VR1	1	1	3362 卧式
二	电容	贴片 0805	50V/104	CA1 CA2 CA3 CA4 CA5	5	5	X7R
三	晶体管	IC	TSM101 I	U5	1	1	SO-8
四	其他	单排插针	2.54x5		1	1	
		电路板			1	1	

变压器参数见表 14-6。

表 14-6 变压器参数

编号No：

磁号：							试制数量：		
磁心：RM14 材质：PC44/TP4A		骨架：RM14			气隙：中柱气隙 0.6mm （两边各 2 层麦拉片）		感量： $L = 520（1+5\%）\mu H$		
层次	绕线方向	线径 × 根数	线长 / mm	匝数	绕线方式		尾长 /mm	隔墙胶带 /mm	
					正	备注		双 初	次
N1	12 → 10	$\phi 0.5 \times 1$		22T	√				首尾套高温乙烯管
N2	1 → 3	$\phi 0.4 \times 1$ （三重绝缘线）		3T	√	N2 接 着 N1 绕组末端绕制			首尾套高温乙烯管
N3	4、5、6 → 7、8、9	$\phi 0.5 \times 5$ （三重绝缘线）		3T	√				首套高温乙烯管

注：1. 每层绕组绕完后裹三层宽 18mm 黄胶带。
　　2. 装好磁心先裹三层宽 18mm 黄胶带。
　　3. 4、5、6、7、8、9 → 1、2、3、10、11、12 耐压 AC3500V。

适用 产品	电源型号：		电路板型号：		功率 /W：75		
	输入：AC 100～300V						
	输出：DC 15V/5A						
	其他：						
更改 说明	更改记录				代号	更改人	时间

14.4　12V、5A 开关电源的技术条件

14.4.1　输入特性

1）输入电压：176 ~ AC265V。

2）输入频率：47 ~ 63Hz。

3）输入冲击电流：输入电压为 AC220V 时，≤ 20A。

4）效率：≥ 70%。

14.4.2　输出特性

1）输出电压及电流：12V/5A。

2）负载稳定度：≤ ±1%。

3）电压稳定度：≤ ±1%。

4）纹波（Vp-p）：≤ 50mV。

5）上升时间：≤ 20ms。

6）过电流保护：正常工作时，调节输出电流，使输出电流达到 5.0 ~ 5.5A 范围内，电源应能自动保护，故障排除后，电源应能正常工作。

7）过电压保护：电源内部控制 +12V 输出过电压保护，调节输出为 12.8 ~ 15.0V，电源应能自动保护，故障排除后，电源应能正常工作。

14.4.3　环境条件

1）温度：工作温度：0 ~ 50℃；存储温度：−40 ~ 70℃；

2）湿度：工作湿度：0% ~ 85%；存储湿度：0% ~ 95%；

3）耐电强度：输入对输出 2kV ≤ 5mA；输入对 FG（外壳）　2kV ≤ 5mA；输出对 FG（外壳）　1kV ≤ 5mA。

14.4.4　元器件清单

设计的元器件清单见表 14-7、表 14-8。

14.4.5　变压器的设计

为了减小变压器漏感，需要选择磁路比较长的磁心，也就是绕线窗口比较高的规格。一般选择 EER 外形的磁心，根据磁心尺寸与功率的关系，选择 EER35（有时也称为 EC35）磁心，有效截面积为 1.07cm²，磁感应强度选择约 200mT。

根据变压器设计公式，变压器一次侧匝数为

$$N_P = \frac{V_{DCBUSMIN}t_{onmax}10}{\Delta B_M A_e} = \frac{200 \times 6 \times 10}{200 \times 1.07} \approx 60(匝)$$

表 14-7　电阻清单

序号	名称	类型	规格	原理图代号	数量	总数量	备注
一	电阻	贴片 1206	1k	TR30	1	1	
			0Ω	TR12 TR18 TR19 TR20	4	25	
			22Ω	TR15	1		
			1k	TR14	1		
			1.5k	TR17	1		
			5.1k	TR13 TR22	2		
			7.5k	TR21	1		
			15k	TR11	1		
			56k	TR3 TR4 TR5 TR6 TR8 TR9	6		
			220k	TR1 TR2	1		
			270k	TR7	1		
			390k	TR10	1		
			330Ω	R14	1		
			750Ω	R11	1		
			1.5kΩ	R12	1		
			6.8k	R17	1		
			33k	R13	1		
		RT 1/4W	1kΩ	R23	1	2	
			5.1k	R25	1		
		1W	10Ω	R10 R20	1	1	
		3W	0.33Ω	R24	1	5	
			330Ω	R18 R19	2		
			75kΩ	R21 R22	2		
		热敏电阻	5D-13	RT1	1	1	
		压敏电阻	14D471k	RZ1	1	1	
		电位器	102	VR1	1	1	3296 侧调封装
		短接线	间距 5mm	L1	1	12	
			间距 6mm	ZD3 J10 R15	3		
			间距 8mm	J11 R9 R27	3		
			间距 10mm	J5	1		
			间距 12mm	J1 J2 J3	3		
			间距 14mm	J4	1		

设计：_____　　审核：_____　　工艺：_____

批准：_____　　归档：_____

表 14-8　其他材料清单

序号	名称	类型	规格	原理图代号	数量	备注
一	电容	瓷片电容	1kV/331	C4	1	
			1kV/472	C3 C11	2	
			2kV/103	C2 C6 CY5 CY6	4	
		X 电容	275V/0.1μ	CX2	1	小体积
			275V/0.47μ	CX1	1	小体积
		Y 电容	400V/222	CY1 CY2 CY3	3	Y1 电容
			400V/102	CY4	1	
		贴片 0805	50V/331	TC3	1	
		贴片 1206	50V/103	TC4 TC6	2	
			50V/104	TC2 TC11 TC5	3	
		独石电容	50V/104	C111	1	
		CBB 电容	63V/104	C19	1	
			63V/224	C9	1	
		聚酯电容	100V/223	C7	1	
		电解电容/105℃	25V/330μ	C5	1	$\phi 8 \times 12$
			25V/470μ	C12 C13 C14 C15 C17 C18	6	$\phi 10 \times 16$
			50V/1μ	C16	1	$\phi 5 \times 11$
			400V/120μ	C1	1	$\phi 25 \times 25$ 红宝石
二	晶体管	二极管	HER203	D2	1	
			UF4005	D1	1	正极套磁珠
			IN4746 1/2W	ZD1	1	18V
			12V 1/2W	ZD4	1	
			BYQ28X-200	D3	1	
		发光管	$\phi 3$	LED1	1	
		MOSFET	6N60	Q1	1	套绝缘套 T0-220F
		晶闸管	BT169	Q2	1	
		电压基准	TL431C	U4	1	
三	集成电路	整流桥	GBU806	BD1	1	
		集成电路	UC3842BN	U1	1	ON Semi
		光耦合器	NEC2561LH	U2 U3	2	
四	磁性材料	变压器	0035CW034	T1	1	EC35 卧式（8+8 针）
		共模电感	WD03007	LF	1	
		柱形电感	$\phi 6 \times 25$	L2	1	$\phi 1.2 \times 1 \times 14.5T$
五	其他	线路板			1	
		插针	DG38C-B-03P-13	CH1	1	宁波高正
			DG28C-B-04P-13	CH2	1	宁波高正
		保险	250V/3.15A	F1	1	
		外壳	75W	UK	1 套	

设计：_____　　审核：_____　　工艺：_____

批准：_____　　归档：_____

　　取整数 60 匝的原因是，变压器一次侧的反冲电压与变压器二次侧电压正好是 5∶1（反冲电压 65V，也适用于 AC85～265V 电压等级）的关系，一次侧匝数为 60，二次侧匝数则为 12 匝的整数。如果仅仅应用于 220VAV（1±20%，则二次侧为 6 匝）。开关电源变压器参数表见表 14-9。电路图及 PCB 图如图 14-15～图 14-20 所示。

表 14-9　开关电源变压器参数表

适用于 AC85～265V 供电电压范围（反冲电压 65V）											
磁号								试制数量			
磁心：EC35 材质：PC40		骨架：卧式 （8+8 针）				气隙：开 每边 0.35mm		感量：$L = 750（1±10\%）\mu H$			
层次	绕线方向	线径×根数	线长/mm	匝数	绕线方式			隔墙胶带	铁氟龙套管		
					正	密	散	并			
								双	管径	管长	位置
N1	3→4	$\phi 0.6×1$		42T	√				3mm	$\phi 1.01～\phi 0.71$	15mm	头/尾
N2	9→15	$\phi 0.5×2$		12T	√				3mm	$\phi 1.50～\phi 1.20$	15mm	头/尾
N3	10→14	$\phi 0.5×2$		12T	√				3mm	$\phi 1.50～\phi 1.20$	15mm	头/尾
N4	11→13	$\phi 0.5×2$		12T	√				3mm	$\phi 1.50～\phi 1.20$	15mm	头/尾
N5	7→8	$\phi 0.27×1$		13T	√	√			3mm	$\phi 0.86～\phi 0.56$	15mm	头/尾
N6	1→3	$\phi 0.6×1$		18T	√				3mm	$\phi 1.01～\phi 0.71$	15mm	头/尾

注：1. 各引脚套铁氟龙套管。

　　2. 装好磁心先裹两层黄胶带后，裹宽 18mm 铜皮，首尾搭焊，用 0.35 线套 $\phi 1$ 铁氟龙套管引至 7 脚，然后再裹两层黄胶带。

　　3. 挂线时，一定要将线压入线槽内。

　　4. 剪 6、12、16 脚。

　　5. 耐压 AC2kV。

适用于 AC220V（1±20%）供电电压范围（反冲电压 125V）											
磁号								试制数量			
磁心：EC35 材质：PC40		骨架：卧式 （8+8 针）				气隙：开 每边 0.35mm		感量：$L = 750（1±10\%）\mu H$			
层次	绕线方向	线径×根数	线长/mm	匝数	绕线方式			隔墙胶带	铁氟龙套管		
					正	密	散	并			
								双	管径	管长	位置
N1	3→4	$\phi 0.6×1$		42T	√				3mm	$\phi 1.01～\phi 0.71$	15mm	头/尾
N2	9→15	$\phi 0.5×4$		6T	√				3mm	$\phi 1.50～\phi 1.20$	15mm	头/尾
N3	10→14	$\phi 0.5×4$		6T	√				3mm	$\phi 1.50～\phi 1.20$	15mm	头/尾
N4	11→13	$\phi 0.5×4$		6T	√				3mm	$\phi 1.50～\phi 1.20$	15mm	头/尾
N5	7→8	$\phi 0.27×1$		7T	√	√			3mm	$\phi 0.86～\phi 0.56$	15mm	头/尾
N6	1→3	$\phi 0.6×1$		18T	√				3mm	$\phi 1.01～\phi 0.71$	15mm	头/尾

注：1. 各引脚套铁氟龙套管。

　　2. 装好磁心先裹两层黄胶带后，裹宽 18mm 铜皮，首尾搭焊，用 0.35 线套 $\phi 1$ 铁氟龙套管引至 7 脚，然后再裹两层黄胶带。

　　3. 挂线时，一定要将线压入线槽内。

　　4. 剪 6、12、16 脚。

　　5. 耐压 AC2kV。

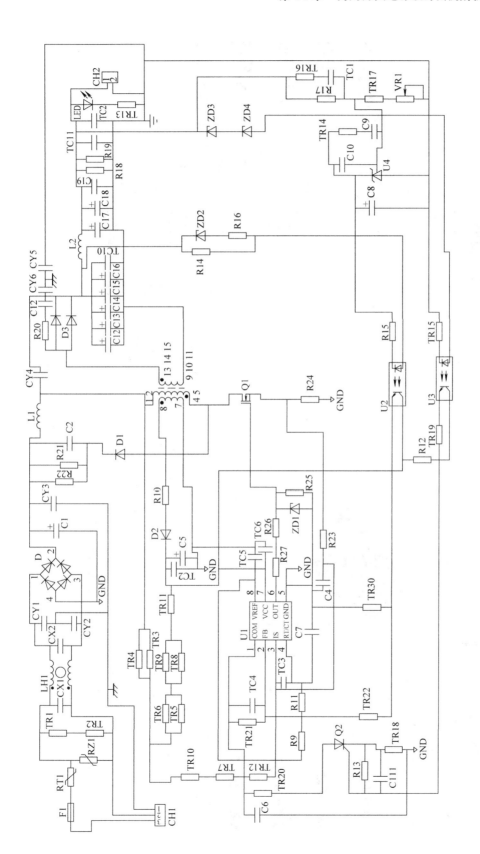

图 14-15 电路图

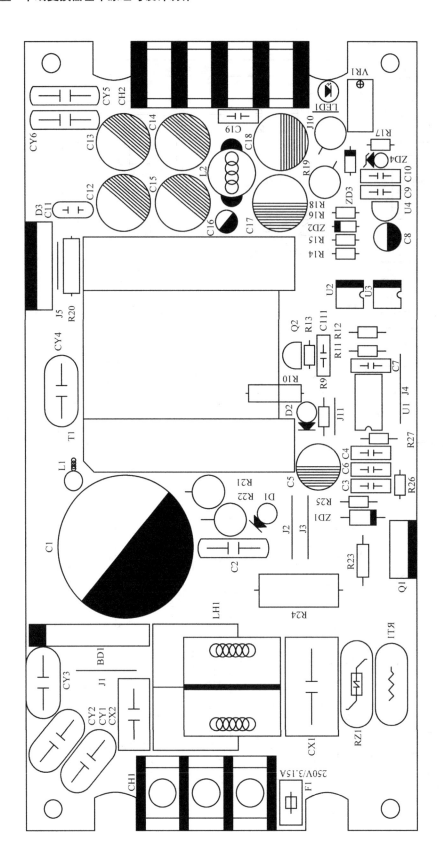

图 14-16　元件面的元件排布

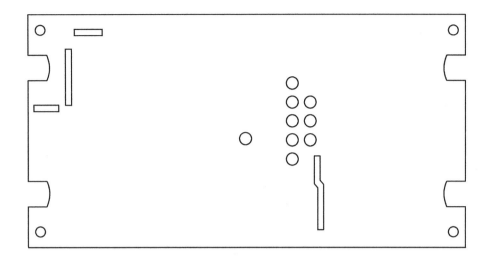

图 14-17 电路板打孔图

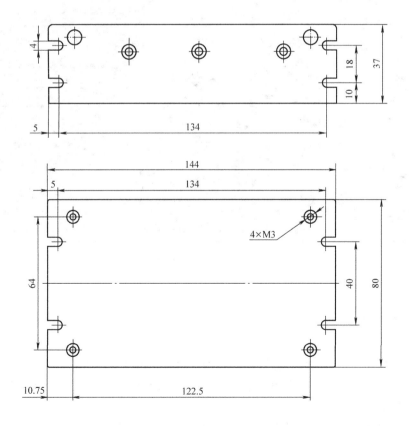

图 14-18 铝外壳尺寸及安装尺寸

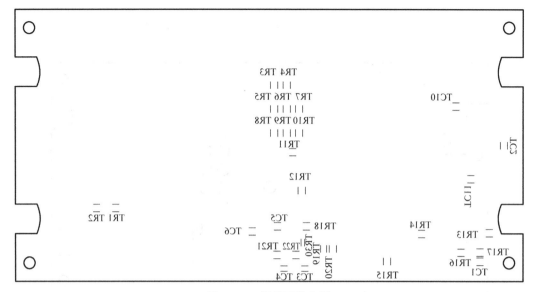

图 14-19　焊接面排布图

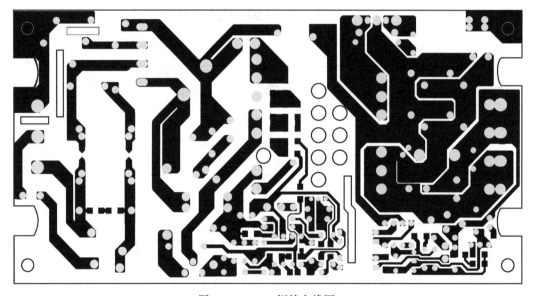

图 14-20　PCB 铜箔布线图

14.5　本章小结

本章涉及的 4 款开关电源设计资料是我国 20 世纪 90 年代的产品，其中有军用级产品、工业级产品和商用级产品。前两种分别为军用级和工业级产品，这两种等级产品对电路的可靠性要求很高。

在 20 世纪 90 年代，国内的开关电源对功率因数校正几乎没有要求。因此，对于宽输入电压范围的应用，要么采用反激式电路结构，要么采用改变整流电路拓扑来适应交流输入电压结构。

对于一般应用，14.2 节中的交流电压检测电路和整流电路结构切换电路可以不用，电路中只要不焊接相关元件就可以适应 220V 电压等级的交流输入，无须改变电路中各元件参数。

对于初学者而言，应用 UC3842 系列实现开关电源的学习、设计、制作过程是最直观的，调试过程最清晰的。尽管 UC3842 已经显得落后，但是对于初学者来说，仍不失为是好"老师"。

附 录 ◀◀◀

附录 A 绝缘栅功率场效应晶体管特性分析

电力电子技术中的电力电子器件决定了电力电子电路的基本性能。涉及单端变换器的电力半导体器件主要有 MOSFET、IGBT、FRD、SBD。

附录 A.1 功率场效应晶体管（MOSFET）

在单端变换器中，MOSFET 应用得最多，基本覆盖了从低压到高压的整个电压范围。早期的绝缘栅场效应晶体管为横向导电器件，芯片利用率低，不利于高压、大电流应用。

1975 年，Siliconix 首创第一个垂直导电的绝缘栅功率场效应晶体管。这是一种 V 型槽结构，是利用单晶硅各向异性进行刻蚀，可以腐蚀出 54.7° 角的沟槽。这个沟槽形成氧化膜后，在上面构成多晶硅的栅极，如图 A-1 所示。

V 型槽 MOSFET 由于沟槽底部曲率太大，导致电荷集中，场强过高，因此这种结构只能用于 300V 以下的 MOSFET。1978 年，IR 公司第一个推出垂直导电的 MOSFET 剖面结构改进成平面栅极的双扩散制造工艺，如图 A-2 所示。

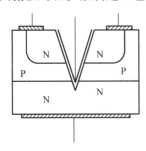

图 A-1　V 型槽 MOSFET

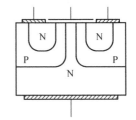

图 A-2　垂直导电、平面栅极、
双扩散工艺的 MOSFET

图 A-2 结构可以认为是将图 A-1 结构将 V 型槽向上推平的结果。现在大多数的 MOSFET 都是这种平面栅极的结构。现有的产品，耐压可以做到 4500V，如果把 IGBT 也算在内，最高耐压则为 6500V。

平面栅极结构的 MOSFET 导电路径是从源极的 N 区经过靠近栅极的反型层，进入垂直的 N 区，再到水平的 N 区。由于导电通路需要通过一个"狭长"的 N 型半导体区域，形成 JFET 导通电阻部分。对于高压 MOSFET，这个电阻占整个导通电阻的比例相对比较低，不至于影响 MOSFET 整个导通电阻。对于低压 MOSFET，则 JFET 的导通电阻部分变得不可忽视，甚至不可容忍。随着微电子技术的发展，20 世纪 90 年代槽型栅极结构的 MOSFET 问世，如图 A-3 所示。

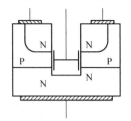

图 A-3　槽栅工艺的 MOSFET

图中，从源极的 N 区到漏极 N 区，不再需要通过"狭长"的 JFET 导通电阻部分了，使得导通电阻有效地降低。现在的高性能 MOSFET 几乎全部是槽栅工艺的 MOSFET。

附录 A.2　MOSFET 原理分析

尽管功率 MOSFET 的原理在电子技术基础教材中有比较完整地叙述，但是那些叙述很值得商榷，作者在此以新的角度对功率 MOSFET 加以分析，希望对读者有抛砖引玉的效果。

附录 A.2.1　MOSFET 工作状态由哪两个电极之间的电压决定

通常的电子技术基础课本中都是说决定 MOSFET 状态是由栅 - 源极电压决定的。这个结论在大多数应用中都是对的，但是这个结论就是最基本的概念还是由最基本的概念引申出的呢？

所有的电子技术基础课本中描述 MOSFET 工作原理的示意图无一例外地的如图 A-4 所示。

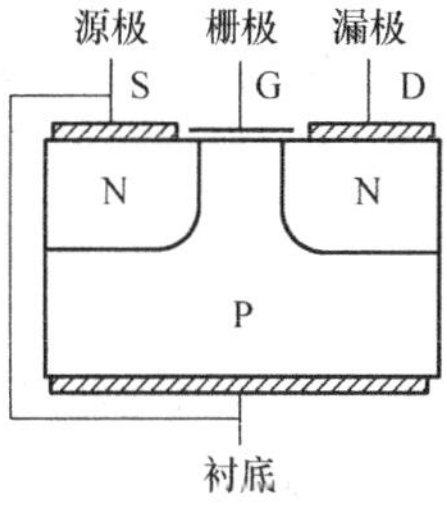

很明显，图中 MOSFET 的源极与衬底之间外接一条短接线，那么为什么要这条短接线？没有可以吗？

图 A-4　描述 MOSFET 工作原理的示意图

在学习双极晶体管时，控制信号仅仅接到基极 - 发射极上就可以了，绝对不会有控制信号接到其他电极的悬念，因此在电子技术基础课本中对双极型晶体管叙述得远远多于 MOSFET，在大多数学校的电子技术基础的教学过程和考试过程中讲解 MOSFET 几乎一带而过，导致学生在学完电子技术基础后对 MOSFET 的知识几乎为零。

首先，需要明白，决定 MOSFET 的导通与否是栅 - 源之间是否形成导电沟道，对于图 A-4 来说就是在栅 - 源之间的 P 型半导体上形成 N 型导电沟道。

紧接下来的问题就是如何才能形成这个导电沟道？我们知道，在半导体中，当电子多于空穴，这种半导体材料成为 N 型半导体，而空穴多于电子则被称为 P 型半导体。

如果创造条件使 P 型半导体中的一部分转变为 N 型半导体，就可以利用这个 N 型半导体将两个 N 型半导体的漏 - 源极连接成为 N 型导电通路，这样 MOSFET 就导通了。也可以用同样的方法，将 P 型半导体中的 N 型半导体转变回到 P 型半导体，MOSFET 就会关断。

那么，如何在 P 型半导体上形成 N 型导电沟道？最简单的办法就是向 P 型半导体中注入电子，改变 P 型半导体的电子浓度，并造成部分 P 型半导体转变为"N"型半导体。

可以利用 MOSFET 的栅极与衬底之间施加电压，这样衬底与栅极就形成了事实上的电容。从物理学可以知道电容上的电荷集中在靠近另一个电极方向的电极表面（这是金属电极）；对于半导体材料的电极，电荷则集中在靠近另一个电极方向的表面内，当栅极施加正电压，衬底相对为负电压时，电子就会被电场力吸引到面向栅极的 P 型衬底那部分，如图 A-5 所示。

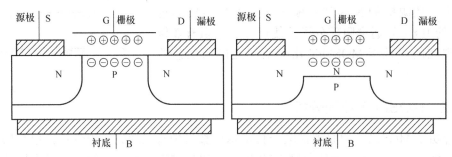

图 A-5　N 沟道增强型 MOSFET 反型过程

很显然，被电场吸引的电子与 P 型半导体材料中的空穴对消，当这些电子与空穴对消后仍有盈余时，这些剩余的电子就使得这些电子所在的 P 型区域形成事实上的电子多于空穴的事实，因此形成了 N 型半导体材料。如图 A-5 中右图，这个过程称为"反型"。

一旦 MOSFET 中的 P 型衬底反型，就形成了从漏极到源极的完整的 N 型导电通道，使得 MOSFET 导通，这个反型程度将决定 MOSFET 的导通程度。

当栅极与衬底之间的外加电压撤掉，栅极与衬底之间的电场力消失，被电场力所聚集的电荷将被泄放，聚集在靠近栅极方面的衬底中的电子在这个泄放过程中移出 P 型衬底，一旦这些外来的电子被移出后，被反型的 P 型区域回复到原来的 P 型特性，漏 - 源极之间的导电沟道消失，MOSFET 恢复阻断状态。

如果将电压施加到栅极与源极之间，的确在施加电压时电子可以通过源极与衬底之间的 PN 结到达靠近栅极的衬底部分，但是当栅极与源极之间施加的电压撤除，靠近栅极的衬底部分被电场力所吸引的电子会由于源极与衬底之间的 PN 结而无法撤出，从而导致 MOSFET 无法关断。这个结果与应用栅 - 源极电压控制 MOSFET 的导通与关断相矛盾。因此，控制 MOSFET 状态的电压应该是施加在栅极与衬底之间的电压，而绝不是栅极对源极之间的电压。这是最基本的概念，不能混淆。

很显然，为了控制 MOSFET，基本的 MOSFET 需要 4 个引出电极：源极、漏极、栅极和衬底，这显然很不方便，为了减少 MOSFET 的引脚数，从实际应用角度考虑，可以将衬底与源极短接，用源极作为公共引脚，这样就可以减少引脚的数量。

由于在大多数的实际应用中，MOSFET 的衬底与源极是短接的，因此形成了图 A-4 的衬底与源极短接的接法。由于衬底已经与源极相连接，从表面上看控制 MOSFET 导通与否就是栅 - 源极的电压，但是从本质上讲还是栅极与衬底之间的电压决定 MOSFET 的导通与否，只不过是将衬底与源极连接而已。

实际上，衬底与源极的相连接不是像图 A-4 那样外连接，那样会带来很多麻烦，在实际应用中，衬底与源极的短接是在芯片内完成的，如图 A-6 所示。

很显然，衬底不再需要引出线，整个 MOSFET 的引出端为源极、栅极、漏极。

功率 MOSFET 是 20 世纪 70 年代中末期问世的"新型"器件。由于是场效应的控制器件，控制极所需要的电流仅仅是其对寄生电容的充放电电流，在"静态"时不消耗任何电流。不仅如此，功率 MOSFET 是多数载流子导电器件，其开关速度在各种半导体器件中是最快的。低电压功率 MOSFET 的导通电压也是最低的。这对于低电压应用将具有非常重要的意义。

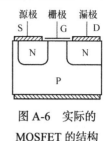

图 A-6 实际的 MOSFET 的结构

附录 A.2.2 横向导电的 MOSFET 如何变为纵向导电的

从管芯利用率考虑，横向导电的 MOSFET 显然是不经济的，需要变成纵向导电，其演化过程如图 A-7 所示。

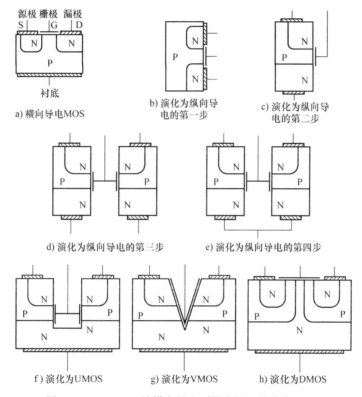

图 A-7 MOSFET 从横向导电到纵向导电的演化过程

图中的 f ~ h 为实用的 MOSFET 结构，其中的 g 为最原始的结构，由于在制作栅极时需要在芯片上刻蚀出"V"型槽，因此被称为"VMOS"，这种"VMOS"的最大缺点是"V"型槽的底部由于曲率太大会导致电场过于集中而导致该处被击穿，因此这类"V"型槽 MOSFET 耐压仅仅能做到 300V 以下。

为了解决这一问题，后来发展出"DMOS"即图 A-7h 的双扩散 MOS。DMOS 可以很好地解决耐压问题，也是现在使用最多的类型。

为了降低 MOSFET 的导通电阻，减少不必要的电阻部分，随着微电子技术的发展，MOSFET 还可以是槽栅 MOS，即图 A-7f 的 UMOS，也是 MOSFET 的最新技术之一。

附录 A.3　极限参数

每一种电子器件都有一组极限参数。极限参数是电子器件应用和存储不可逾越的红线，在应用或存储时，极限参数中任何一个超过极限参数值就可能使电子器件造成不可逆的损坏或失效。极限参数测试条件一般在 25℃温度条件下，除非有特殊说明。

极限参数中有：

附录 A.3.1　额定漏 - 源极最大电压（U_{DS}）

可以在漏 - 源极之间施加的最高连续电压或重复的阻断电压。MOSFET 内部存在寄生二极管，因此 MOSFET 反向是导通的，不存在最大反向阻断电压。而漏 - 源极最大电压就是反并联的寄生二极管的最大可重复反向电压。

在 MOSFET 的数据表（datesheet）中，额定电压（U_{DSS}）是指在栅 - 源电压为零、室温的状态下，MOSFET 可以持续承受的最高电压。

需要注意的是额定电压（U_{DSS}）不是 MOSFET 的漏 - 源极之间的击穿电压（U_B），而是略低于击穿电压。通常为击穿电压的 $0.9 \sim 0.95 U_B$ 之间；MOSFET 的漏 - 源极之间的击穿电压（U_B）随结温上升，耐压越高的 MOSFET 这个变化越大，如图 A-8 所示。

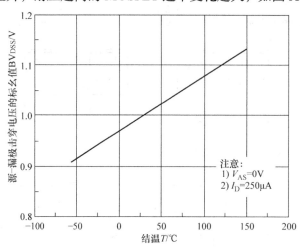

图 A-8　高压 MOSFET 的转折电压与结温的关系

在大多数情况下，MOSFET 不宜应用在击穿电压（U_B）的状态下，但是现在的 MOSFET 是具有雪崩击穿耐量的，也就是说现在的 MOSFET 在一定条件下可以工作在雪崩击穿状态，只要雪崩击穿能量不超过其雪崩击穿耐量即可。这个特点是其他半导体器件（除稳压二极管外）所不具备的。

附录 A.3.2　额定栅 - 源极最大电压（U_{GS}）

可以在栅 - 源极之间施加的最高连续电压或重复电压。对于标准电平的 MOSFET，由于栅 - 源极之间是绝缘的，没有极性之分，故栅 - 源极最大电压一般为 ±20V。

栅 - 源极电压不超过这个极限值，可以确保 MOSFET 栅 - 源极之间不被过电压击穿。

逻辑电平 MOSFET 专为 TTL 电平（高电平 3.4V）设计的 MOSFET，可以直接用 TTL

逻辑电路直接驱动。TTL 电平的 MOSFET 的栅 - 源极最大电压一般为 ±10V。

对于低电压 MOSFET，其最大栅 - 源极电压需要以制造商数据手册中标注为准。

附录 A.3.3　最大漏极电流

峰值电流：管芯最大可重复载流能力，脉冲宽度由最高结温限制。

额定电流：是指在壳温为 25℃、栅 - 源极电压为 10V（这是一般 MOSFET 的栅 - 源极电压，逻辑电平的 MOSFET 则为 5V，以此类推）时，MOSFET 可以承受的持续的电流值。

需要注意的是，随着壳温的上升，额定电流下降，到 100℃壳温时 MOSFET 的额定电流将下降到 25℃时额定电流的约 60%。当壳温达到 150℃，MOSFET 的额定电流下降到零，如图 A-9 所示。具体的电流降额需要查具体型号的数据。

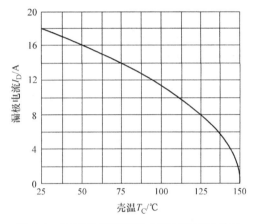

图 A-9　IRF640 连续漏极电流与壳温的关系

漏电流：结温在 25℃条件下、栅 - 源极电压为零，漏 - 源极电压为额定电压条件下漏 - 源极之间的漏电流。在 125℃结温条件下，这个漏电流将急剧增加，因此漏电流数据还有一个最高结温条件下的漏电流值。

附录 A.3.4　最大额定耗散功率

1. 最大额定耗散功率

是指在壳温为 25℃条件下，MOSFET 可以耗散的功率。

2. 降额因子

需要注意的是，随着壳温的上升，MOSFET 的耗散功率下降，到壳温 150℃时，耗散功率为零。耗散功率与壳温关系如图 A-10 所示。

标准 TO-220 封装，壳温保持在 25℃条件下，其耗散功率为 80～90W，其不带散热器的最大耗散功率约 2W。

大管芯 D²PAK 封装，壳温保持在 25℃条件下，其耗散功率为高达 125W。

标准 TO-247 壳温保持在 25℃条件下，其耗散功率为 150～300W 左右，其不带散热器的最大耗散功率约 3.5～4W。

3.单脉冲雪崩击穿耐量

雪崩击穿耐量是 MOSFET 特有的一个特性，是指当 MOSFET 的源级电压超过漏 - 源极之间的 PN 结雪崩击穿电压后，PN 结出现雪崩击穿现象。在 MOSFET 雪崩击穿耐量出现前，可以工作在雪崩击穿状态的器件唯有稳压二极管。

MOSFET 的雪崩击穿耐量数据的出现，意味着当 MOSFET 的漏 - 源极之间进入雪崩击穿状态，只要管芯的任何一处不出现热击穿，这种雪崩击穿对于 MOSFET 就是可逆的。

最初的 MOSFET 雪崩击穿耐量数据多为单脉冲数值，后来随着 MOSFET 制造技术的进步和测试技术的进步以及对 MOSFET 的认识不断地完善，也出现了重复脉冲的雪崩击穿耐量。单脉冲雪崩击穿耐量以能量表示，单位为焦耳（J）或毫焦耳（mJ）。

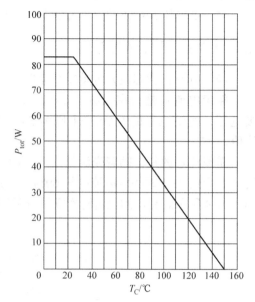

图 A-10　耗散功率与壳温的关系

雪崩击穿耐量一般在结温 25℃条件下测试，随着结温的上升，雪崩击穿耐量下降，当结温达到最高结温时，雪崩击穿耐量为零。这个特性曲线为抛物线特征，如图 A-11 所示。

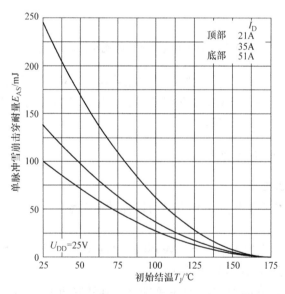

图 A-11　IRFZ40 的雪崩击穿耐量与初始结温的关系

雪崩击穿峰值电流减小有利于雪崩击穿耐量的增加。如图 A-11 所示，中雪崩击穿峰值电流为 51A 时的 25℃结温下雪崩击穿耐量为 100mJ；当雪崩击穿峰值电流降低到 36A 时，雪崩击穿耐量增加到 135mJ；而雪崩击穿峰值电流下降到 21A 时则雪崩击穿耐量增加到 250mJ。

　　图 A-12 是耐压 600VMOSFET 的雪崩击穿耐量与结温的关系曲线，基本规律与图 A-11 所示基本相同。

　　测试条件是高于 25℃壳温的额定电流（8.1A）的 10A 测试条件下的数据。在实际应用中，如果遇到的雪崩击穿电压一般是重复的。需要关注重复脉冲条件下的雪崩击穿耐量。SPA20N60C3 在最高结温工作条件下的重复脉冲的雪崩击穿耐量为 1mJ。图 A-13 为 SPA20N60C3 在雪崩击穿耐量为 1mJ 条件下的雪崩击穿损耗功率。

　　频率和损耗呈线性关系，尽管图 A-13 中频率坐标为对数坐标。

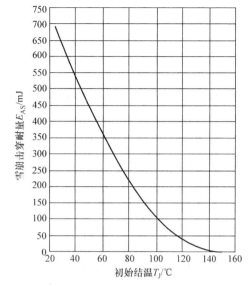

图 A-12　SPA20N60C3（8.1A/600V）的雪崩击穿耐量与初始结温的关系

　　在实际应用中，开关管出现雪崩击穿现象，产生的原因是变换器中的变压器漏感释放储能。SPA20N60C3 实际工作电流一般不会超过 5A，对应的变压器漏感不会高于 30μH。对应的变压器漏感储能能量为 0.375mJ。准谐振工作模式的满负载条件下的开关频率为 30kHz，如果变压器漏感储能全部转换成雪崩击穿损耗为 11.25W。在实际应用中，这个损耗显得过大。在实际应用中应用雪崩击穿状态大多为缓冲电路将变压器漏感储能泄放基本殆尽。这时变压器漏感储能将降低到原变压器漏感储能的 1/10 以下。对应的雪崩击穿产生的损耗降低到 1.125W 是可以接受的。这样做带来的好处是，避免了选择耐压更高的 MOSFET，获得了更好的导通特性、开关特性和更低的成本。

附录 A.3.5　其他

1. 漏 - 源极间的 du/dt

　　MOSFET 处于关断状态下，漏极与源极之间可施加的正向电压变化速率，一般为 5V/ns。对于早期的 MOSFET，du/dt 过高可能会导致寄生 BJT 导通甚至会损坏 MOSFET。

2. 温度极限

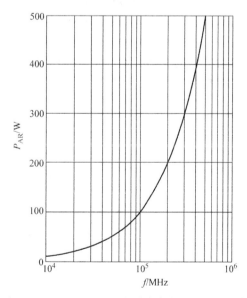

图 A-13　SPA20N60C3 在雪崩击穿耐量为 1mJ 条件下的雪崩击穿损耗功率

　　1）最高工作结温：MOSFET 工作时最高的连续运行温度。一般为 −55 ～ +150℃，近年来新出产的可以达到 +175℃，军用级可以达到 +200℃。

　　2）存储温度：MOSFET 不工作状态下的置放温度，与工作温度相一致。

3）焊接温度：将 MOSFET 焊接到电路板上，对引脚焊接温度要求一般为 300℃，限制时间为 10s。

3. 安装扭矩

将 MOSFET 安装在散热器上。对于 TO220 封装和 TO247 封装，用 M3 螺钉，最大紧固力矩为 11Nm 或英制 10 磅力 × 英寸。

附录 A.4　MOSFET 的主要性能

除了极限参数外，电子器件还有一般电参数等数据。

对于单端变换器来说，需要的 MOSFET 的主要参数有：额定电压（U_{DSS}）、额定电流（I_D）、额定耗散功率（P_D）等，本章均已归入极限参数，不再赘述。

主要电参数有：导通电阻（$R_{DS(on)}$）、栅 - 源极导通阈值电压（U_{th}）、栅极电荷特性（Q_g）、开关特性、安全工作区（SOA）。

附录 A.4.1　导通电阻（$R_{DS(on)}$）

是指在结温为室温和栅 - 源极电压为 10V 的条件下，MOSFET 漏 - 源极之间的导通电阻。需要注意的是，导通电阻（$R_{DS(on)}$）随结温而上升，在结温达到 150℃时，这个导通电阻将达到室温时的 2.5 ~ 2.8 倍，即使结温在 100℃时，其导通电阻也会达到结温为室温条件下的 2 倍。导通电阻与结温的关系如图 A-14、图 A-15、图 A-16 所示。

从图中可以看到，高压 MOSFET 的导通电阻随结温变化比较大，+150℃结温时的导通电阻是 25℃结温条件下的 2.7 倍；早期型号 IRF640Z 在 +150℃结温时的导通电阻是 25℃结温条件下的 2.15 倍；而比较新的型号 IRFS3004-7PPbF 在 +150℃结温时的导通电阻是 25℃结温条件下约 1.7 倍。

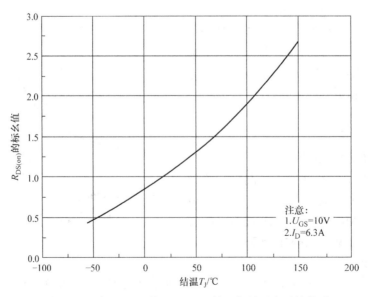

图 A-14　耐压 800V 的 MOSFET 结温与导通电阻的关系

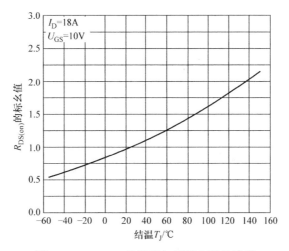

图 A-15　IRF640 的结温与导通电阻的关系

MOSFET 在应用时，结温大多工作在 +100℃以上，因此选择 MOSFET 导通电阻参数时，需要关注高温状态下的导通电阻值。

附录 A.4.2　导通阈值电压（U_{th}）与转移特性

为 MOSFET 导通的临界栅 - 源极电压，其测试条件为在室温条件下、漏极电流为 1mA（近年来的型号大多在用 250μA 测试条件）时对应的栅 - 源电压。一般的 MOSFET 为 3.5V 左右。

标准电平 MOSFET 的导通阈值电压典型值为 3.2 ~ 3.5V，结温在全温度范围的导通阈值电压在 2 ~ 4V 之间；TTL 逻辑电平的 MOS-

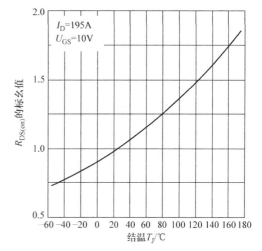

图 A-16　IRFS3004-7PPbF 的结温与
导通电阻的关系

FET 的导通阈值电压典型值为 1.5V，结温在全温度范围的导通阈值电压在 1 ~ 2V 之间。

便携式电子设备应用的低电压 MOSFET 往往需要更低的导通阈值电压，如栅极电压 2.5V 就可以完全导通的 SiB488DK 的导通阈值电压在 0.4 ~ 1V；如栅极电压 2.5V 就可以完全导通的 SiB404DK 的导通阈值电压在 0.35 ~ 0.8V。

栅极阈值电压随结温变化比较明显，如图 A-17 所示。

从图中可以看到，导通阈值电压典型值，在结温 25℃状态下约为 3V；在结温 -55℃状态下，导通阈值电压上升到约 3.7V；当结温上升到 150℃时，导通阈值电压下降到约 2.9V。

MOSFET 的导通阈值电压也存在离散性，典型值为图 A-17 中中间的曲线，最大值为上面的曲线，最小值为下面的曲线。大多数的 MOSFET 的阈值电压集中在典型值附近。越接近最大值或最小值，MOSFET 出现的数量越少，直到最大值和最小值时接近于零。导通阈值电压的离散性大小代表了 MOSFET 制造技术的精准程度，离散性越小，其性能相对越好。

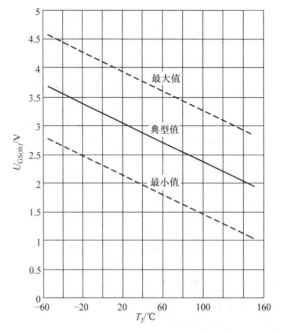

图 A-17　SPA20N60C3 导通阈值电压与结温的关系

多数 MOSFET 制造商并不给出图 A-17 曲线图，而是给出图 A-18 转移特性曲线。

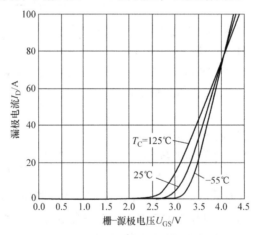

图 A-18　第三代 MOSFET 转移特性

从图中也可以看到不同的结温，导通阈值电压的不同。

MOSFET 转移特性主要是显示栅极电压对漏极电流的控制能力和对应的栅极电压。也就是栅极电压变化量导致漏极电流的变化量，即

$$g_{sf} = \frac{\Delta I_D}{\Delta U_{GS}} \qquad (A\text{-}1)$$

式（A-1）中的量纲为电导。由于是输出电流与输入电压之比，因此这个电导横跨输入与输出，故称为"跨导"，英文为 Transconductance。

真空管时代，跨导达到 6mA/V 就算高跨导了，功率 MOSFET 跨导轻而易举地超过

1A/V，是高跨导真空管的约 100 倍。而现在的额定电流 240A 以上的 MOSFET（IRFS7430-7PPbF），跨导达到 176A/V。

早期的 MOSFET 转移特性为导通阈值电压以上，漏极电流随栅极电压上升。这就带来一个问题，即应用时在 10V 或 15V 栅极驱动电压下，如果电路对电源或电容短路，巨大的电流将流过 MOSFET，其量值将不受控制，最终烧毁 MOSFET。现代电力电子技术要求功率半导体器件在外电路短路状态下能够不损坏。这就要求 MOSFET 自身具有电流限制能力。在 MOSFET 转移特性曲线上的表现就是转移特性曲线在栅极电压上升到一定的电压后，漏极电流基本不再增加。这种特性在 2000 年后的高压 MOSFET 有所体现，如图 A-19 所示。

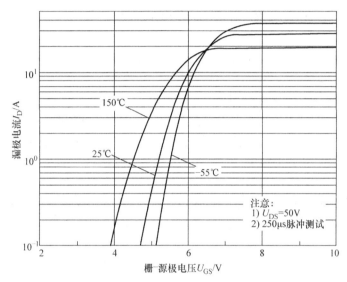

图 A-19　高压 MOSFET（FQA13N80_F109）的转移特性

附录 A.4.3　栅极电荷特性

1. 栅极电荷解读

MOSFET 栅 - 源极之间是绝缘的，呈电容特性，称为栅极电容。由于 MOSFET 的栅极电容量与栅极电压是非线性关系，因此一般需要研究栅极电荷特性。MOSFET 栅极电荷特性如图 A-20 所示。

图中，栅极电荷特性分为三段线性特性。第一段为 MOSFET 导通前，这种状态下的栅 - 源极电容仅仅是输入电容部分。

第二段的平直特性为 MOSFET 开通，进入线性区域（与双极型晶体管的放大区相似）。MOSFET 在这种状态下，栅极电压几乎不变，表明输入电容基本没有充电。这种电荷在栅极

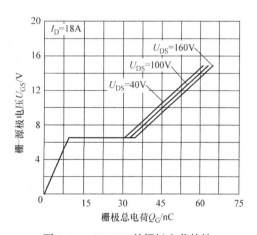

图 A-20　IRF640 的栅极电荷特性

电压基本不变的条件是因为漏 - 栅极之间的寄生电容由于 MOSFET 进入线性区域的放电。由于漏极电压为正，栅极电压为负，漏 - 栅极寄生电容放电，在栅极侧呈现流入的栅极电流。对应的电荷称为"米勒电荷"，源于放大器的"米勒效应"。"米勒效应"是电子技术基础探讨的问题，这里不再赘述。

当 MOSFET 从线性区进入导通区。漏 - 源极电压基本降低到导通电压值，这时漏 - 栅极的寄生电容几乎不充电，对栅极电荷的影响相对小得多，也就是图 A-20 的第三段特性。从图中可以看到，第三段特性是线性上升特性，符合电容的特性。不同的是斜率比第一段小，表明电容量比第一段大，大出来的电容量是漏 - 栅极寄生电容。在这种状态下，栅 - 源极间电容为栅极源极的输入电容与漏 - 栅极电容的并联。第三段曲线表明 MOSFET 已经进入了导通区域，MOSFET 的漏 - 源极之间呈电阻特性。

2. 米勒电荷

米勒电荷是影响 MOSFET 开通过程的关键参数，米勒电荷越大，MOSFET 开通过程需要的时间越长，反之越短。

图 A-20 第一段特性尽管也是电容，充 / 放电需要过程。但是，这段时间所影响的是 MOSFET 开通 / 关断的延迟，而不是开通过程和关断过程消耗的时间。

正因为米勒电荷如此重要，越新生产的型号，米勒电荷相对越小。如 20 世纪 80 年代初期的第三代 MOSFET 的 IRF450（14A/500V）米勒电荷 80nC，而 FDH45N50F（45A/500V）米勒电荷仅 45nC，折合成 15A 为 15nC，是 IRFP450 的不到 20%。这意味着相同的驱动能力，新型 MOSFET 的开关速度是第三代 MOSFET 的 5 倍。或者驱动相同额定电流、电压的 MOSFET，在相同的开关速度下仅仅需要第三代 MOSFET 驱动能力的 20%，降低了驱动电路的复杂性。

米勒电容的降低对于桥式变换器，还可以大大地降低瞬态共同导通的风险。有利于提高电路的可靠性。

3. MOSFET 的电容

MOSFET 的数据中，还有各电极之间的寄生电容。

输入电容 C_{iss}，即栅极与源极之间的寄生电容。电容量从 1000pF 到 14nF。这个电容影响电路性能的是从驱动信号到 MOSFET 开始响应的延迟时间，电容量越大，延迟时间越长。

反向传输电容 C_{rss}，即漏极与栅极之间的寄生电容，也就是米勒电容。关于米勒电容的影响，已经在米勒电荷中详尽论述，这里不再赘述。

输出电容 C_{oss}，即漏极与源极之间的寄生电容。输出电容的影响主要是 MOSFET 开通过程，输出电容将所存储的电荷、能量通过 MOSFET 开通过程释放，这部分能量转换为热能，使 MOSFET 管芯温度上升，同时，这部分损耗也会多少影响功率变换器的效率。漏极、源极电压与输出电容存储能量的关系如图 A-21 所示。

图中左面的特性曲线是低压 240A 额定电流的 MOSFET，右面的特性曲线是高压 8.1A 额定电流的超级结 MOSFET。很显然高压超级结 MOSFET 的输出电容相对大，输出电容存储的能量大。在应用时需要考虑开通过程输出电容放电的损耗。

由于 MOSFET 是半导体器件，寄生电容，特别是 PN 结寄生电容随 PN 结反向电压变化。寄生电容与漏 - 源级电压的关系如图 A-22 所示。

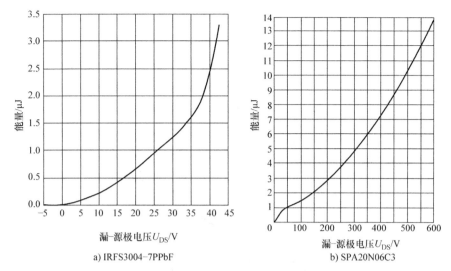

a) IRFS3004–7PPbF

b) SPA20N06C3

图 A-21　MOSFET 漏极、源极电压与输出电容存储能量的关系

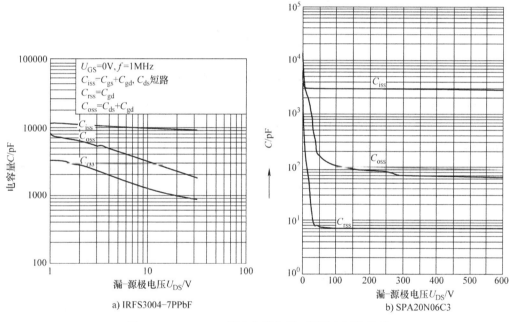

a) IRFS3004–7PPbF

b) SPA20N06C3

图 A-22　MOSFET 寄生电容与漏 - 源极电压的关系

图中可以看到输入电容 C_{iss} 基本不随漏 - 源极电压变化；输出电容是寄生二极管结电容，随漏 - 源极电压变化明显，特别是最初的电压（U_{DS}50V）电容量变化明显；反向传输电容（米勒电容）受输出电容影响也随漏 - 源极电压变化比较明显。

4. 开关时间与栅极电阻的关系

由于 MOSFET 栅极与源极之间为电容特性，栅极驱动信号施加到 MOSFET 栅极会因为 MOSFET 栅极电容与栅极驱动串联电阻产生的 RC 时间常数引起驱动延迟，栅极驱动串联电阻越大，延迟越长。图 A-23 为型号为 SPA20N06C3 的 MOSFET 栅极驱动串联电阻与开关时间的关系。

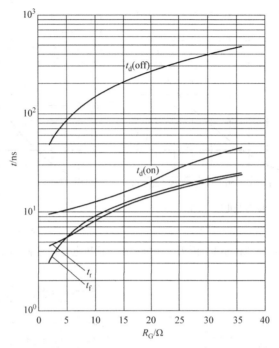

图 A-23 SPA20N06C3 栅极驱动串联电阻与开关时间的关系

　　为了减小开关时间，理论上可以通过尽可能减小栅极驱动串联电阻方式解决，甚至可以是 0Ω 。但是实际上驱动回路存在寄生电感，如果回路的阻尼系数过低，或 Q 值过高，在栅极驱动波形的上升沿或下降沿过程中就会产生严重的振铃，使得开关过程在振铃期间反复出现，产生不应有的开关损耗，同时还会产生大量相对高强度的电磁干扰，严重时会烧毁 MOSFET。因此，栅极驱动串联电阻不仅需要，电阻值还要达到使驱动回路处于临界阻尼或过阻尼状态。

附录 A.4.4 开关特性

MOSFET 开关特性测试如图 A-24 所示。

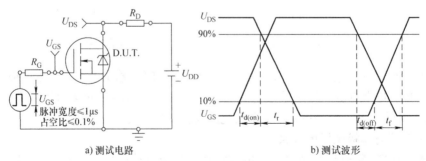

图 A-24 MOSFET 开关时间测试电路与测试波形

图中，左图为开关时间测试电路，右图为测试波形。

MOSFET 开关特性测试是在电阻性负载条件下测试的。由于 MOSFET 开关速度极快，避免电流测试响应时间的延迟，利用电阻负载的电压与电流波形相同，采用测试电压方式显示被测电流。

开关参数有：

开通延迟时间 $t_{d(on)}$：栅极电压上升到满幅的 10% 开始，到漏极电压下降到满幅值的 90% 是开始驱动导通到 MOSFET 开始响应的时间。

开通电流上升时间 t_r：为 MOSFET 开通过程通过线性区的时间，通俗的说是 MOSFET 从退出截止到导通需要的时间，这段时间主要由驱动回路内阻决定。

关断延迟时间 $t_{d(off)}$：栅极电压从满幅下降到 90% 开始，到漏极电压上升到满幅值的 10% 是开始驱动关断到 MOSFET 开始响应的时间。

关断电流下降时间 t_f：为 MOSFET 关断过程通过线性区的时间，通俗的说是 MOSFET 从导通到截止需要的时间，这段时间同样由驱动回路内阻决定。

附录 A.4.5　安全工作区（SOA）

MOSFET 的安全工作区是确保其安全工作不损坏的工作区域。这个区域由最大漏 - 源极电压、最大连续漏极电流或峰值电流、漏极可耗散功率、导通电阻 4 个条件限制，如图 A-25 所示。

在直流条件下：MOSFET 的工作状态不能超出最大漏 - 源级电压、额定漏极连续电流、额定漏极可耗散功率限制。只要 MOSFET 的源 - 漏极电压、漏极电流对应的工作点不超出上述限制区域。导通电阻限制线是由于 MOSFET 导通时导通电阻流过电流造成电压降，迫使 MOSFET 不可能工作在低压、大电流区域，而不是安全限制。

在单脉冲工作状态下，随着脉冲宽度的变窄，安全工作区域扩大，除了最大漏 - 源极电压限制不变外，最大工作电流

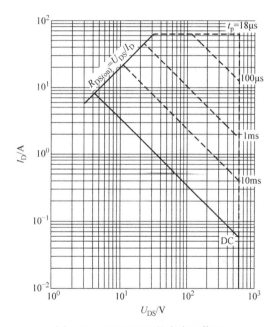

图 A-25　MOSFET 的安全工作区

可以超出 DC 安全工作区，直至峰值电流值。漏极可耗散功率也会随脉冲宽度变窄而增加，漏极可耗散功率的增加实际上是窄脉冲功率造成结温上升，不超过最大工作结温即可。可以根据热阻响应曲线确定窄脉冲功率限制。

附录 A.4.6　热阻响应特性

MOSFET 单脉冲安全工作区比 DC 状态的大，原因是窄脉冲状态下由于持续时间短，在管芯产生的热量无法传输到管壳，这些热量将使管芯温度上升。

图 A-26 是最高工作结温 175℃、漏极可耗散功率 375W 的 MOSFET 的热阻响应曲线。

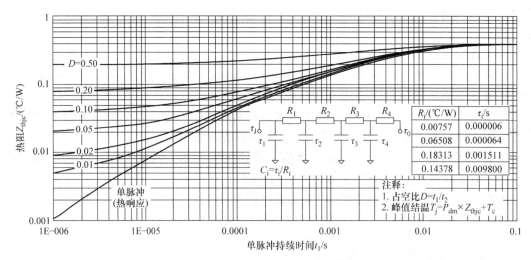

图 A-26　MOSFET 的热阻响应特性

从图 A-26 看到，当脉冲持续时间 20ms 以上时，热阻基本等于常态条件下的热阻值。表明这时管芯已经达到热平衡。随着脉冲持续时间的缩短，等效热阻变小。而且占空比越小，对应的热阻越小，相同的脉冲宽度条件下，单脉冲对应的热阻最小。

图 A-26 中，常态热阻为 0.4℃/W，壳温 25℃条件下可耗散脉冲功率 375W；单脉冲 10ms 对应的热阻约为 0.31℃/W，可耗散脉冲功率为 484W；单脉冲 1ms 对应的热阻约为 0.13℃/W，可耗散脉冲功率为 1154W；单脉冲 100μs 对应的热阻约为 0.042℃/W，可耗散脉冲功率为 3570W。

附录 A.5　寄生二极管特性

在实际应用中，MOSFET 寄生二极管也会参与工作，主要是作为续流二极管。这样，MOSFET 的寄生二极管特性将影响功率变换器的性能。MOSFET 寄生二极管特性主要有一般电特性和开关特性。

附录 A.5.1　一般电特性

一般特性为：二极管额定电流、峰值正向电流、正向电压。

额定电流与 MOSFET 壳温 25℃的额定电流相同。一般应用中，MOSFET 寄生二极管的正向电流不会高于 MOSFET 的工作电流。而 MOSFET 的工作电流为壳温 25℃额定电流的不足 1/3。因此，在正常应用时不需要担心寄生二极管的正向电流会超标。

峰值正向电流与 MOSFET 壳温 25℃的峰值电流相同。峰值电流的脉冲宽度由最高结温限制。

正向电压一般为流过壳温 25℃额定电流条件下的二极管正向电压。这个正向电压为 1～1.3V。与一般用途硅整流二极管正向电压相近或略高。正向电压的高低决定了二极管导通时的损耗。图 A-27 为寄生二极管正向电压与正向电流关系。

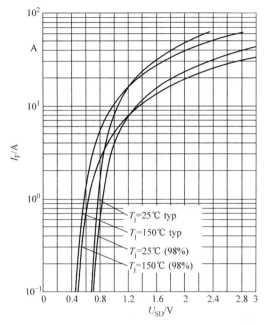

图 A-27　寄生二极管正向电压与正向电流关系

这是额定电流 8.1 的 AMOSFET，从图中可以看到，寄生二极管正向电压与硅整流二极管基本相同，随着正向电流超过额定电流，二极管正向电压随正向电流增加得更剧烈。

以上特性与硅整流二极管基本相同。

附录 A.5.2　开关特性

由于 MOSFET 寄生二极管一般工作在开关状态，因此其开关特性必须清楚。寄生二极管开关特性有：反向恢复时间 t_{rr}、反向恢复电荷 Q_{rr}、反向恢复电流 I_{RRM}、正向导通时间。

MOSFET 寄生二极管反向恢复参数定义及相关波形如图 A-28 所示，反向恢复测试电路如图 A-29 所示。

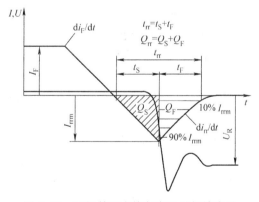

图 A-28　二极管反向恢复定义及相关波形

1. 反向恢复时间

反向恢复时间 t_{rr} 如图附录 A-28 中电流为负的时间，分电流下降时间 t_S 和电流回升时间 t_F。

第三代 MOSFET 寄生二极管的反向恢复特性与普通整流二极管相近，应用起来特性很差，例如：IRFP450 的寄生二极管反向恢复时间约为 600ns，即使现在应用的比较新型号高压 MOSFET 的寄生二极管反向恢复时间也在 600ns 左右；高压 MOSFET 的寄生二极管反向恢复时间比较长是因为 MOSFET 特性，寄生二极管特性成为次要，因此超快反向恢复二极管的一些特殊制造技术没有应用。高性能高压 MOSFET 的寄生二极管反向恢复时间可以降低到 200 ~ 250ns。

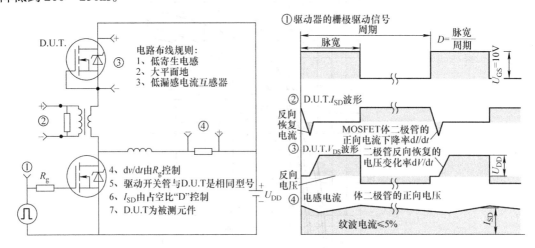

图 A-29　MOSFET 寄生二极管反向恢复测试电路

低压 MOSFET 相对好一些，第三代低压 MOSFET 寄生二极管反向恢复时间约为 200ns，比较新的可以达到 35ns。

2. 反向恢复电荷

反向恢复电荷是指二极管反向恢复过程中的电荷量。即图 A-28 反向恢复电流与零包围的面积或反向恢复电流与时间的积分。反向恢复电荷随结温、di/dt、正向电流增加，图 A-30 为低压 MOSFET 的 IRFS3004-7PPbF 反向恢复电荷与 $-di_F/dt$ 的关系。

3. 反向恢复峰值电流

反向恢复峰值电流与 di_F/dt、结温的关系如图 A-31 所示。

很显然，反向恢复峰值电流几乎随 di_F/dt 线性增加，随结温的上升增加。

二极管的反向恢复峰值电流随反向电压线性增加，因此高压 MOSFET 寄生二极管数据中反向恢复峰值电流如果不是在额定电压下测试，需要折算到额定电压条件下。

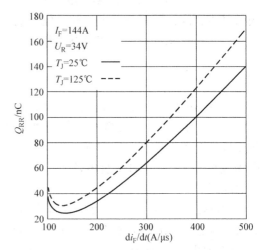

图 A-30　IRFS3004-7PPbF 反向恢复电荷与 $-di_F/dt$ 的关系

图 A-31 中的反向恢复峰值电流不到测试条件中的正向电流的 1/20；但是高压 MOSFET 反向恢复峰值电流相对很大。例如：超级结 MOSFET：SPA20N60C3（600V/8.1A）在反向电压 480V 状态下，反向恢复峰值电流为 70A，这将是不可容忍的数值，因此超级结 MOSFET 不允许寄生二极管正向导通后强制高电压反向恢复！一般应用应尽量避免 MOFET 的寄生二极管导通后强制高电压反向恢复。高压 MOSFET 寄生二极管导通后的反向恢复尽可能地在低电压下进行或自由反向恢复，避免高幅值反向恢复峰值电流。

附录 A.6 MOSFET 特点

MOSFET 是各类功率半导体器件中开关速度最快的，相对需要的驱动功率最小的，没有二次击穿现象，是应用最方便的功率半导体器件。MOSFET 可分为低压 MOSFET 和高压 MOSFET，各有特色。

附录 A.6.1 低压 MOSFET

额定电压低于 250V 通常称为低压 MOSFET。主要应用于低压功率变换，如 DC-DC 开关电源模块、低压电机驱动器、便携式电子设备中的功率变换和各类低压功率变换器。

低压 MOSFET 导通电阻低，特别是近年来推出的大电流低压 MOSFET 具有极低的导通电阻。

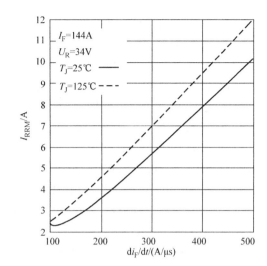

图 A-31 IRFS3004-7PPbF 反向恢复峰值电流与 $-\mathrm{d}i_F/\mathrm{d}t$ 的关系

例如：IRFS7430-7PPbF：40V/240A，导通电阻仅 $0.55\mathrm{m}\Omega$，在额定电流 80% 即 200A、最高结温、连续电流状态下，导通电压也会低于 0.2V！

IRFS7530-7PPbF：60V/240A，导通电阻仅 $1.15\mathrm{m}\Omega$，在额定电流的 40% 即 100A、最高结温、连续电流状态下，导通电压 0.26V！

如此低的导通电压是任何功率半导体器件所无法相比的。因此，利用 MOSFET 替代二极管作为整流器可以提高低压整流器的效率。

并不是所有的低压 MOSFET 都具有如此特性。对于 TO-220 或 TO247 等大管壳封装：

IXTP64N055T：55V/64A，导通电阻 $13\mathrm{m}\Omega$，在 175Ω 最高结温 1/6 额定电流 10A 条件下，导通电压为 250mV。

IXTA60N10T：100V/60A，导通电阻 $14.4\mathrm{m}\Omega$，在 175Ω 最高结温，1/6 额定电流 10A 条件下的导通电压接近 325mV。

IXTC96N25T：250V/40A，导通电阻 $27\mathrm{m}\Omega$，在 175Ω 最高结温，1/8 额定电流 5A 条件下的导通电压接近 275mV。

如果是小封装，如 SO-8 等封装，相同管芯在小封装中的额定电流会标注得很低，这样甚至可以在额定电流条件下就可以实现最高工作结温条件下的导通电压低于 0.3V。

Si4154DY：40V/36A，$2.7\mathrm{m}\Omega$，结温 150Ω，导通电压 184mV。小封装额定电流标定低的原因是小封装散热仅仅是漏极引脚和外壳散热，在确保壳温 70℃ 条件下仅仅能耗散 7W 功率。如果电路板散热铜箔面积 $6.25\mathrm{mm}^2$，厚度 $50\mathrm{\mu m}$，则环境温度为 25℃ 条件下的可耗散功率为 3.5W，如果环境温度为 70℃，则耗散功率为 2.2W，持续时间为不大于 10s。实际的 SO-8 封装管芯到环境的热阻为 80℃/W。带有散热铜箔时，持续时间为不大于 10s 为 29℃/W。管芯到引脚热阻为 13℃/W。

附录 A.6.2　高压 MOSFET

V_{DS} 在 300V 或 400V 以上的称为高压 MOSFET，主要应用于直流母线电压 100V 以上的各种功率变换。

高压 MOSFET 的最大问题就是导通电阻太大，导致导通电压过高。相同管芯面积条件下，MOSFET 的导通电阻随耐压的 2.4 次方增长。于是可以看到在相同管芯面积条件下，30V 耐压与 1200V 耐压的电阻增长到 7000 倍，而耐压仅仅增长到 40 倍。如此大的反差使得高压 MOSFET 不得不以降低额定电流方式折中，以获得高压 MOSFET 的实用。

例如：第三代 MOSFET 在管芯尺寸接近的条件下，耐压分别为 60V、100V、200V、400V、500V、600V、800V、900V、1000V 的 IRFZ40、IRF540、IRF640、IRF740、IRF840、IRFBC40、IRFBE30、IRFBF30、IRFBG30 的导通电阻分别为 28mΩ、80mΩ、180mΩ、550Ωm、800mΩ、1200mΩ、3000mΩ、3700mΩ、5000mΩ，额定电流分别为 50A、28A、18A、10A、8A、6.2A、4.1A、3.6A、3.1A，结温为室温和额定电流条件下，导通电压分别为 1.4V、2.24V、3.24V、5.5V、6.4V、7.74V、12.3V、13.3V、15.5V。很显然，在流过相同电流条件下所产生的损耗也是显而易见的。

由于绝大多数的电能来自于交流电，而常用的交流电电压等级为 220V、380V、660V、3kV、6kV、10kV，如果是桥式变换器，则等要求的功率半导体器件的耐压为 AC220V/600V、AC380V/1200V、AC6600V/1700V、1700V/3500V、3500V/6500V、$n \times 3300V$。高耐压功率半导体器件势在必行，而且功率远远大于低压功率半导体器件。

高压 MOSFET 除了 400V、500V、600V、800V、900V、1kV、1.2kV 以外还有专用于高压辅助电源的 kV 级高压 MOSFET，最高耐压达到 4500V。所付出的代价是封装复杂，导通电阻更高。例如：IXTF1N450：$V_{DSS} = 4500V$、$I_{D25} = 0.9A$、$R_{DS(on)}$ 80Ω，在 150℃结温状态下导通电阻是结温 25℃是的 2.4 倍，也就是 192Ω，在漏极电流 0.5A 的状态下，导通电压降将达到 96V，如果不是特殊应用，如此高的导通电压将是绝对不允许的。

附录 A.6.3　低导通电阻的 Coolmos 理论

为了尽可能地降低高压 MOSFET 的导通电阻，成都电子科技大学一位博士在 20 世纪 90 年代提出 Coolmos 理论，Infineon 公司在 1999 年根据这个理论推出 Coolmos 产品，也就是现在风行电力电子界的超级结 MOSFET。Coolmos 的最大特点是在减小管芯面积的同时，大幅度降低导通电阻。

额定电流 20A 的 600V 标准 MOSFET，型号 IXTH 20N60 导通电阻为 0.35Ω，Coolmos 型号 SPB20N60C3 导通电阻为 0.19Ω，导通电阻几乎减半。最高结温和 100℃漏极电流 10A 条件下的导通电压分别为；7.7V 和 4.5V。

额定电压 800V 的对比：IXTH6N80，800V/6A/1.8Ω；SPD06N80C3，800V/6A/0.9Ω。导通电阻几乎减半。

附录 A.7　耗尽型 MOSFET

绝大多数的功率 MOSFET 和集成电路中的 MOSFET 为增强型，控制相对方便，符合控制信号"高电平"导通，控制电平为零关断的规则。同时，制造过程简洁。

　　但是少数应用需要零电压为导通、"负电压"为关断的控制模式，或者是需要自偏压电路的应用。

　　近年来，高压功率耗尽型 MOSFET 问世，为电力电子器件的新应用电路创造了条件。

　　新型的耗尽型 MOSFET 的输出特性如图 A-32 所示。

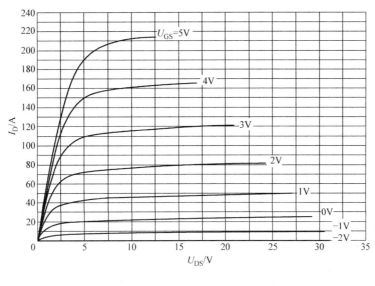

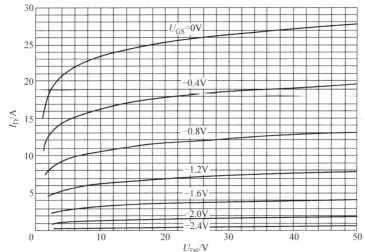

图 A-32　耗尽型 MOSFET：IXTT16N10D2 输出特性

　　图 A-32 的输出特性与增强型几乎相同，不同的是栅极电压为零时，MOSFET 是导通的，而且是达到了额定电流。但是，如果施加正向电压，输出特性还会上升。从零栅极电压的约 20A 增加到 5V 栅极电压的约 210A 漏极电流。

　　转移特性如图 A-33 所示。

　　图中可以看到，导通阈值电压为负，在 −2.5V ～ −4.5V。施加 −5V 栅极电压可以可靠的关断 MOSFET。

　　导通电阻与结温的关系如图 A-34 所示。

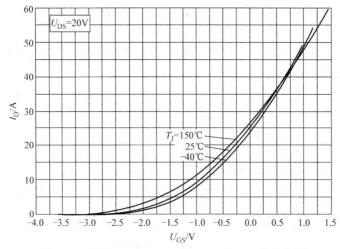

图 A-33 耗尽型 MOSFET: IXTT16N10D2 转移特性

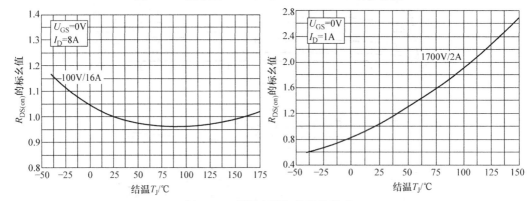

图 A-34 导通电阻与结温的关系

与增强型 MOSFET 不同的是，在零栅极电压条件下，导通电阻最低的结温接近 100℃。结温降低，导通电阻明显增加。高压 MOSFET 则是全温度范围导通电阻随结温增加。

栅极电荷特性如图 A-35 所示。

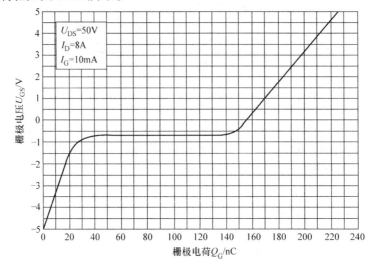

图 A-35 栅极电荷特性

与增强型 MOSFET 相比，相当于栅极电压向下位移 5V。

安全工作区如图 A-36 所示。

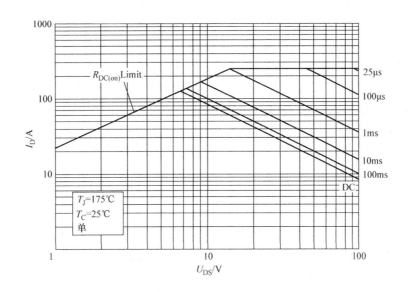

图 A-36　安全工作区

与增强型 MOSFET 相同。

综上所述，从应用角度可以看到，耗尽型 MOSFET 与增强型 MOSFET 相比只是零电压导通，施加足够的负电压关断。低压 MOSFET 施加正向栅极电压时，漏极电流可以明显增加；高压 MOSFET 施加正向栅极电压时，漏极电流增加不明显。

现在的耗尽型 MOSFET 耐压从 100～1700V。零电压额定电流从 0.1～16A。

附录 A.8　功率 MOSFET 的应用注意事项

附录 A.8.1　功率 MOSFET 的导通电阻随额定电压的降低而大幅度降低

在实际应用中，不要为了保证 MOSFET 不被过电压击穿而选择过高的额定电压，这样会导致导通电阻的激增，不利于电路获得良好的性能。例如：第三代 MOSFET 在管芯尺寸接近的条件下，耐压分别为 60V、100V、200V、400V、500V、600V 的 IRFZ40、IRF540、IRF640、IRF740、IRF840、IRFBC40 的（导通电阻分别为）28mΩ、80mΩ、180mΩ、550Ωm、800mΩ、1200mΩ，额定电流分别为 50、28A、18A、10A、8A、6.2A，结温为室温条件下，额定电流导通电压分别为 1.4V、2.24V、3.24V、5.5V、6.4V、7.74V。很显然，在流过相同电流条件下所产生的损耗也是显而易见的。从提高电路性能角度应该在电路的结构和减小寄生参数方面考虑，而不是迁就寄生参数。

附录 A.8.2　功率 MOSFET 反向是导电的

为了简化 MOSFET 引出线，大多数的 MOSFET 选择 3 个引线方式，这就需要将其衬底与源极在芯片制造过程中像图 A-7 示意的那样连接在一起。

一旦衬底与源极相连，衬底与漏极之间只存在一个 PN 结。这样，在外特性上就表现出二极管特性，由于这个寄生的二极管与 MOSFET 是反向并联的，因此在 MOSFET 施加反向电压时，这个二极管将正向导通。

不仅如此，当 MOSFET 被驱动导通，无论是正向还是反向，其导通特性都是一样的。考虑到 MOSFET 反向二极管的作用，MOSFET 的反向特性就是二极管的正向特性与导通电阻的并联。一旦在导通电阻上的电压低于二极管的导通阈值电压时，二极管将不能正向导通，所有的电流都将流过 MOSFET 的导通电阻。

当 MOSFET 的栅 - 源极为零电压或为负电压时，MOSFET 自身将是阻断的，但是不能控制其寄生的二极管是否导通，当 MOSFET 的漏 - 源极施加反向电压时，MOSFET 将反向导通。

附录 A.8.3　需要合适的驱动电压

MOSFET 要正常工作需要合适的驱动电压，例如：标准电平的 MOSFET 一般需要 8 ~ 15V 的驱动电平，过高则出现栅极过电压的机会增多，甚至有可能会出现栅 - 源极过电压击穿的不可逆的损坏现象，而且驱动电路的损耗也会增加。

过低的驱动电平则会导致 MOSFET 在开关状态下不能完全导通现象。当然也不否认过低的驱动电平也会带来"意想不到"的"好处"，如 2001 年的电子设计竞赛中的高效率音频功率放大器的试题就有的学校为了简化驱动电路而采用互补 MOSFET 全桥的主电路和 5V 电压驱动的解决方案。由于驱动电压过低，不足以引起桥臂的两个 MOSFET 共同导通，因此也不必设置死区时间的问题，这就大大地简化了驱动电路。由于竞赛只是在室温条件下，MOSFET 的栅 - 源极导通阈值电压在 3.2 ~ 3.5V，只要 MOSFET 流过的电流远低于额定电流，MOSFET 还是可以正常工作的。在工程技术中这是一种非正常应用方式，而对于电子设计竞赛而言，能满足竞赛试题的指标就是成功。这就是电子设计竞赛与工程实际的区别之一。

附录 A.8.4　需要合适的驱动速度

MOSFET 的驱动速度也是需要注意的，过慢的驱动通常会获得比较低的电磁干扰和尖峰电压，但是开关损耗会大大增加。相反，过快的驱动速度可以获得比较高的效率，但是会产生比较高的尖峰电压和电磁干扰，甚至会引起由于驱动过快导致 MOSFET 的损坏。

在工程实际中，大多数驱动电路也不会出现驱动速度过快的问题。

相反，为了获得比较低的尖峰电压，在早期的开关电源设计的文献、书籍中往往采用加大栅极串联电阻和在栅 - 源极之间并接电容的方式降低驱动速度来减小尖峰电压。由于栅极串联电阻过大加上栅 - 源极之间并接的电容使得 MOSFET 的开关速度大大降低，尽管获得了低尖峰电压，但是丧失了 MOSFET 开关速度快的优点，这在现在的工程技术中是不允许的。

降低开关电源输出电压尖峰的关键应该是选择性能优良的器件、合适的电路结构和控制方式，而不能采用消极方法。

附录 B　快速反向恢复二极管与电压瞬变抑制二极管

附录 B.1　快速反向恢复二极管（FRD）的发展历程

附录 B.1.1　二极管反向恢复问题的提出

　　二极管应用于开关功率变换后，与工频整流出现很多的不同，其中最大的不同就是在二极管施加反向电压的"瞬间"，二极管是反向导通的，而且不同的二极管这个"反向"导通的持续时间不同。由于二极管在施加反向电压时的"反向"导通，会引起电力电子电路的一系列问题，甚至会烧毁功率半导体器件。因此，二极管的反向恢复问题是开关功率变换必须要解决的问题。

　　最初的二极管反向恢复问题出现在 20 世纪 50 年代中期到 60 年代初期的晶体管数字计算机，设计者在晶体管 - 二极管逻辑电路中，发现当晶体管由截止变为导通过程会出现随着晶体管的开通，二极管并没有关断，从而影响逻辑电路的正常运行。为此，二极管中出现了开关二极管，这类二极管的反向恢复时间很短，如现在的开关二极管 1N4148 的反向恢复时间仅仅为 5ns。而同一时代的整流二极管 1N400X 系列则需要 1000ns 的反向恢复时间。

　　电力电子技术进入晶闸管时代，不仅出现了相控整流电路、有源逆变电路，还出现了晶闸管感应加热电源。这时，二极管的反向恢复问题变得不容忽视。

　　进入开关电源时代，输出整流二极管的反向恢复成为必须解决的问题。双极型功率晶体管功率变换时代，对应的快速反向恢复二极管反向恢复时间小于 1000ns，这个反向恢复时间完全可以淹没在双极型功率晶体管的开通时间内。

　　20 世纪 80 年代中期开始，大功率 MOSFET 登上开关功率变换舞台。由于 MOSFET 的开关速度极快，可以在 20ns 内完成开通过程。这样二极管的反向恢复过程造成的不良影响完全暴露，这时需要二极管具有超快反向恢复特性。

　　大功率的功率因数校正电路要求寄生二极管必须具有超快的反向恢复特性，还要有相对低的反向恢复峰值电流。这样，既可以减轻开关管的开通过程的损耗和二极管反向恢复损耗，还可以降低 EMI。因此，低反向恢复峰值电流被提到日程。

　　20 世纪 90 年代中期，IGBT 全面替代 GTR，对应的高压、大电流二极管的反向恢复问题直接影响着应用 IGBT 的大功率开关功率变换，二极管的超软、超快、超皮性能成为不可忽视的性能。

附录 B.1.2　快速反向恢复二极管的发展历程

　　最开始涉及二极管反向恢复特性的是开关电源是要取消笨重的工频变压器和庞大的滤波元件。开关频率从工频提高到 20kHz 甚至更高，变压器施加的电压不再是正弦波电压，而是矩形波电压二极管的反向恢复问题变得尤为严重。

　　开关电源问世伊始就要求输出整流二极管具有快速反向恢复特性。具有这样特性的二极管大概在 20 世纪 70 年代问世，反向恢复时间低于 1μs。当时的高压开关晶体管的开通时间不低于 1μs，由于开关管的开通过程处于放大状态，具有很高的阻抗，也就是说开关管的开通过程主导着整个电路的状态，因此可以掩盖二极管反向恢复特性所造成的如反向峰值电流、寄生振荡或振铃等问题。

随着双极型开关晶体管的开通特性的不断完善，开通时间可以短于 0.1μs，要求二极管的反向恢复时间应短于 0.1μs。这就是超级快速反向恢复二极管，简称超快二极管。在同一年代，MOSFET 开始应用，不仅要求超快二极管，还要求二极管具有更短的反向恢复时间。

到了 20 世纪 90 年代中期，功率因数校正的应用要求二极管不仅要具有更快速的反向恢复，还要具有更低的反向恢复峰值电流。在那个时代，600V 耐压的超快速二极管标称反向恢复时间是 60ns，实际应用的反向恢复时间 150ns～200ns，反向恢复峰值电流超过正向电流。应用的需要催生出专用于功率因数校正的二极管，采用两只 300V 耐压的超快反向恢复二极管，标称反向恢复时间为 35ns，实际应用的反向恢复时间短于 100ns；反向恢复峰值电流大大降低。尽管正向电压有所提高，但是正向电压损耗增加的部分小于单只 600V 耐压超快二极管的反向恢复造成的损耗相比两只耐压 300V 串联的反向恢复造成的损耗多出的部分。

20 世纪 80 年代或以前，快速二极管反向恢复特性的测试条件是施加 30V 反向电压，正向电流 5mA，反向恢复电流 5mA。对于逻辑电路用的开关二极管，这个测试条件应该满足应用条件。最初的开关电源用快速二极管也是这个测试条件，因此测试到的反向恢复时间很短。但是实际应用的正向电流确是数安培、数十安培，这时的二极管与 5mA 正向电流相比，电导调制更深，少数载流子的浓度更高。实际需要的反向恢复时间必将比 5mA 测试的时间更长。

到了 1995 年，超快速二极管的测试条件变为：正向电流 0.5A 或 1A，反向电压仍然30V。尽管相对 5mA 有了巨大的进步，但是这个测试条件与实际运行条件还是具有很大的差距。如果测试条件与实际运行条件相同，就要求测试设备具有非常高的性能。因此，大多数的超快二极管基本都是这样的测试条件。

快速性与导通电压的折中为了获得尽可能快的反向恢复时间，那个年代的超快反向恢复二极管往往是以牺牲导通电压获得尽可能短的反向恢复时间，如 IXYS 的 DSEA16-06AC（600V/8A），在正向电流 1A、$-\mathrm{d}i/\mathrm{d}t = 50\mathrm{A}/\mathrm{\mu s}$、$U_R = 30\mathrm{V}$、结温 25℃条件下的反向恢复时间为 35ns，而正向电压在 10A、结温 25℃状态下为 2.1V，结温 150℃状态下为 1.42V，远高于普通整流二极管的 1V 正向电压。即便如此，反向恢复峰值电流在 1/6 额定电压下仍具有几乎额定电流一半的数值，折合到 $-\mathrm{d}i/\mathrm{d}t = 200\mathrm{A}/\mathrm{\mu s}$ 和额定反向电压条件下，对应的反向恢复峰值电流将超过额定正向电流，甚至更高。

在那个年代，超快速反向恢复二极管的另一个问题是反向恢复时间变短，但是反向恢复峰值电流仍旧很高。不仅如此，更严重的问题是由于掺入金、铂，虽然有效地缩短了少数载流子寿命，但是却造成了反向恢复回升电流速率过高，导致应用时产生严重的反向恢复电流振铃，成为严重的干扰源和可靠性下降诱因。还有，就是正向电压比较高。

1994 年，德国人 Luuz 提出了轴向载流子控制理论，采用质子注入的方式控制管芯不同区域的载流子寿命，使得反向恢复峰值电流大大减小；反向恢复的电流回升速率保持在比较低的水平仍能获得很好的反向恢复时间，由于反向恢复的电流回升速率的减小而极大地抑制了反向恢复电流的振铃，甚至消除；仍然可以保持比较低的正向电压。

附录 B.2　快速反向恢复二极管特性分析

一般用途的整流二极管应用在 50Hz 工频交流电条件下可以很好地胜任。但是二极管是一种少数载流子导电器件，从导通到阻断必须将 PN 结两侧的少数载流子全部扫除才能阻断。因此，在少数载流子扫除过程中，二极管相当于导通状态。由于一般用途整流二极管的这个扫除少数载流子的过程需要相对比较长的时间，因此在数十千赫的开关电源的输出整流二极管以及工作在高频状态下的各类二极管均需要尽可能短的扫除少数载流子的时间。

这就是说，在开关功率变换应用中，二极管工作在大电流、高电压的高速开关状态下，这样二极管的开关特性就不能不考虑。不仅如此，在一些工作电压不高的应用场合需要二极管具有尽可能低的导通电压。这些都是电子技术基础课程中没有详尽学习的。在此仅对二极管的开关特性详尽说明。

二极管的反向恢复特性主要有反向恢复时间、反向恢复电荷、反向恢复峰值电流和软度系数。

附录 B.2.1　二极管的反向恢复特性"定义"

二极管的反向恢复特性"定义"如图 B-1 所示。

图中的数字分别为：

1）正向电流 I_F；

2）电流从正向电流下降，是二极管从正向导电到反向恢复的"换流"过程，这个电流下降过程的电流下降速率，称为 $-\mathrm{d}i/\mathrm{d}t$。$-\mathrm{d}i/\mathrm{d}t$ 的大小由外电路决定，不是二极管自身特性；

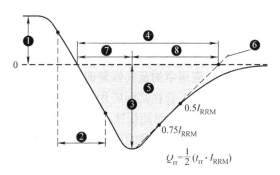

图 B-1　二极管的反向恢复特性

3）反向恢复峰值电流 I_{RRM}，I_{RRM} 由 $-\mathrm{d}i/\mathrm{d}t$ 和反向电压决定；

4）反向恢复时间 t_{rr}，二极管反向电流的时间；

5）反向恢复电荷 Q_{rr}，二极管反向电流与时间的积分。可以近似的认为是：

$$Q_{rr} \approx \frac{1}{2}t_{rr}I_{RRM} \qquad （附录 B-1）$$

反向恢复电荷受正向电流幅值、结温、$-\mathrm{d}i/\mathrm{d}t$ 等因素影响；

6）反向恢复电流开始回升后的 $0.75 \sim 0.5I_{RRM}$ 段的电流回升速率，从电流由正向电流降低到零和按这个速率回升到零所用的时间就是 t_{rr}；

7）从电流过零到反向峰值电流的时间 t_A，即换流时间；

8）从电流为 IRRM 回升到零的时间 t_B。这个时间是二极管真正的反向恢复时间，对应的电流回升速率由二极管自身特性决定。

附录 B.2.2　按反向恢复特性分类

二极管的制造工艺不同，其反向恢复特性也不同。二极管的反向恢复特性是根据其应用条件不同而不同。在一般的 400Hz 及以下的正弦波电压整流应用中，对二极管的反向恢复没有特殊要求，因为 2.5ms 的电压周期和自然电压、电流过零的应用状态来说，几个甚至数十微秒的反向恢复时间远远不至于对电路的性能造成明显的影响，只有在"中、高频"的应用中才会对二极管的反向恢复特性有要求。

从应用角度考虑，可以用反向恢复时间对二极管进行分类。一般来说，在中小功率的开关功率变换中应用的二极管可以按如下分类：

1）反向恢复时间 t_{rr} 大于 1μs 为普通用途二极管或者称为普通用途整流器；

2）反向恢复时间 t_{rr} 小于 1μs 为快速二极管或者称为快速反向恢复二极管；

3）反向恢复时间 t_{rr} 小于 100ns 为超快速二极管或称为超快速反向恢复二极管。

附录 B.2.3 反向恢复时间 t_{rr} 特性分析

不同的测试条件下，快速、超快速二极管的反向恢复时间是不同的，有时差异甚至大相径庭。在这里仅分析超快速二极管的反向恢复时间与应用条件的影响。

1. 数据表中的反向恢复时间 t_{rr} 参数

绝大多数的超快速二极管的反向恢复时间参数的测试条件为：正向电流 1A，反向电压：30V，电流下降速率 200A/μs。在这样的测试条件下，额定电压 200～300V 的超快速二极管的反向恢复时间基本上在 35ns 左右；额定电压为 400～600V 的反向恢复时间为 60ns；额定电压在 800～1000V 的反向恢复时间将达到 75～80ns。

2. 实际应用中的反向恢复时间 t_{rr} 特性

超快速二极管在实际应用中的反向恢复时间往往与数据表中的数据差异很大，其主要原因就是应用条件对超快速二极管的影响。

各生产厂商的产品的反向恢复特性（主要是反向恢复时间 t_{rr} 和反向恢复峰值电流 I_{RRM}）由于数据表中的测试条件不同，反映到数据表中所给的反向恢复时间相同的不同厂商超快速二极管在相同的应用条件下的结果将是不同的。图 B-2 中左图为 A 厂商的 60A/600V 的超快速二极管，右图为厂商 B 的 60A/600V 超快速二极管。

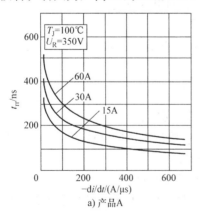

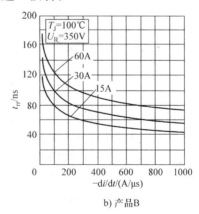

图 B-2 t_{rr} 和 $-di/dt$ 的关系

3. t_{rr} 与 I_f 和 di/dt 的关系

t_{rr} 与 I_f 和 di/dt 的关系如图 B-2 所示：

首先，从图中可见，随着二极管的正向电流 I_f 的增加反向恢复时间 t_{rr} 随着增加；$-di/dt$ 的数值增加，反向恢复时间 t_{rr} 减小。

其次，如果测试条件是 1A 正向电流的话，随着正向电流的增加，反向恢复时间将远远高于数据表中的反向恢复时间。如图 B-2 左图，在 $-200A/\mu s$ 的电流下降率的测试条件下，15A 正向电流对应的反向恢复时间接近 140ns，而 30A、60A 的正向电流对应的反向恢复时间将接近或超过 200ns，远高于数据表中 60 ~ 75ns 的参数。

如果测试条件为额定电流或额定电流的一半，则在相同的电流下降速率的测试条件下的实际反向恢复时间接近于数据表所给的数值。

4. 反向恢复时间 t_{rr} 与结温的关系

反向恢复时间将随结温的上升而增加，在最高结温时的反向恢复时间大约为室温条件下的 2.3 倍，100℃ 结温时为室温下的 1.66 倍，如图 B-3 所示。

因此，在实际应用中的实际反向恢复时间均大于数据表中室温条件下的数据。

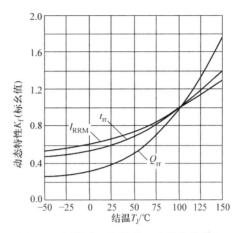

图 B-3　超快速二极管的反向恢复特性与结温的关系

附录 B.2.4　反向恢复峰值电流 I_{RRM} 特性分析

反向恢复峰值电流 I_{RRM} 随 $-di/dt$ 增加，如图 B-4 所示，因在不同 $-di/dt$ 的测试条件下，I_{RRM} 的幅值是不同的。

I_{RRM} 随反向工作电压上升，因此额定电压为 1000V 的快速二极管，在相同的 $-di/dt$ 条件下，但反向工作电压不同时（如 500V 与 1000V）则 I_{RRM} 是不能相比较的。

从图中还可以看到，反向恢复峰值电流随正向电流的增加而增加。

附录 B.2.5　反向恢复电荷 Q_{rr} 特性分析

反向恢复电荷随结温上升而增加。不仅如此，反向恢复电荷也随电流下降速率值的增加而增加，如图 B-5 所示。

反向恢复峰值电流随 $-di/dt$ 增加，而且

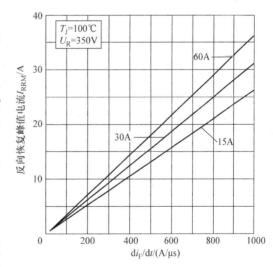

图 B-4　反向恢复峰值电流与电流下降速率的关系

是以近似二次函数的速率增加。其原因是随着 $-di/dt$ 的增加，反向恢复峰值电流随之线性增加，而反向恢复的电流回升速率是基本不变的，反向恢复峰值电流的增加，必然使得反向恢复的电流回升到零的时间增加，使得反向恢复回升电流对应的电荷增加。由于反向恢复峰值电流与反向恢复电流回升时间同时增加，使得反向恢复电荷按二次函数增加。由于

-d*i*/d*t* 的增加使得电流换相时间有所缩短，因此反向恢复电荷与 -d*i*/d*t* 成为近似二次函数的关系。

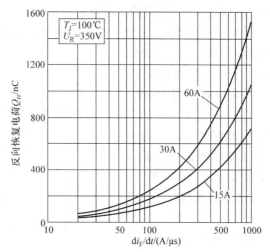

图 B-5　反向恢复电荷与电流下降速率的关系

附录 B.3　肖特基势垒二极管（SBD）

常规技术的超快速二极管的正向电压约 1.3V，低压整流状态下将降低整流器效率，为了提高整流器效率，需要降低整流器件的正向电压。肖特基二极管就是解决方案之一，也是最简单的解决方案。

半导体与金属直接接触将构成金属 - 半导体结，即肖特基结，肖特基结也具有 PN 结的特性，因此可以将金属 - 半导体构成二极管，即"肖特基二极管"。肖特基二极管是利用隧道效应实现肖特基二极管的正向导通，因此正向电压明显低于硅二极管。正是肖特基二极管的低正向电压特性，低压整流电路中常应用肖特基二极管。

附录 B.3.1　肖特基二极管的正向特性

肖特基整流二极管的额定电流定义为连续直流电流条件下的平均值电流。

肖特基二极管最大优点是正向电压低，图 B-6 为 MBR1545 的正向电压特性。

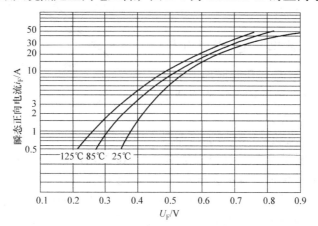

图 B-6　MBR1545 正向电压特性

MBR1545 是双 7.5A 肖特基二极管，其中每只额定电流为 7.5A。图 B-6 中，正向电压随实际流过的正向电流增加，随结温升高而减小。在 7.5A 正向电流条件下，结温 25℃时的正向电压约为 0.52V；结温 85℃时的正向电压约为 0.48V；结温 125℃时的正向电压约为 0.45V。这个数值约为超快速二极管正向电压的 40%。也就是说，在额定电流条件下，肖特基二极管的正向电压损耗是超快速二极管正向电压损耗的 40%。如果正向电流降低到额定电流的 20%，即 1.5A，结温 25℃时的正向电压约为 0.4V；结温 85℃时的正向电压约为 0.34V；结温 125℃时的正向电压约为 0.3V。可以进一步降低正向电压损耗。

肖特基二极管正向损耗特性如图 B-7 所示。

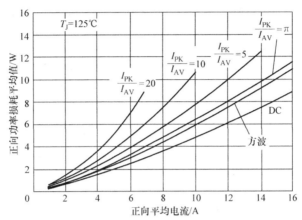

图 B-7 不同电流波形正向电压的损耗

图中，二极管正向损耗与正向电流的关系近乎二次函数，这是二极管导通时的微分电阻与电流的二次方构成的损耗造成。近似的原因是二极管本身有一个正向转折电压，是电流的一次函数关系。

图中还可以看到，在相同的流过二极管平均值电流条件下流过二极管的电流波形不同。以直流连续电流产生的损耗最小；占空比越小，损耗越大。

肖特基二极管允许流通的平均值电流与管壳的关系如图 B-8 所示。测试条件为在额定电压下和管芯到管壳热阻为 2℃/W。

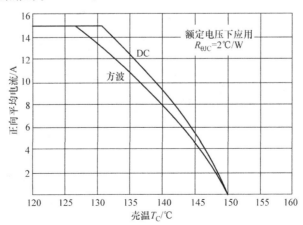

图 B-8 不同壳温条件下允许的正向电流

在管壳温度低于126℃时，MBR1545允许的平均值电流为15A（方波电流），随着壳温上升高于125℃，允许的正向电流平均值下降，到管壳150℃时，从管芯到管壳没有温度差，也就没有散热能力，这时的允许流通的电流平均值为零。

如果，流过的电流是直流电流，所允许流过的电流平均值增加。

附录 B.3.2　肖特基二极管的反向特性

肖特基二极管反向特性如图 B-9 所示。

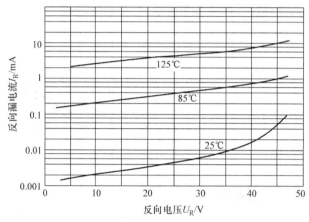

图 B-9　MBR1545 的单只肖特基二极管单元的漏电流特性

图 B-4 中显示，反向漏电流（以下称为漏电流）随反向电压增加。如在 25℃结温条件下，反向电压 10V 时对应的漏电流为 2μA，反向电压 30V 状态下漏电流增加到 6μA，而到了 45V 额定电压条件下的漏电流增加到 30μA。

漏电流随结温增加。如反向电压 30V、结温 25℃条件下漏电流为 6μA，而在 125℃条件下的漏电流增加到 5mA，增加近 1000 倍！基本符合"8℃法则"规律。

漏电流大是肖特基二极管的一大弱点，同水平的超快反向恢复二极管的漏电流远低于肖特基二极管。图 B-10 为 MUR1520 超快反向恢复二极管的反向特性。

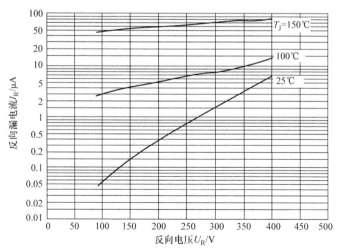

图 B-10　MUR1520 反向特性

图 B-10 显示在 66% 额定电压下、结温 150℃条件下的漏电流仅仅为 70μA，是肖特基二极管漏电流的近 1/100。如果折算到 125℃，MUR1520 漏电流将低于 50μA，在折算到 7.5A 额定电流状态下，漏电流应低于 25μA。

附录 B.4　电压瞬变抑制二极管

附录 B.4.1　电压瞬变抑制二极管概述

电力半导体器件中还有一种二极管，专门用来钳位电压用途。这就是电压瞬变抑制二极管（Transient Voltage Suppression Devices，简称 TVS）。与整流用或一般用途二极管应用不同，电压瞬变抑制二极管工作在反向电压状态，其正向特性如何可以不去关心。电压瞬变抑制二极管是利用二极管反向特性的转折电压后的特性。类似于稳压二极管（或者称为齐纳二极管），如图 B-11 所示。

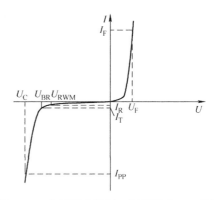

图 B-11　电压瞬变抑制二极管静态 U/A 特性

图中 U_{BR} 为转折电压，一般称为雪崩击穿电压；U_C 为峰值电流条件下的钳位电压；I_{PP} 为峰值钳位电流。由于电压瞬变抑制二极管不工作在正向状态。

其相对于压敏电阻，具有更快的响应速度（1ns），低漏电流 1μA，远低于 1mA 漏电流的压敏电阻，具有更优异的转折特性和不带有衰减特性。

附录 B.4.2　电压瞬变抑制二极管特性分析

从应用角度，需要关注电压瞬变抑制二极管的特性主要有：

1. 非重复峰值耗散功率 P_{PK}

非重复峰值耗散功率是指在单脉冲条件下，电压瞬变抑制二极管在承受钳位电压的同时流过电流的功率冲击承受能力。窄脉冲条件下体现为管芯的温度上升，随着电流脉冲持续时间的增加，所耗散的功率将不仅仅使管芯温度升高，同时引线温度也随之上升。

环境温度 25℃，在规定的散热条件下的可耗散功率。

非重复峰值耗散功率随脉冲持续时间的增加而减少，如非重复峰值耗散功率为 1500W 的电压瞬变抑制二极管的非重复可耗散功率与脉冲宽度的关系如图 B-12 所示。

从图中可以看到，随着脉冲宽度变窄，峰值耗散功率上升，在非重复电流脉冲波形相同条件下，1500 峰值功率的电压瞬变抑制二极管在 1ms 状态下对应的而峰值功率为 1500W；持续时间 100μs 时对应的脉冲峰值功率约为 4500W；10μs 时对应的脉冲峰值功率约为 12000W；1μs 时对应的脉冲峰值功率约为 35000W；0.1μs 时对应的脉冲峰值功率约为 100000W。

在规定的散热条件下，随着环境温度的上升，峰值耗散功率下降，降额曲线如图 B-13 所示。

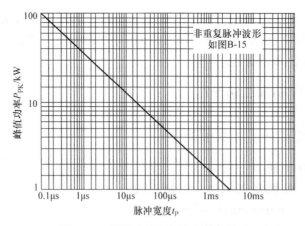

图 B-12 峰值功率与脉冲宽度的关系

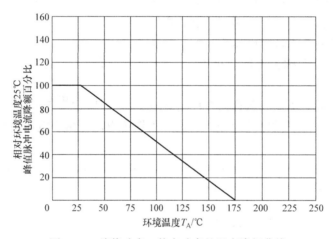

图 B-13 峰值功率、静态功率的温度降额曲线

随着环境温度超过25℃，峰值耗散功率随环境温度下降，每上升15℃耗散峰值功率下降1.5%。直到环境温度上升到175℃，峰值耗散功率下降到零。

2. 重复脉冲条件下的可耗散峰值功率

单次与重复的不同之处在于单次的仅仅是温度上升到极限，而重复的则要在上次脉冲后温度下降后再次温度上升，温度初始值随两次脉冲的间距越短越高，对应的峰值功率就越低。这一点与MOSFET的重复雪崩击穿耐量相似。当达到热平衡时，电压瞬变抑制二极管的耗散功率就变为静态可耗散功率。

3. 静态耗散功率

静态耗散功率为可持续耗散的功率值。图 B-14 为轴向引线封装的 1.5KE200 系列的而静态功率耗散特性。

4. 管芯到引线热阻

轴向引线封装的 1.5KE200 系列在图 B-14 所给散热条件下（距管壳 9.5mm 处接无穷大散热器）的静态可耗散功率在距管壳 9.5mm 处引线温度为 75℃ 以下时，静态可耗散功率为 5W，对应的管芯导引线的热阻为 20W/℃；随着引线温度升高，静态可耗散功率下降，当引线温度达到 175℃ 时，静态可耗散功率下降到零。对应的降额因子为 50mW/℃。

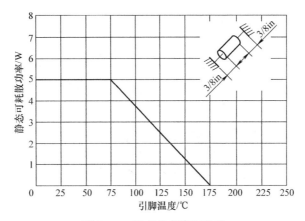

图 B-14 稳态功率降额曲线

随着引线的延长，即使是引线终端接无穷大散热器也会使得散热能力变差，在引线终端为无穷大散热器的状态下，单条引线每延长 1cm，管芯到散热器的热阻增加 40W/℃，两条线对应的热阻增加为每增加 1cm，热阻增加 20W/℃。

5. IPP：最大反向脉冲电流峰值

图 B-15 为电压瞬变抑制二极管典型的放电电流波形，I_{PP} 值就是在这种电流波形下定义的。

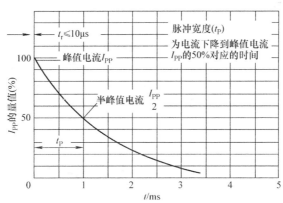

图 B-15 脉冲波形

图中电流 10μs 上升到 I_{PP} 值，放电过程为 1ms 电流下降到 $0.5I_{PP}$ 值。在图 B-15 波形定义下，钳位电压乘以反向峰值电流就是非重复峰值功率。

6. 电压参数

U_C：在最大反向脉冲电流峰值条件下的钳位电压；其中包括转折电压 U_{BR}、由于温度升高造成的转折电压上升部分和动态电压降。

其中，转折电压 U_{BR} 就是电子技术基础中的 PN 结雪崩击穿电压；PN 结转折电压随温度变化，高于 6.2V 后为正温度系数，这意味着随着管芯温度的升高，PN 结转折电压随之上升；电流流过电压瞬变抑制二极管，其内阻也会引起电压降，即动态电压降。

图 B-16 为电压瞬变抑制二极管的动态电压降。

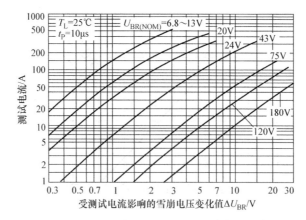

图 B-16   电压瞬变抑制二极管的动态电压降

U_{BR}：在规定的测试电流下的转折电压值；

ΘU_{BR}：转折电压值的温度系数；

U_{RWM}：反向峰值工作电压是作为保护元件时电压瞬变抑制二极管不进入转折电压的数值，低于转折电压，对应的漏电流约 1μA。

附录 C   碳化硅器件

在高压应用领域，随着器件的工作电压要求越来越高，由于制造技术限制和硅材料本身的限制，硅器件的开关性能和导通性能随着额定电压的升高变得越来越差。当硅器件制造技术发展到几乎终极时，需要新型半导体材料制造的高压功率半导体器件。所需要的材料就是宽禁带半导体材料，目前主要有碳化硅、氮化硅。相对而言，碳化硅更适应于高压器件。

早在 20 世纪 80 年代初，西安交通大学黄俊编写的"半导体变流技术"一书中就提到碳化硅器件。现实中的碳化硅器件主要有 LED、肖特基二极管、MOSFET。

附录 C.1   碳化硅二极管的优势

碳化硅功率半导体器件中最早问世的是碳化硅肖特基二极管（以下简称碳化硅二极管）。早在 2001 年，Infineon 公司就已经有了耐压 300V 碳化硅二极管产品；到了 2004 年，600V 耐压的碳化硅二极管产品问世。现在 1200V 耐压甚至 10kV 耐压的碳化硅二极管均有产品。

碳化硅二极管性能优异，但是初期的碳化硅二极管，一只 6A/600V 规格的价格超过了100 元人民币，这种天价，过去无法应用，即使在当时的日本也不敢应用。现在，碳化硅二极管的价格降到了实用价格，仅比性能优异的硅超快速反向恢复二极管价格稍高，因而开始得到大量应用。

碳化硅二极管之所以能迅猛发展是因为碳化硅二极管的开关性能优异，解决了长期困扰应用硅超快速反向恢复二极管存在的问题。这些问题主要有：反向恢复时间、反向恢复峰值电流、反向恢复电荷以及反向恢复过程中反向恢复电流的振铃问题。解决了高压

（600V以上）硅超快速反向恢复二极管反向恢复性能差的问题。

相对于硅超快速二极管，碳化硅二极管几乎没有反向恢复特性，即使是PN结的寄生电容也很低。硅超快速二极管、碳化硅二极管的反向恢复特性如图C-1所示。

图C-1中，三种二极管分别为6A/600V碳化硅二极管、6A/300V两只硅超快速反向恢复二极管串联、6A/600V硅超快速反向恢复二极管。

在结温125℃、反向电压400V、正向电流6A、$-\mathrm{d}i/\mathrm{d}t = 200\mathrm{A}/\mu\mathrm{s}$条件下测试。

碳化硅二极管的反向恢复仅仅经历了不到15ns的时间，反向恢复峰值电流不到1A，电流回升时间不到10ns。如此

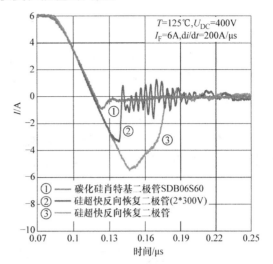

图 C-1　硅超快速二极管、碳化硅二极管反向恢复特性

快的反向恢复得益于碳化硅肖特基二极管，为多数载流子导电，自然没有少数载流子复合与寿命问题，仅仅是结电容的反向充电过程。

两只300V硅超快反向恢复二极管串联的反向恢复时间不到30ns。但是反向恢复后持续近60ns时间的电流振铃，高幅值振铃持续接近50ns。反向恢复峰值电流超过了3A。

采用一只耐压600V的硅超快反向恢复二极管，反向恢复时间约60ns，反向恢复峰值电流超过了5A。反向恢复后的电流振铃比较小。

以上三种二极管的反向恢复过程，碳化硅二极管的反向恢复最为完美。这就是碳化硅二极管的优势所在。

再看反向恢复电荷的比较，如图C-2所示。

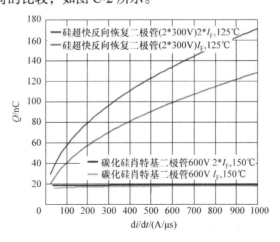

图 C-2　硅超快速二极管，碳化硅二极管反向恢复电荷

图中上面的两个曲线是两只300V硅超快反向恢复二极管串联构成的耐压600V二极管的反向恢复电荷曲线。最上面的曲线是2倍额定电流条件下的反向恢复电荷曲线，第二条

是额定电流条件下的反向恢复电荷曲线。

下面两条曲线是碳化硅二极管的反向恢复电荷曲线，2倍额定电流和额定电流条件下的反向恢复电荷曲线。

从图中可以看到，在 $-\mathrm{d}i/\mathrm{d}t$ 为零的状态下，硅超快速反向恢复二极管的反向恢复电荷与碳化硅二极管的反向恢复电荷相近。硅超快速反向恢复二极管的反向恢复电荷随结温上升而增加，随 $-\mathrm{d}i/\mathrm{d}t$ 的增加，硅超快速反向恢复二极管的反向恢复电荷比较快地增加，碳化硅二极管的反向恢复电荷几乎不随 $-\mathrm{d}i/\mathrm{d}t$ 变化。说明硅超快速反向恢复二极管的反向恢复过程中存在少数载流子复合早挣得反向恢复电荷。碳化硅二极管是多数载流子导电，没有载流子复合问题，纯粹是结电容的充放电过程，这个过程与 $-\mathrm{d}i/\mathrm{d}t$ 变化无关，也与正向电流的而大小无关。

在 $-\mathrm{d}i/\mathrm{d}t$ 为 200A/μs 条件下，碳化硅二极管的反向恢复电荷仅仅是硅超快速反向恢复二极管在额定电流条件下的 1/3，是硅超快速反向恢复二极管在 2 倍额定电流条件下的 1/4。

附录 C.2　二极管反向恢复对电路的影响

以升压型变换器为例，电路如图 C-3 所示、二极管导通时的等效电路如图 C-4 所示、二极管反向恢复后的等效电路如图 C-5 所示。

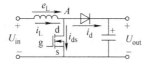

图 C-3　升压型变换器电路

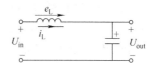

图 C-4　二极管导通时的等效电路

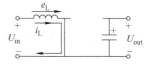

图 C-5　二极管反向恢复后的
等效电路

在二极管导通状态下，二极管流过电感电流。随着开关管的开通，电感电流从二极管流向开关管，开关管流过电感电流的全部，与此同时二极管的反向恢复电流也将流过开关管，使得开关管的电流为电感电流与二极管反向恢复电流叠加。

根据二极管的反向恢复特性，二极管电流下降过程中，无论二极管的电流是正值还是负值，二极管端电压或者为正向电压，或者为零电压或低值负电压，开关管电压始终为输出电压值，构成严重的开关管开通损耗，如图 C-6 所示。

图中，曲线①为用碳化硅二极管的开关管电压、电流曲线；②为用两只 300V 硅超快反向恢复二极管串联的开关管电压、电流；③为单只 600V 硅超快反向恢复二极管串联的开关管电压、电流。

很显然，二极管反向恢复峰值电流越大、过程越长，开关管开通的峰值电流越高，对应的开通损耗越大。这就是为什么电流连续型升压变换器（如 PFC 电路）中宁可选用两只 300V 串联的超快反向恢复二极管等效为耐压 600V 的二极管，也不愿意采用单只耐压 600V 的超快反向恢复二极管，选用单只 600V 超快速反向恢复二极管使开关管产生的开通损耗是采用两只 300V 超快反向恢复二极管的 2 倍左右。而选择碳化硅二极管则可以明显降低开关管的开通损耗，大大减小二极管反向恢复对开关管的冲击。这也是为什么 Infineon 公司的第四代 IGBT 模块中的快速系列采用碳化硅二极管与 IGBT 反并联。

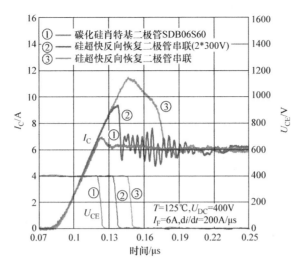

图 C-6 开关管开通过程电流波形

附录 C.3 碳化硅二极管主要特性分析

以下以 10A/1200V 碳化硅二极管为例。

额定正向电流 I_F：连续正向电流，壳温 155℃ 时为额定电流，壳温 25℃ 时电流约为壳温 155℃ 时电流的 3 倍。如电流在壳温 155℃ 条件下额定 10A，壳温 25℃ 时则为 31.9A。很显然，随着壳温的升高，管芯到管壳的散热能力变差，随着壳温的降低，流过的电流可以升高，其规律如图 C-7 所示。

从图中还可以看到，当碳化硅二极管流过矩形波或近似矩形波，随着占空比的降低，允许流过的正向电流幅值增加。

非重复浪涌电流 I_{FSM}：10ms 正弦半波，壳温 25℃ 条件下为 99A，壳温 150℃ 条件下为 84A。

单脉冲峰值正向电流 I_{Fmax}：10μs 脉冲宽度、壳温 25℃ 条件下为 711A。

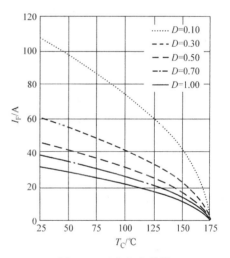

图 C-7 正向电流特性

熔断能力 I_{2t}：壳温 25℃ 条件下，正弦半波 10ms 为 49A2s；壳温 150℃ 条件下，正弦半波为 35A2s。

浪涌电流作用下的浪涌电流幅值与正向电压的关系如图 C-8 所示。

图中温度为结温，脉冲宽度为 10μs。

正向电压：额定电流、结温 25℃ 条件下典型值电压为 1.5V，最大值为 1.8V；结温 150℃ 条件下典型值电压为 2.0V，最大值为 2.6V。

碳化硅二极管正向特性如图 C-9 所示。

额定反向电压 U_{DC}：1200V。

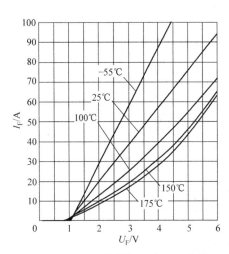

图 C-8 浪涌电流幅值与正向电压的关系

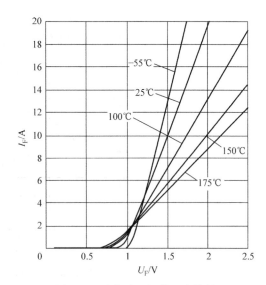

图 C-9 碳化硅二极管正向特性

反向恢复时间是寄生电容的反向充电过程，因此由寄生总电荷和寄生电容量决定。对于 10A/1200V 碳化硅二极管的总寄生电荷为 41nC；总寄生电容在反向电压为 1V 状态下为 525pF，反向电压为 400V 状态下为 37pF；反向电压为 800V 状态下为 29pF。

寄生电荷与 $-\mathrm{d}i/\mathrm{d}t$ 基本无关，如图 C-10 所示。寄生电容与反向电压关系如图 C-11 所示。

二极管从反向电压阻断到正向电压导通过程中，寄生电容的储能将通过开关管释放，是开关管的开通损耗的一部分。寄生电容储能与反向电压的关系如图 C-12 所示。

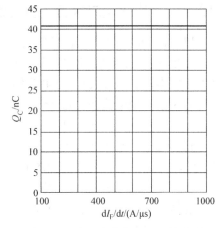

图 C-10 寄生电荷与 $-\mathrm{d}i/\mathrm{d}t$ 的关系

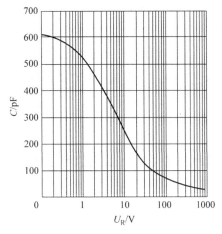

图 C-11 寄生电容与反向电压关系

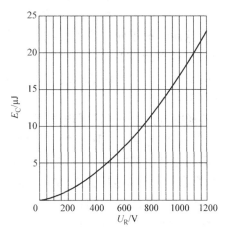

图 C-12 寄生电容储能与反向电压关系

反向电流是二极管重要的反向特性。10A/1200V 碳化硅二极管反向电流在额定反向电压条件下，结温 25℃时的漏电流典型值为 4μA，最大值为 62μA；结温 150℃时对应的漏电流典型值为 22μA，最大值为 320μA。

漏电流与反向电压和结温关系如图 C-13 所示。

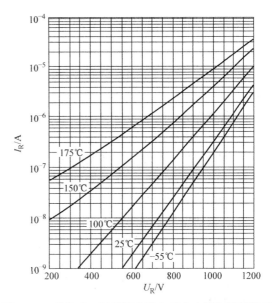

图 C-13　碳化硅二极管漏电流与反向电压和结温关系

附录 C.4　SiC MOSFET 的优势

随着硅 MOSFET 的耐压提高，硅 MOSFET 导通电压急剧升高。以第三代 MOSFET 为例，在 150℃结温和额定电流条件下，额定电压 100V 的 MOSFET 的导通电压一般不高于 2V；而额定电压 1000～1200V 耐压的 MOSFET 的导通电压将超过 30V！尽管 MOSFET 在不断地改善，目前性能优秀的硅 MOSFET 的导通电压仍不低于 21V。尽管 IGBT 可以有效地降低其导通电压，但是拖尾电流带来的开关损耗在 50kHz 以上的硬开关应用中将不可容忍。

不仅如此，随着管芯面积的增大，硅 MOSFET 的栅极电荷也会变大，IGBT 也是如此，导致了需要更加强劲的驱动电路和更加合理的驱动回路布线。

由于以上原因，需要一种既能够承受高耐压又具有极快开关速度，同时导通电压明显低于硅 MOSFET 的理想的电力半导体器件。碳化硅 MOSFET 就是这种具有高耐压、极快的开关速度、低的导通电压的 MOS 器件。

1200V/24A 的碳化硅 MOSFET 和优秀的硅 MOSFET 的主要参数见表 C-1。

表 C-1　碳化硅 MOSFET 和硅 MOSFET 参数对比

内容	碳化硅 MOSFET	硅 MOSFET
导通电阻	200mΩ（结温 25℃）	340mΩ（结温 25℃）
	240mΩ（结温 135℃）	820mΩ（结温 135℃）
栅极电荷	0.0471μC（U_{GS} = 20V）	0.36μC（U_{GS} = 10V）
米勒电荷	21.5nC	160nC

在导通电阻方面，常温状态下，碳化硅 MOSFET 的导通电阻为 200mΩ，硅 MOSFET 导通电阻为 340mΩ，差距不大。到了结温 150℃时差距拉大，碳化硅 MOSFET 的导通电阻为 240mΩ，硅 MOSFET 导通电阻为 820mΩ，碳化硅 MOSFET 导通电阻不到硅 MOSFET 的 30%。这意味着同等条件下，改用碳化硅 MOSFET 就可以将导通损耗减小到 30%，如果导通损耗占硅 MOSFET 总损耗的 2/3，则这一改善可以将 MOSFET 总损耗降低到原来的 44%！

在开关速度方面，由于栅极电荷，特别是米勒电荷大幅度降低，使得开关速度加快，在相同的应用条件下，开关损耗将降低到硅 MOFET 的 15% 以下。这样用碳化硅 MOSFET

替代硅 MOSFET 会使高压开关管的总损耗降低到原来的 30% 甚至更低！

附录 C.5　SiC MOSFET 全部参数解读

1. 电压部分

额定电压（$U_{BR(DSS)}$）：与硅 MOSFET 相同，为栅 - 源极电压为零状态下额定漏 - 源极阻断电压。

2. 电流部分

连续额定电流值（I_D）：壳温 25℃、U_{GS} = 20V 条件下允许流过的连续电流值，或壳温 135℃、U_{GS} = 20V 条件下允许流过的连续电流值。

脉冲漏极电流（I_{Dpulse}）：测试条件为壳温 25℃ 条件下脉冲宽度仅受最高结温限制下的脉冲电流值。

3. 耗散功率与雪崩耐量

耗散功率（P_{tot}）：壳温 25℃ 条件下管芯可以耗散掉的功率。

单次雪崩击穿耐量（E_{AS}）：测试条件为 I_o = 10A，U_{DD} = 50V，L = 20mH，雪崩击穿脉冲宽度仅受最高结温限制的雪崩击穿耐量值。

重复雪崩击穿耐量（E_{AR}）：测试条件，I_o = 10A，U_{DD} = 50V，L = 20mH，雪崩击穿脉冲宽度仅受最高结温限制的雪崩击穿耐量值。

反向雪崩击穿电流值（I_{AR}）：测试条件，U_{DD} = 50V，L = 15mH，雪崩击穿脉冲宽度仅受最高结温限制的雪崩击穿电流值。

4. 栅极参数

栅 - 源极最大电压（U_{GS}）：栅极与源极之间可施加的最大电压。

栅极阈值电压（$U_{GS(th)}$）：MOSFET 导通阈值电压，测试条件为结温 25℃、U_{DS} = U_{GS}，I_D = 0.5mA，对应 2.4V 典型值；测试条件为结温 135℃、U_{DS} = U_{GS}，I_D = 0.5mA，对应 1.8V 典型值。可见碳化硅 MOSFET 栅极阈值电压对温度比硅 MOFET 敏感。

零栅 - 源极电压漏极电流值（I_{DSS}）：测试条件为结温 25℃、U_{DS} = 1200V、U_{GS} = 0V 对应的漏 - 源极电流值，或结温 135℃、U_{DS} = 1200V、U_{GS} = 0V 对应的漏 - 源极电流值。

栅 - 源极电流值（I_{GSS}）：测试条件为结温 25℃、U_{GS} = 20V、U_{DS} = 0V 对应的栅 - 源极电流值。

漏 - 源极导通电阻（$R_{DS(ON)}$）：在结温 25℃、U_{GS} = 20V、I_o = 10A 条件下的漏 - 源极间的导通电阻或结温 135℃、U_{GS} = 20V、I_o = 10A 条件下的漏 - 源极间的导通电阻。

跨导（G_{sf}）：结温 25℃、U_{DS} = 20V、I_o = 10A 条件下栅极电压对漏极电流的控制能力或结温 155℃、U_{DS} = 20V、I_o = 10A 条件下栅极电压对漏极电流的控制能力。单位：西门子（S）。

栅极体电阻（R_G）：在测试频率 1MHz、测试电压 25mV 条件下的栅极体电阻。

栅 - 源极电荷（Q_{gs}）：U_{DD} = 800V、U_{DS} = 0/20V、I_o = 10A 测试条件下的栅极与源极之间的电荷电量。

栅 - 源极电荷（Q_{gd}）：U_{DD} = 800V、U_{DS} = 0/20V、I_o = 10A 测试条件下的栅极与漏极之间的电荷电量。

栅极总电荷（Q_{gs}）：U_{DD} = 800V、U_{DS} = 0/20V、I_o = 10A 测试条件下的栅极充电需要的

总电荷电量。

输入电容（C_{iss}）：$U_{GS} = 0V$、$U_{DS} = 800V$、$f = 1MHz$、$U_{AC} = 25mV$ 测试条件下，栅极与源极之间的电容量。

输出电容（C_{oss}）：$U_{GS} = 0V$、$U_{DS} = 800V$、$f = 1MHz$、$U_{AC} = 25mV$ 测试条件下，漏极极与源极之间的电容量。

反向传输电容（C_{rss}）：$U_{GS} = 0V$、$U_{DS} = 800V$、$f = 1MHz$、$U_{AC} = 25mV$ 测试条件下，漏极与栅极之间的电容量。

输出电容储能（E_{oss}）：测试条件为 $U_{GS} = 0V$、$U_{DS} = 800V$、$f = 1MHz$、$U_{AC} = 25mV$ 测试条件下，输出电容的储能。

5. 寄生二极管参数

寄生二极管正向电压（U_{SD}）：$U_{GS} = -5V$、$I_o = 10A$、结温 25℃测试条件下寄生二极管的正向电压或 $U_{GS} = -2V$、$I_o = 10A$、结温 25℃测试条件下寄生二极管的正向电压。

反向恢复时间（t_{rr}）：$U_{GS} = -5V$、$I_o = 10A$、结温 25℃、$U_R = 800V$、$di_F/dt = 100A/\mu s$ 测试条件下的反向恢复时间。

反向恢复电荷（Q_{rr}）：$U_{GS} = -5V$、$I_o = 10A$、结温 25℃、$U_R = 800V$、$di_F/dt = 100A/\mu s$ 测试条件下的反向恢复电荷。

反向恢复峰值电流（I_{rrm}）：$U_{GS} = -5V$、$I_o = 10A$、结温 25℃、$U_R = 800V$、$di_F/dt = 100A/\mu s$ 测试条件下的反向恢复峰值电流。

6. 其他

管芯到管壳热阻（$R_{\Theta JC}$）：单位 K/W。

管壳到散热器的耦合热阻（$R_{\Theta CS}$）：单位 K/W。

管芯到环境的热阻（$R_{\Theta JA}$）：单位 K/W。

工作温度与存储温度（T_J、T_{stg}）：工作状态和存储状态下的温度范围。

扭矩（T_L）装配时采用 M3 螺钉的最大扭矩。

附录 C.6　SiC MOSFET 主要性能分析

随着工作条件的变化，SiC MOSFET 的性能会随着变化。

1. 输出特性与导通电阻

输出特性如图 C-14 所示。

与硅 MOSFET 相比，碳化硅 MOSFET 需要更高的驱动电压，才能获得适合实际应用的电流值。同样，相对高的栅极驱动电压可以获得更低的导通电阻，图 C-15 为导通电阻与栅极驱动电压幅值的关系。

很显然，在高结温条件下，栅极驱动电压至少要达到 16V，无论是常温的结温还是高温的结温，驱动电压达到 20V 相对最好。

导通电阻与结温的关系如图 C-16 所示。

结温 55℃以下，导通电阻基本不变。随着结温上升，导通电阻增加，结温达到 135℃时的导通电阻是结温 25℃时导通电阻的约 1.25 倍。而硅 MOSFET 在结温 135℃条件下的导通电阻是结温 25℃条件下的 2 倍以上。

在相同的栅极驱动电压下，碳化硅 MOSFET 导通电阻随漏极电流增加，如图 C-17 所示。

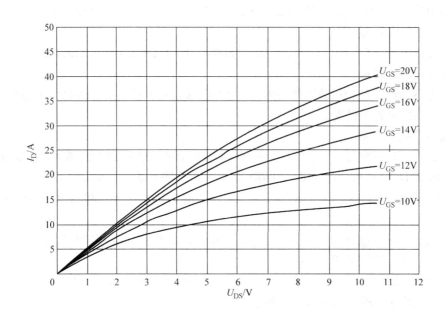

图 C-14 结温 135℃的输出特性

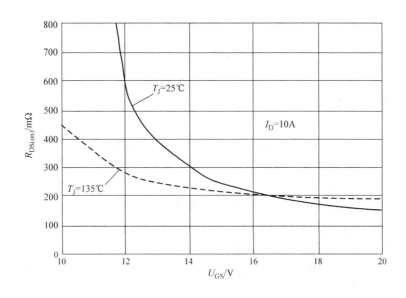

图 C-15 导通电阻与栅极驱动电压幅值的关系

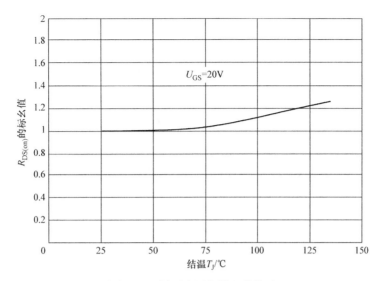

图 C-16　导通电阻与结温的关系

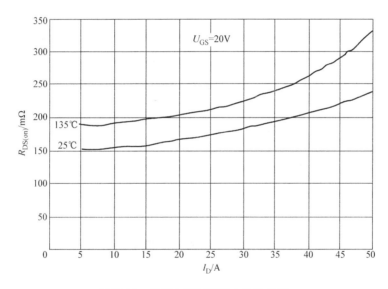

图 C-17　导通电阻与漏极电流的关系

2. 转移特性与栅极特性

碳化硅 MOSFET 的转移特性如图 C-18 所示。

从碳化硅 MOSFET 转移特性和数据中可以看到常温条件下，碳化硅 MOSFET 的导通阈值电压与硅 MOSFET 基本相同，高结温条件下的碳化硅 MOSFET 导通阈值电压低于硅 MOSFET。同时碳化硅 MOSFET 的跨导低于同规格硅 MOSFET。

碳化硅 MOSFET 的栅极电荷特性如图 C-19 所示。

导通阈值电压与结温的关系如图 C-20 所示。

电源电压为 800V 和 400V 状态下栅极外接电阻与开关时间的关系如图 C-21、图 C-22 所示。

碳化硅 MOSFET 的寄生电容与漏 - 源极电压的关系如图 C-23 所示。

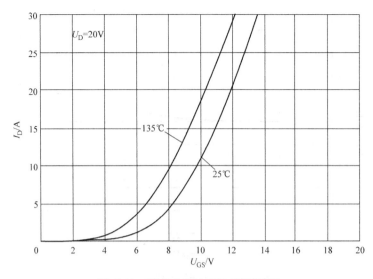

图 C-18　碳化硅 MOSFET 转移特性

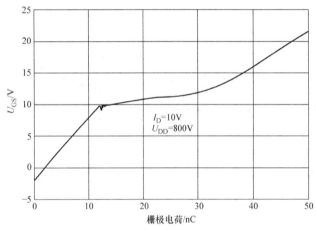

图 C-19　碳化硅 MOSFET 的栅极电荷特性

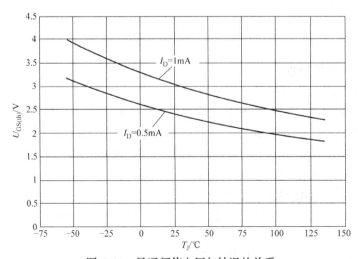

图 C-20　导通阈值电压与结温的关系

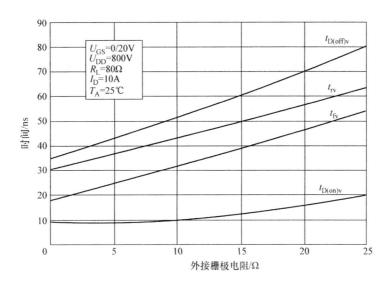

图 C-21　电源电压 800V 时栅极外接电阻与开关时间的关系

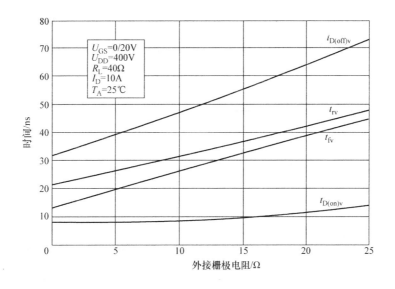

图 C-22　电源电压 400V 时栅极外接电阻与开关时间的关系

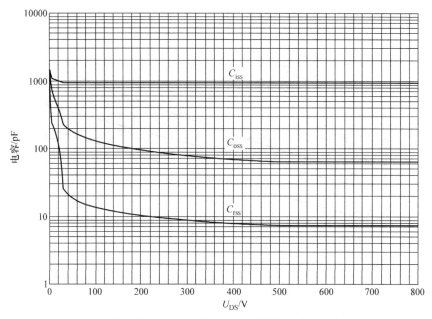

图 C-23   碳化硅 MOSFET 的寄生电容与漏 - 源极电压的关系

3. 降额特性

随着壳温的升高，碳化硅 MOSFET 的功率耗散能力下降，耗散功率降额曲线如图 C-24 所示。

当壳温高于 25℃后，碳化硅 MOSFET 耗散功率开始下降，壳温 175℃时，下降到零。

碳化硅 MOSFET 的漏极电流降额曲线如图 C-25 所示。

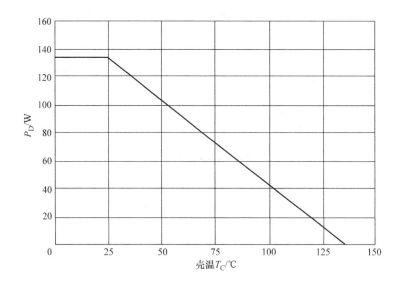

图 C-24   耗散功率降额曲线

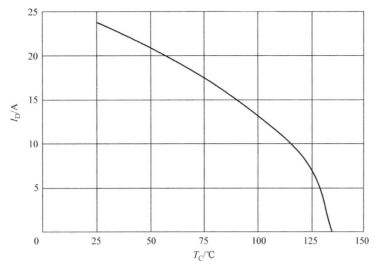

图 C-25　碳化硅 MOSFET 的漏极电流降额曲线

壳温低于等于 25℃时，碳化硅 MOSFET 允许流过的连续漏极电流为 24A，随着壳温开始高于 25℃，漏极允许流过的连续电流下降，随着壳温的升高，下降速度增加，壳温上升到 135℃时允许的漏极电流为零。

4. 安全工作区

图 C-26 为碳化硅 MOSFET 的安全工作区。安全工作区由漏 - 源极额定阻断电压、漏极额定电流、耗散功率为边界，在这个边界之内，可以安全地工作。

图 C-26 是结温 25℃状态下的安全工作区。随着壳温的上升，耗散功率下降，对应的耗散功率边界下降，同时漏极电流边界也随着下降。

如果，漏极电流不是连续电流，是单脉冲矩形波或近似矩形波，随着脉冲宽度的变窄，耗散功率的边界上升，同时漏极电流边界上升，最后成为漏 - 源极最高阻断电压，漏极最大脉冲电流，为边界的"矩形"安全工作区。

输出电容储能与漏 - 源极电压的关系如图 C-27 所示。

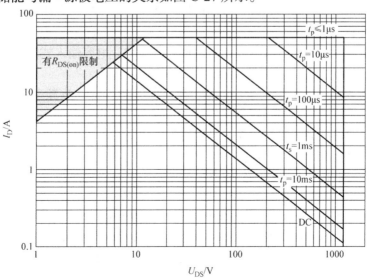

图 C-26　安全工作区

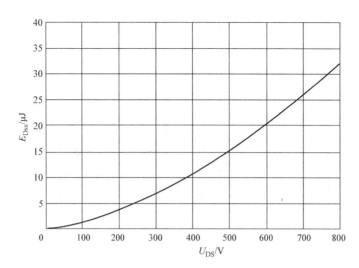

图 C-27　输出电容储能与漏 - 源极电压的关系

输出电容储能在 MOSFET 开通过程全部通过 MOSFET 自身泄放，是 MOFET 的开通损耗之一，开通损耗另一部分是由于开通速度所限导致的开通过程产生的损耗。

对于一个 24A/1200V 碳化硅 MOSFET，在漏 - 源极电压为 800V 状态下开通，其损耗为 32μJ，如果开关频率为 100kHz，输出电容造成的损耗为 3.2W，在开关频率更高的应用中，这个损耗将随着开关频率线性增加。

附录 D　电解电容

附录 D.1　电解电容是单相整流滤波的"唯一"选择

中小功率电力电子电路，受应用环境的制约，绝大多数需要单相交流电供电。

单相整流电路中，如果不滤波，输出电压波动将是零到交流电压幅值。如此直流电压质量是不能应用于电子电路的，必须对整流输出电压进行"平滑"，也就是通常说的滤波。

滤波方案可以是电感输入式滤波和电容输入式滤波。电容输入式滤波是最简单、最便宜的解决方案。

电容量需要多大？通过实验，在 1A 输出电流条件下，由 50Hz 频率正弦交流电源供电，要获得小于 1V 的纹波电压峰 - 峰值，需要 10 000μF 的电容量，小于 10V 峰 - 峰值需要 1000μF 电容量，小于 100V 需要 100μF 电容量，以此类推。

对于 220V 交流输入电压，要获得 40V 峰 - 峰值纹波电压，输出 1A 电流需要不小于 250μF 电容量。如果是 58 ～ 265V 全球通用电压范围，对应的纹波电压峰 - 峰值应不大于 20V 峰 - 峰值，需要不低于 1000μF 电容量。

如果是低压整流滤波，一般需要每输出 1A 平均值电流对应不低于 3300μF 电容量。如此高的电容量，从成本和体积角度考虑，只能选择铝电解电容，别无其他选择。好在现在的电解电容的价格非常便宜，采用大电容量方案是可以接受的。

附录 D.2　铝电解电容概述

附录 D.2.1　高介电系数介质的获得

　　为了寻求一种电容量大、体积小并且价格便宜的电容。采用增加电容极板表面积的方法，例如：使极板表面变得粗糙，或将极板做成像海绵一样多孔化，与此同时还要加大介质材料的介电系数。接下来的问题就是，当一个极板变得粗糙或多孔化后，怎样使高介电系数的介质层、另一个极板如何与其匹配地紧密接触？

　　电解电容的第一个问题是如何获得与粗糙电极紧密结合且厚度均匀、质地均匀的介质膜。在日常生活中人们最常用的金属之一是铝。氧化铝是一种良好的绝缘体，而且介电系数很高（大约为 8），介电强度也非常高（大约为 $800 \times 10^6 V$），还有就是可以紧密地附在铝表面。

　　厚度均匀、质地均匀的氧化铝薄膜可以通过阳极氧化的形式来得到，氧化铝薄膜的厚度可以通过控制阳极氧化电压精确地控制。即使是表面粗糙的电极，氧化铝薄膜的厚度与质地均匀性都不会受到影响，并且会紧密地与铝接触。这就为铝电解电容的实现打下了最坚实的第一步。

附录 D.2.2　正极板粗糙电极的获得与负极的获得

　　粗糙的电极表面是电解电容实现大电容量的最基本的方法。铝具有良好的延展性，因此可以采用铝箔方式作为铝电解电容的电极。将其正极的铝箔腐蚀得非常粗糙的腐蚀箔，如图 D-1 所示。

图 D-1　经过腐蚀后的阳极铝箔的显微结构

　　仅仅通过增加粗糙的正极表面积与金属负极在事实上并不能增加极板有效面积，只有负极的极板与正极同样粗糙并且两个电极的表面处处严密接触才能实现极板面积的有效增加，如果采用常规的固体的金属电极，这将是不可能实现的。欲实现正负电极在粗糙的表面下严密接触，只能是一个电极是固态金属，而另一电极是液态会利用液态转换成固态的方式制造出这样的电极，铝电解电容的负极一般为电解液或者是固态高分子导电聚合物。

　　然而，不可否认的是，液态电解质和固态电解质均为粒子导电，其电导率、温度的稳定性均不如自由电子导电的金属。这也是电解电容的等效串联电阻、损耗因数等参数均不如金属电极的薄膜电容、陶瓷电容的最主要原因之一。

附录 D.2.3 铝电解电容结构

铝电解电容的电极结构如图 D-2 所示。其中阳极铝箔是高纯铝侵蚀的许许多多个微小的隧道，以增加与电解液的接触面积，图 D-2 中的放大部分为铝电解电容两个电极之间的显微结构。

铝电解电容由阳极铝箔、隔离纸和阴极铝箔相交叠经过卷绕成型，如图 D-3 所示，再浸透液体电解液，使真实的负极严密附在正极的氧化铝介质与电解液的负极严密接触。用引出端的引线（或螺栓）连接，安装在密闭容器内。

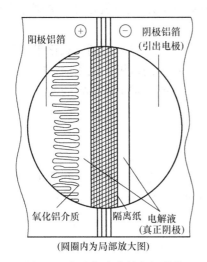

图 D-2 铝电解电容的电极结构

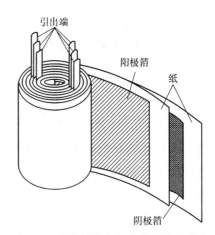

图 D-3 卷绕结构电解电容的结构示意

铝电解电容的正极板是阳极箔；介电质是紧密附着在阳极箔上的氧化铝；真正的负极板是可导电的液体电解液，阴极铝箔为真正负极的电解液的引出电极。

由于经过腐蚀加工后的阳极铝箔的表面积是其几何面积的数百倍，同时氧化铝电介质也不足 $1\mu m$ 的厚度。因此，得到的电容有巨大的板面积和非常近的极板距离，从而可以获得非常大的电容量。额定电压可以覆盖从低压的 3V 到高压 550V 的整个电压范围。

通过上面描述可以看到，通常的电容有明显的正负端，不可反极性应用。

附录 D.2.4 铝电解电容外观

小型铝电解电容的外形有引线式、贴片式，如图 D-4 所示。

较大型电解电容采用引线式将无法将电解电容固定，需要更坚固的电极引出方式。这种电极引出方式可以是插脚式，俗称牛角式，日本称为基板直立式，如图 D-5 所示。

相对小的插脚式电解电容可以采用两只插脚即可固定，体积大的则需要多只插脚固定，如 4 插脚方式。

插脚式电解电容从插脚无法识别正负极，为了制造时方便识别，负电极的铆钉面冲压成麻面。应用时则是套管上的指示更为明显。

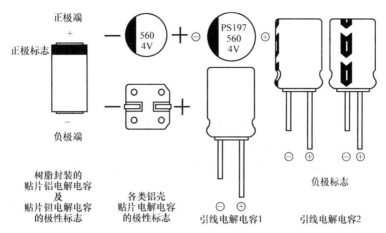

图 D-4　小型电解电容引线的极性标志

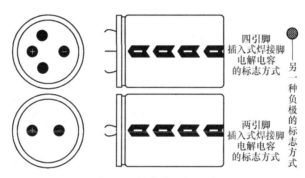

图 D-5　插脚式电解电容

更大型的电解电容则采用螺栓型，如图 D-6 所示。

螺栓型电解电容的正、负极在盖板上以"+""–"号形式显示。

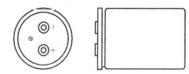

图 D-6　螺栓型电解电容

附录 D.3　铝电解电容电压、电容量和漏电流

铝电解电容的基本参数主要有：电压、电容量、最高工作温度及寿命、漏电流和损耗因数，有的铝电解电容，如开关电源输出滤波用的铝电解电容还有额定纹波电流、ESR 等参数。

附录 D.3.1　电压

铝电解电容的电压指标主要有：额定 DC 电压、额定浪涌电压、瞬间过电压和反向电压，下面将逐一介绍。

1. 额定 DC 电压 U_R

额定 DC 电压 U_R 是电容在额定温度范围内所允许的连续工作电压，它包括在电容两电极间的直流电压和脉动电压或连续脉冲电压之和。通常，铝电解电容的额定电压在电容表面标明。通常额定电压 ≤ 100V 为"低压"铝电解电容，而额定电压 ≥ 150V 为"高压"铝电解电容。

额定电压的标称电压为 3V、4V、6.3V、（7.5V）、10V、16V、25V、35V、（40V）、50V、63V、80V、100V、160V、200V、250V、300V、（315V）、350V、（385V）、400V、450V、500V、（550V）。

其中括号中的电压值为我国不常见的。

2. 工作电压 U_W

工作电压是电容在额定温度范围内所允许连续工作的电压。在整个工作温度范围内，电容既可以在满额定电压（包括叠加的交流电压）下连续工作，也可以连续工作在 0V 与额定电压之间任何电压值。在短时间内，电容也可承受幅值不高于 −1.5V 的反向电压。

3. 反向电压

铝电解电容是有极性电容，通常不允许工作在反向电压。在需要的地方，可通过连接一个二极管来防止反极性。通常，采用导通电压约为 0.8V 的二极管是允许的。在短于 1s 的时间内，小于或等于 1.5V 的反向电压也是可以承受的，但仅仅是短时，绝不能是连续工作状态。

反向电压的危害主要是反向电压将产生减薄氧化铝膜的电化学过程，从而不可逆地损坏铝电解电容。

附录 D.3.2　电容量、漏电流与损耗因数

铝电解电容的电容量指标主要有：额定电容量、静电电容量和电容量的容差范围等。

1. 额定电容量

额定电容量是标称电容量，定义在 120Hz 和 25℃测试。额定电容量也就是单体电容量。电容量的标称电容量多数为 E3 系列优选值，即 1.0、2.2、3.3、4.7、6.8；少数也有采用 E6 系列优选值，即：1.0、1.5、2.2、2.7、3.3、3.9、4.7、5.6、8.2；大容量铝电解电容也有采用 E12 系列部分优选值，如 18000μF。

2. 漏电流产生的原因和减小必要性

由于作为绝缘层的氧化铝介质的特殊性：氧化铝介质在铝箔切割、铆接过程中受到损伤后，修复的氧化铝介质层不如原始氧化铝介质层。同时，电解液中的氯离子和磷酸根在不断地腐蚀氧化膜而产生缺陷从而产生漏电流，需要通过施加直流电压的（阳极氧化）方式加以修补，即使已经施加很长一段时间直流电压，仍会有一小部分的修补电流流过。这个电流称为漏电流。

漏电流低意味着老化过程氧化膜修复质量好，而且电解液中的氯离子极少，可以得到良好的修补结果，也表明作为绝缘层的氧化铝介质是良好的。电解液和铝箔中的铁、铜离子在铝电解电容的电极上施加电压后会产生原电池效应电流，需要较多的电荷将其消耗掉，这就是一些铝电解电容在初次加电后需要较长时间"漏电流"才能降到正常值的原因。这种现象也说明了铝电解电容出厂前需要"老化的必要性"。

电解电容的损耗因数（Dissipation Factor，DF）可以理解为在交流电流激励下，电解电容的无功功率和等效串联电阻（ESR）的有功功率，分别为

$$\frac{I^2}{\omega C}$$

（附录 D-1）

和

$$I^2 \cdot R = I^2 R \qquad\qquad (附录 D-2)$$

根据电容器的损耗因数的原始定义式，将式（附录 D-1）和式（附录 D-2）代入式原始定义，得：

$$\frac{I^2 R}{I^2 / \omega C} = \omega C R = \tan \delta \qquad\qquad (附录 D-3)$$

很显然，这是容抗与串联等效电阻（ESR）之比。由于式（附录 D-3）非常像交流电路中的 RC 电路，而且，这个比值非常像三角函数的对边比邻边——正切函数。因此，电解电容的损耗因数（简称 DF）很多技术文献中也称为损耗角正切（$\tan \delta$），如图 D-7 所示。

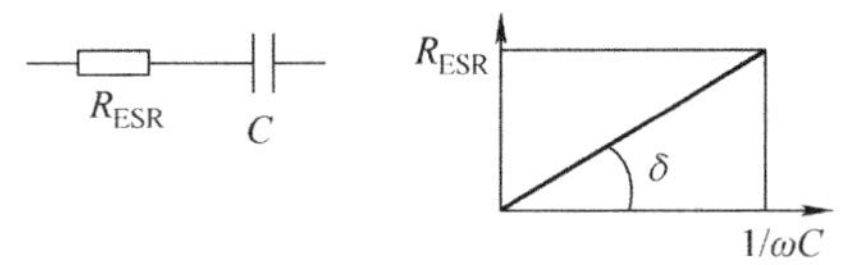

图 D-7　铝电解电容的简化等效电路与损耗角正切（$\tan \delta$）的关系

由式（附录 D-3）可以看到，随着频率的增加（也就是 ω 增加），$\omega C R$ 随之增加，即铝电解电容的损耗因数随着测量频率的增加而变大。

由于电容的损耗因数的测试标准是使用 60Hz 频率的国家首先提出的，故电容的损耗因数的测试频率为 60Hz 交流电全波或桥式整流后的最低纹波频率（60Hz 的两倍频）120Hz。这个测试条件的测试值比我国的 50Hz 电网频率下的损耗因数大 20%。

DF 测量在 25℃，120Hz，无正向电压偏置，最大交流有效值 1V 信号电压调谐条件下进行。DF 值由温度和频率决定。

附录 D.3.3　工作温度范围与寿命

1. 工作温度范围

由于铝电解电容器电解液是负极，随着温度的升高将会达到电解液的沸点。因此，电解液的沸点将是铝电解电容不可逾越的最高工作与存储温度。在实际应用中，最高工作温度要比电解液的沸点低 10～20K；同样，也是由于铝电解电容的负极是电解液，在温度过低时，电解液将变得黏稠甚至凝固时铝电解电容不能应用。因此，铝电解电容也有工作与存储温度的下限。在工作 / 存储温度上限与下限之间的整个温度范围就是铝电解电容的工作温度范围。

对于比较低级的商业应用，铝电解电容的最高工作 / 存储温度和最低工作 / 存储温度为 +85℃ /-20℃。如果对低温有特殊要求时，最低工作温度可以达到 -40℃；如果铝电解电容的工作 / 存储温度比较高，则需要 105℃ 最高工作 / 存储温度的铝电解电容；当遇到更高的工作温度，如节能灯或汽车发动机舱内的应用时，要求铝电解电容的最高工作 / 存储温度要达到 125℃ 甚至是 150℃。

通过上述分析可以看到，铝电解电容的最高工作 / 存储温度可以分为：一般应用的 +85℃，比较高工作 / 存储温度的 +105℃ 和非常高工作温度的 125℃ 甚至是 140℃、150℃ 的 5 个最高工作 / 存储温度。

2. 寿命

同样是由于铝电解电容的负极是电解液，随着时间的推移，电解液会渐渐地干涸，当电解液干涸到一定程度后，铝电解电容的实际的负极板有效面积将明显地变小，电容量将开始明显降低；同时伴随着 ESR 的明显升高，当电容量的减小，ESR 的上升达到一定程度，铝电解电容将失去应用意义。这标志着铝电解电容寿命终了。

根据应用环境和成本的折中考虑，不同规格的铝电解电容有着不同的寿命。

综上所述，铝电解电容的额定温度是该铝电解电容允许工作和存储的最高温度，根据工作环境温度要求通常可分为 85℃、105℃、125℃、140℃和 150℃五个温度等级。并且在各温度等级下的寿命小时数，如 1000h、2000h、3000h、4000h、5000h、8000h、10000h 甚至更高。

一般情况下，电解电容工作温度每降低 10℃，寿命加倍，因此在实际应用中应尽可能降低工作温度。

附录 D.4　ESR 和纹波电流承受能力

附录 D.4.1　等效串联电阻

电解电容的等效串联电阻（ESR）如图 D-6 所示。其中，电解液的电阻是铝电解电容等效串联电阻（ESR）的主要部分。低等效串联电阻（ESR）的铝电解电容实际上是采用了低电阻率电解液。

ESR 的测量是在 25℃环境下，用有效值 1V 的最大交流信号电压和无正向偏置电压的 120Hz 电源供电对铝电解电容的等效串联电路的电阻测量。

在开关电源的应用中，时常会发现，采用普通的铝电解电容时，对输出电压纹波和尖峰抑制效果很差，其主要原因就是常规的铝电解电容的 ESR"太大"。在高频应用时，对于交流回路就是电阻。因此，为获得比较好的高频滤波效果，应尽可能地降低滤波电容的 ESR。即低 ESR 铝电解电容。低 ESR 铝电解电容的 ESR 一般可以比普通铝电解电容低一个数量级甚至更多。为了获得低 ESR 或超低 ESR，铝电解电容采用的是低电阻率电解液。如果还需要降低等效串联电感，则在铝电解电容的绕制工艺和电极引出上采用低寄生电感的措施。

附录 D.4.2　额定纹波电流

交流纹波电流流过铝电解电容，将在其 ESR 上产生损耗而使铝电解电容发热，这个发热的限度对纹波电流的限制就是额定纹波电流值。其定义为在最高工作温度下可以确保铝电解电容额定寿命时间的最大纹波电流值。对于一般应用的铝电解电容，多数铝电解电容生产厂商是不给出额定纹波电流数据的，对于开关电源用的低 ESR 铝电解电容或电容量比较大的插脚式铝电解电容，则给出这个数据。

现在，在实际应用中，电解电容流过的纹波电流要比传统观念大得多，一般为额定电流以上，甚至是额定纹波电流的 150% ~ 200%。

附录 D.5　低 ESR 与超低 ESR 电解电容

附录 D.5.1　低 ESR 问题的提出与实现思路

20 世纪 70 年代，随着计算机小型化、微型化，需要供电电源摆脱笨重的 50Hz 变压器，导致了 20kHz 革命，将变压器的工作频率从 50Hz 提高到 20kHz，变压器的体积大大减小。

为变压器供电的 20kHz 交流电需要用 50Hz 交流电网提供，这就需要将 50Hz 交流电转换成 20kHz 交流电，应用开关功率变换电路可以实现这一功能，这个开关功率变换电路称之为 "开关电源"，英文 Switch Mode Power Supply，英文缩写为 SMPS。

以开关电源为代表的现代电力电子功率变换成就了电解电容的一次次的辉煌。

开关电源的输出整流滤波，由于是 20kHz 及以上的频率，要求输出整流滤波电容的电容量可以很小，可以低到 500μF/A，带来的问题是输出电压纹波明显大于理论计算，甚至无法应用。究其原因是电解电容的等效串联电阻过高。例如：100μF/25V 电解电容的 ESR 不低于 2Ω，如果流过的纹波电流幅值达到 500mA，在电解电容两端就会产生幅值为 1V 的纹波电压。

在电解电容上产生如此高的纹波电流是不可容忍的，其解决办法就是设法尽可能降低电解电容的 ESR。现在的高频低阻电解电容在 100kHz 条件下的 ESR 可以低于 0.2Ω，不到传统的电解电容的 ESR 的 5%。这就是说由于纹波电流幅值在电解电容上的电压降低到原来的 5%。与此同时也获得了其他的优异性能。

附录 D.5.2　低 ESR 电解电容性能分析

相对一般用途电解电容，低 ESR 电解电容主要体现在高频低阻，也就是说在高频状态下具有远低于一般用途电解电容的 ESR，以尽可能地降低开关功率变换的输出纹波电压和尖峰电压。也可以在相同的纹波电压或尖峰电压条件下选用更低的电容量。例如：反激式变换器中，采用极低 ESR 电解电容所需要的电容量是采用一般用途电解电容需要电容量的近 1/10。

在开关功率变换中，特别是开关电源应用中，输出整流滤波电容需要滤出的是 20kHz 甚至是 130kHz 的开关频率及其以上的开关频率纹波电压，对应的是流过相对应频率的纹波电流。低 ESR 电解电容在高频状的低 ESR 使得电解电容允许流过更高的高频纹波电流。这也是低 ESR 电解电容相对一般用途电解电容的优势。如 1000μF/25V 的低 ESR 电解电容可以流过 1.6A 以上的 100kHz 频率纹波电流。

降低电解电容 ESR 最有效的办法就是提高电解液的含水率，然而在高温条件下（70℃以上），铝会与水发生水合反应，造成高含水率电解液的电解电容早期失效。为了解决这个问题而采取了很多抗水合措施，但是稍有不慎就会出现问题。

解决这一问题可以考虑两个方向：电解电容工作温度低于 70℃，这在 LED 驱动器、笔记本适配器中无法满足要求；采用无含水电解液技术，但是，ESR 会是相对高含水率电解液的近 3 倍！

附录 D.6　固态电解电容

附录 D.6.1　固态电解电容的性能优势

现在的电解液负极的电解电容的纹波承受能力不能很好地满足电子线路应用的性能要求，而薄膜电容体积太大、电容量也很难满足要求，陶瓷电容无论从价格还是电容量都无法与电解电容相比。因此，亟需更低的 ESR、更高的纹波电流承受能力的电解电容。固态电解电容应运而生。

1. 低 ESR 和高纹波电流能力

高导电率的高分子聚合物作为负极的固态电解电容器有效地降低了电解电容器的 ESR，例如：330μF/16V 的固态电解电容的 ESR 可以达到 16mΩ 以下，额定纹波电流能力约 1.5A，最大纹波电流能力可以达到超过 4A。而同规格"最好"的电解液电解电容仅仅为 93mΩ和 0.62A。

2. 稳定的 ESR

电解液电解电容的 ESR 随工作温度变化，变化范围超过两个数量级，也就是说电解液电解电容在比较低的工作温度下 ESR 比较高，影响对纹波电压抑制能力。固态电解电容的 ESR 相对工作温度是稳定的，可以在全温度范围内基本不变。确保了低温条件下的抑制纹波电压能力。各类电容器的 ESR 与工作温度之间的关系如图 D-8 所示。

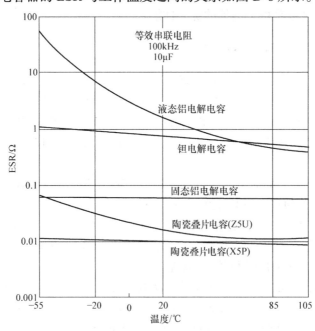

图 D-8　各类电容器的 ESR 与工作温度之间的关系

3. 稳定的电容量

固态电解电容的电容量相对比较稳定。室温及其室温以上的而工作条件下，固态电解电容与电解液电解电容、钽电解电容基本相同，室温以下的工作温度，固态电解电容优于电解液电解电容。各类电解电容的电容量稳定性优于可用级陶瓷电容。

各种电容的电容量与工作温度的关系如图 D-9 所示。

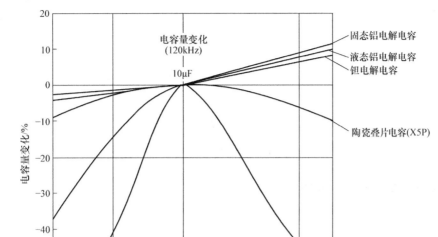

图 D-9　各种电容的电容量与工作温度的关系

固态电解电容的电容量不随直流偏置电压变化，陶瓷电容的电容量则随直流偏置电压变化很大，如图 D-10 所示。

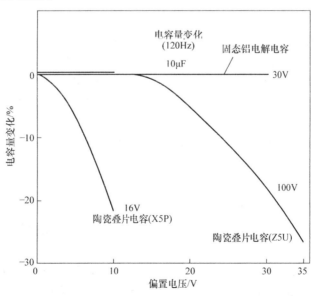

图 D-10　固态电解电容与陶瓷电容电容量与温度的关系

4. 比较长的寿命

电解液电解电容寿命由电解液消耗的速度决定，一般为最高工作温度下，每下降 10℃ 寿命加倍。固态电解电容器的寿命由固态聚合物的裂解决定，一般为最高工作温度下，每下降 10℃寿命加到 3.2 倍。可见在低于最高工作温度条件下，固态电解电容的寿命会相对的长。图 D-11 为固态电解电容电容量随时间的衰减的关系。

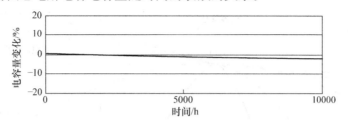

图 D-11　固态电解电容电容量随时间的衰减的关系

ESR 随时间变化曲线如图 D-12 所示。

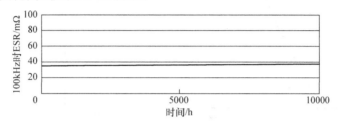

图 D-12　固态电解电容的 ESR 随时间变化的关系

综上所述，固态电解电容相对于电解液电解电容具有很多应用性能的优势。随着固态电解电容越来越对的应用，其价格越来越低。

附录 D.6.2　固态电解电容问题的提出与实现的思路

固态电解电容很好地解决了 ESR 和纹波电流问题。但是固态电解电容因为负极的固态化丧失了对氧化膜修复的功能。所带来的问题是漏电流大于电解液电解电容。

由于固态的负极，其形态稍有变化就会造成柔软的铝正极产生变形，或者电解电容受到振动，机械外力也会使铝正极产生变形，而这个变形会导致附在正极的氧化膜断裂。对于固态电解电容，这种断裂造成的氧化膜缺陷无法修复。

对于工作电压比较高的固态电解电容，这种断裂将意味着内部打火甚至击穿，导致固态电解电容彻底失效。

所以固态高压电解电容尽管可以实现，但是因氧化膜断裂造成的内部短路，加电后打火的可能性加大，如不解决很难应用。

由于固态电解电容的这个缺点，使得固态电解电容无法应用于如汽车电子等振动比较大的应用领域。

解决固态电解电容的这个问题实际上还要从氧化膜修复入手，从现有技术，可以引入电解液，构成混合型电解电容，既获得了固态电解电容的低 ESR、高纹波电流承受能力的优点，又可以及时修复损坏的氧化膜。由于电解液的加入，会使得 ESR 有所升高，纹波电流承受能力有所下降。

为了方便对比，这里选用同一制造商、相同电容量和额定电压的固态电解电容、混合电解电容和高频低阻电解电容主要性能加以对比，见表 D-1。

表 D-1　固态、混合、电解液电解电容的 ESR、纹波电流对比

类型	额定电压	额定电容量	等效串联电阻	额定纹波电流
固态电解电容	25V	220μF	26mΩ	2800mA
混合型电解电容	25V	220μF	22mΩ	2300mA
	25V	330μF	20mΩ	2500mA
电解液电解电容	25V	330μF	49mΩ	1060mA

　　表中可以看到，固态电解电容的纹波电流承受能力比混合型电解电容高一些，而 ESR 固态电解电容比混合型电解电容低一些；混合型电解电容的 ESR 明显低于电解液电解电容，约为 40%，纹波电流承受能力明显高于电解液电解电容，约 2.3 倍。

　　由于混合型电解电容引进电解液，使得氧化膜获得修复功能，可以应用于汽车电子等振动比较剧烈的应用领域。同时也可能进军高压（400V 以上）电解电容领域，改善高压电解电容的纹波电流承受能力，降低 ESR。

附录 D.6.3　输出整流滤波电容的选择

　　对于中小输出功率开关电源的工作频率，除少数因价格原因限制而仍采用 20 ～ 40kHz 外，大多数均在 50kHz 以上；DC-DC 电源模块大多在 300kHz 以上；大功率开关电源的开关频率受主开关（一般采用 IGBT）的开关速度限制而一般在 20 ～ 40kHz 左右。尽管开关频率有所不同，但是开关电源的输出整流滤波电容的作用基本相同，主要是通过利用滤波电容吸收 [就电路而言，实际上是利用电容的低阻抗而将交流电流分量的绝大部分，（更希望是全部）分流到滤波电容上，使输出电流没有，或具有非常低的交流电流分量）] 开关频率及其高次谐波频率的电流分量，从而滤除其纹波电压分量。

　　由于反激式开关电源工作在锯齿波电流的状态，含有比矩形波更丰富的高次谐波电流。这要求滤波电容应具有很好的阻抗频率特性，这是与工频整流滤波对电容要求其大电容量所不同的（工频整流滤波很容易滤除工频的高次谐波，即使是 40 次也不过才 2000Hz，一般电解电容很容易实现）。因此开关电源的输出整流滤波电容即使选用铝电解电容也应首选阻抗频率特性好的铝电解电容器，而绝不能随意到电子市场抓到什么样的铝电解电容（只要电压、大容量负荷要求）均可。结果将是电源的输出纹波电压过高，特别是峰 - 峰值电压过高。

附录 D.6.4　输出整流滤波电容的等效电路

　　开管电源的滤波前的高次谐波电流非常丰富，同时频率也非常高，要求电容开关频率的 30 ～ 50 倍频率时具有良好的特性。如开关频率为 50kHz，滤波电容的频率上限应为 5MHz；而工作在 300kHz 以上甚至 1MHz 的 DC-DC 模块，则滤波电容的频率上限至少应达到 10MHz。在这样的频率下滤波电容将呈现什么特性？

　　通常，电容的等效电路可以认为是理想电容与寄生电感、等效串联电阻（ESR）的串

联，即图 D-13。在开关电源输出整流滤波时的等效电路如图 D-14a 所示。

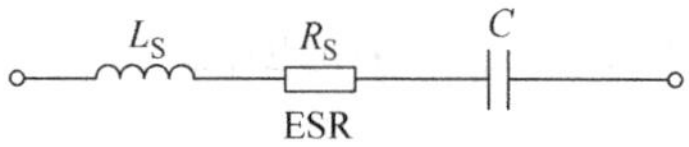

图 D-13　电容的等效电路

附录 D.6.5　电容在高频整流滤波的作用

以 100μF 的电容为例，在频率为 500kHz 时的容抗为 3.18mΩ，而这时 10nH 的电感的感抗为 31.4mΩ，而对于 100μF 的低 ESR 电解电容的等效串联电阻约为 2Ω 左右。在这个频率下电解电容将主要表现为 ESR 特性，即电阻特性。在实际上容抗不再起作用，这样滤波电路的实际等效电路就变为图 D-14b 当 ESR 大于寄生电感的感抗时，可以将寄生电感忽略，滤波的实际等效电路可以简化为图 D-14c。当负载为 5Ω 时，滤波电容的 ESR（也就是滤波电容）将分流掉 5/7 的纹波电流。对于反激式变换器，在电流断续工作模式下，占空比为 0.4 时的变压器二次侧输出电流峰值约为平均值的 3.3 倍以上。在电源的输出电流为 1A 时，变压器的二次侧将有 3.3A 以上的峰值电流流到滤波电容和负载，负载将分到近 1A，在 5Ω 的负载上将产生 5V 以上的峰值纹波电压。如果滤波电容是理想电容，则在负载上仅分得 0.06% 的纹波电流（2.1mA），仅产生 10.5mV 的峰值纹波电压。

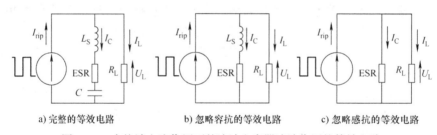

a) 完整的等效电路　　　b) 忽略容抗的等效电路　　　c) 忽略感抗的等效电路

图 D-14　在纹波电流作用下的滤波电容器滤波作用的等效电路

因此，可以看到，一些开关电源在输出滤波的地方用了很大容量的电容或较多的电容并联，最终的作用并不是电容滤波需要这样大的电容量的问题，而是如减小滤波电容的 ESR 和寄生电感的问题。那么，如果有 ESR 和寄生电感均极低的电容滤波，则输出滤波电容的电容量并不需要很大，因此在允许的条件下输出滤波电容应尽可能选择低 ESR 和低寄生电感的电容为好。同样也可以得到这样的结论：采用廉价的普通电解电容作为开关电源特别是反激式开关电源的输出滤波电容，这样的开关电源的指标必然很差，很难通过其他方法得到改善。

接下来的问题是输出整流滤波电容可以承受多大的纹波电流有效值。

附录 D.6.6　需要多大的电容量

反激式开关电源的输出整流滤波电解电容需要多大电容量？不同的类型电容会有不同，不同特性电容会有不同。

如果选用一般用途的电解电容可能会需要每输出 1A 电流需要 2000μF 甚至更高的电容

量，而采用最近国内几年生产的"高频、低阻"电解电容所需要的电容量一般在每输出 1A 电流需要 1000μF 电容量。如果是更低阻抗的电容，如聚合物电解电容或陶瓷贴片电容，则可能仅需要 400μF 电容量。

电容量选低了会出现什么问题？对于采用 UC3842 系列构成的反激式开关电源，输出整流滤波电容的电容量过小可能会导致电源的低频自激，类似这种现象，通常可以通过加大输出整流滤波电容的电容量来消除。